一周轻松读懂建筑工程施工图

# 全图解 建筑施工图

许宏峰 主编

## 内 容 提 要

本书把教学内容分为7天,每天8个小时,第1天为建筑施工图的基本知识,第2天和第3天为托老所工程建筑施工图实例和讲解,第4天和第5天为文体活动中心工程建筑施工图实例和讲解,第6天和第7天为医院工程建筑施工图实例和讲解。

本书内容翔实,参考最新国家制图标准,引用相关实例表述准确,针对性强,可为新接触建筑工程的人员提供系统的理论知识与方法,使初学者能够快速地了解、掌握工程识图的相关知识。本书可作为相关专业院校的辅导教材,也可作为建筑工程施工、管理人员的参考用书。

图书在版编目（CIP）数据

一周轻松读懂建筑工程施工图. 全图解建筑施工图 / 许宏峰主编. —北京：中国电力出版社，2019.1（2020.1重印）
ISBN 978-7-5198-2199-9

Ⅰ.①一… Ⅱ.①许… Ⅲ.①建筑制图-识图 Ⅳ.①TU204

中国版本图书馆 CIP 数据核字（2018）第 146934 号

| | |
|---|---|
| 出版发行：中国电力出版社 | 印　　刷：三河市百盛印装有限公司 |
| 地　　址：北京市东城区北京站西街19号 | 版　　次：2019年1月第一版 |
| 邮政编码：100005 | 印　　次：2020年1月北京第二次印刷 |
| 网　　址：http：//www.cepp.sgcc.com.cn | 开　　本：787毫米×1092毫米　8开本 |
| 责任编辑：王晓蕾（010-63412610） | 印　　张：16.75 |
| 责任校对：朱丽芳 | 字　　数：448千字 |
| 装帧设计：张俊霞 | 定　　价：49.80元 |
| 责任印制：杨晓东 | |

**版权专有　侵权必究**

本书如有印装质量问题，我社营销中心负责退换

# 前 言

随着我国经济和科学技术的发展，建筑行业已经成为当今最具活力的行业之一，建筑行业的从业人员越来越多，提高从业人员的基本素质已成为当务之急。

施工图是建筑工程设计、施工的基础，也是参加工程建设的从业人员素质提高的重要环节。在整个工程施工过程中，应科学准确地理解施工图的内容，并合理运用建筑材料及施工手段，提高建筑行业的技术水平，促进建筑行业的健康发展。

本书为"一周轻松读懂建筑工程施工图"系列丛书之一，为了更加突出应用性强、可操作性强的特点，本书采用"1天学习识图知识"+"6天读懂施工图案例"的方式，以便读者结合真实的现场情况系统地掌握相关知识。第1天以循序渐进的方式介绍了工程图识读的思路、方法、流程和技巧，后6天通过多套施工图实例加以详解进一步完善读图知识。

第1天的内容主要阐述了建筑总平面图、建筑平面图、建筑立面图、建筑剖面图、外墙节点详图、楼梯详图、门窗详图、厨卫大样详图的识图方法、技巧，使读者对建筑施工图有了初步的认识，可以识读简单的建筑施工图。

第2天～第6天对三个真实案例"托老所工程建筑施工图""文体活动中心工程建筑施工图""医院工程建筑施工图"进行详细的解读，在读者识读的过程中，用旁边解析的方式进一步帮助读者理解读图知识，达到融会贯通的目的。

本套丛书共有三本分册，分别为《全图解建筑施工图》《全图解建筑结构施工图》《全图解建筑水暖电施工图》。

本书由许宏峰主编，其他参加编写的人员有张日新、袁锐文、刘露、梁燕、吕君、王丹丹、葛新丽、陈凯、臧耀帅、孙琳琳、高海静。

在编写的过程中，参考了大量的文献资料，借鉴、改编了大量的案例。为了编写方便，对于所引用的文献资料和案例并未一一注明，谨在此向原作者表示诚挚的敬意和谢意。

由于编者水平有限，疏漏之处在所难免，恳请广大同仁及读者批评指正。

编 者

2018 年 7 月

# 目 录

前 言

## 第 1 天　建筑施工图的基本知识 ·········· 1
　　第 1 小时　建筑总平面图的识读 ·········· 1
　　第 2 小时　建筑平面图的识读 ·········· 1
　　第 3 小时　建筑立面图的识读 ·········· 2
　　第 4 小时　建筑剖面图的识读 ·········· 2
　　第 5 小时　外墙节点详图的识读 ·········· 3
　　第 6 小时　楼梯详图的识读 ·········· 3
　　第 7 小时　门窗详图的识读 ·········· 3
　　第 8 小时　厨卫大样详图的识读 ·········· 4

## 第 2 天　托老所工程建筑施工图设计总说明 ·········· 5
　　第 1 小时　设计依据及工程概况 ·········· 5
　　第 2 小时　墙体、门窗、屋面做法 ·········· 5
　　第 3 小时　装饰装修做法 ·········· 6
　　第 4 小时　无障碍设计说明 ·········· 6
　　第 5 小时　保温、节能设计 ·········· 6
　　第 6 小时　防水、防潮、防火 ·········· 7
　　第 7 小时　室内环境污染控制 ·········· 8
　　第 8 小时　其他 ·········· 8

## 第 3 天　托老所工程建筑施工图识读详解 ·········· 10
　　第 1～2 小时　详解托老所工程一层、二层平面图 ·········· 10
　　第 3～4 小时　详解托老所工程屋顶平面图、立面图 ·········· 10
　　第 5 小时　详解托老所工程剖面图、立面图 ·········· 10
　　第 6 小时　详解托老所工程楼梯详图 ·········· 10
　　第 7 小时　详解托老所工程门窗、卫生间、电梯详图 ·········· 10
　　第 8 小时　详解托老所工程墙身详图 ·········· 10

## 第 4 天　文体活动中心工程建筑施工图设计总说明 ·········· 37
　　第 1 小时　设计依据及工程概况 ·········· 37
　　第 2 小时　墙体、门窗、屋面做法 ·········· 37
　　第 3 小时　装饰装修做法 ·········· 38
　　第 4 小时　无障碍设计说明 ·········· 38
　　第 5 小时　保温、节能设计 ·········· 38
　　第 6 小时　防水、防潮、防火 ·········· 39
　　第 7 小时　室内环境污染控制 ·········· 40
　　第 8 小时　其他 ·········· 40

## 第 5 天　文体活动中心工程建筑施工图识读详解 ·········· 42
　　第 1～2 小时　详解文体活动中心工程平面图 ·········· 42
　　第 3 小时　详解文体活动中心工程立面图 ·········· 42
　　第 4 小时　详解文体活动中心工程剖面图 ·········· 42
　　第 5 小时　详解文体活动中心工程楼梯详图 ·········· 42
　　第 6 小时　详解文体活动中心工程卫生间详图 ·········· 42
　　第 7 小时　详解文体活动中心工程门窗详图 ·········· 42
　　第 8 小时　详解文体活动中心工程墙身详图 ·········· 42

## 第 6 天　医院工程建筑施工图设计总说明 ·········· 76
　　第 1 小时　设计依据及工程概况 ·········· 76
　　第 2 小时　墙体、门窗、屋面做法 ·········· 76

第 3 小时　装饰装修做法 ············································· 77
第 4 小时　无障碍设计说明 ········································· 77
第 5 小时　保温、节能设计 ········································· 78
第 6 小时　防水、防潮、防火 ····································· 78
第 7 小时　室内环境污染控制 ····································· 79
第 8 小时　其他 ·························································· 79

**第 7 天　医院工程建筑施工图识读详解** ···························· 81

第 1～2 小时　详解医院工程平面图 ····························· 81

第 3 小时　详解医院工程立面图 ································· 81
第 4 小时　详解医院工程剖面图 ································· 81
第 5 小时　详解医院工程楼梯详图 ····························· 81
第 6 小时　详解医院工程卫生间详图 ························· 81
第 7 小时　详解医院工程门窗详图 ····························· 81
第 8 小时　详解医院工程墙身详图 ····························· 81

**参考文献** ································································ 128

# 第1天

# 建筑施工图的基本知识

## 第1小时 建筑总平面图的识读

(1) 建筑总平面图的识读方法。
1) 看图名、比例、图例及有关的文字说明。
2) 了解工程的用地范围、地形地貌和周围环境情况。
3) 了解拟建房屋的平面位置和定位依据。
4) 了解拟建房屋的朝向和主要风向。
5) 了解道路交通情况，了解建筑物周围的给水、排水、供暖和供电的位置，管线布置走向。
6) 了解绿化、美化的要求和布置情况。

 **小贴士**

总平面图是主要表示整个建筑基地的总体布局，具体展示新建房屋的位置、朝向以及周围环境（原有建筑、交通道路、绿化、地形）等基本情况的图样。

(2) 建筑总平面图的识读技巧。
1) 拿到一张总平面图，先要看它的图纸名称、比例及文字说明，对图纸的大概情况有一个初步了解。
2) 在阅读总平面图之前要先熟悉相应图例，熟悉图例是阅读总平面图应具备的基本知识。
3) 找出规划红线，确定总平面图所表示的整个区域中土地的使用范围。
4) 查看总平面图的比例和风向频率玫瑰图，它标明了建筑物的朝向及该地区的全年风向、频率和风速。
5) 了解新建房屋的平面位置、标高、层数及其外围尺寸等。
6) 了解新建建筑物的位置及平面轮廓形状与层数、道路、绿化、地形等情况。
7) 了解新建建筑物的室内外高差、道路标高、坡度及地面排水情况；了解绿化、美化的要求和布置情况以及周围的环境。
8) 看房屋的道路交通与管线走向的关系，确定管线引入建筑物的具体位置。
9) 了解建筑物周围环境和地形、地物情况，以确定新建建筑物所在的地形情况及周围地物情况。
10) 了解总平面图中的道路、绿化情况，以确定新建建筑物建成后的人流方向和交通情况及建成后的环境绿化情况。
11) 若在总平面图上还画有给水排水、采暖、电气施工图，需要仔细阅读，以便更好地理解图纸要求。

 **小贴士**

由于图样上往往大量存在线条、图例、符号及文字说明等内容，对初学者来说，除了正确的方法、技巧外，还需要培养自己的兴趣和耐心。看图时必须认真、细致，甚至必要时候还需花费较长的时间反复看图，才能将图样真正地看明白。

另外，经常到施工现场，对照图纸，观察实物，也能有效提高识图能力。

## 第2小时 建筑平面图的识读

(1) 建筑平面图的识读方法。
1) 了解平面图的图名、比例及文字说明。
2) 了解建筑的朝向、纵横定位轴线及编号。
3) 了解建筑的结构形式。
4) 了解建筑的平面布置、作用及交通联系。
5) 了解建筑平面图上的尺寸、平面形状和总尺寸。
6) 了解建筑中各组成部分的标高情况。
7) 了解房屋的开间、进深、细部尺寸。
8) 了解门窗的位置、编号、数量及型号。
9) 了解建筑剖面图的剖切位置、索引标志。
10) 了解各专业设备的布置情况。

**小贴士**

底层平面图在整套建筑施工图中最为重要，其内容表达和各种标注最为丰富。读懂了底层平面图并将其内容和标注熟记在心，就能轻松地阅读其他的施工图，从而将整套建筑施工图牢记在心。

二层平面图通常也是标准层平面，二层平面中的大部分内容在底层平面图中都已经出现。阅读二层平面图时应重点查看房间是否合并、分割的情况，即墙体是否有变化。另外，柱子、门窗、标高等也是重点查看的对象。

屋顶分为平屋顶和坡屋顶两种,一般为平屋顶。屋顶平面图反映的内容较少,一般采用 1∶200 或更小的比例。屋顶平面图中,只需要标注建筑四角及转角处的定位轴线及其编号。所有落水管必须标注定位尺寸。

(2)建筑平面图的识读技巧。

1)看清图名和绘图比例,了解该平面图属于哪一层。

2)阅读平面图时,首先从定位轴线开始,根据所注尺寸看房间的开间和进深,再看墙的厚度或柱子的尺寸,看清楚定位轴线是处于墙体的中央位置还是偏心位置,看清楚门窗的位置和尺寸,尤其应注意各层平面图变化之处。

3)在平面图中,被剖切到的砖墙断面上,按规定应绘制砖墙材料图例,若绘图比例小于等于 1∶50,则不绘制砖墙材料图例。

4)平面图中的剖切位置与详图索引标志也是不可忽视的问题,它涉及朝向与所表达的详尽内容。

5)房屋的朝向可通过底层平面图中的指北针来了解。

 **小贴士**

阅读平面图时,都应从低层看起(有地下室时从地下室平面图开始),然后逐层阅读。

## 第 3 小时 建筑立面图的识读

(1)建筑立面图的识读方法。

1)了解图名、比例。

2)了解建筑物竖向的外部形状。

3)了解建筑物各部分的标高及尺寸标注,再结合平面图确定建筑物门窗、雨篷、阳台、台阶等部位的空间形状与具体位置。

4)了解外墙面的装修做法。

5)了解立面图上详图索引符号的位置及其作用。

 **小贴士**

识读立面图时要结合平面图,建立整个建筑物的立体形状。对一些细部构造,要通过立面图与平面图结合确定其形状与位置。另外,在识读立面图时,要根据图名确定立面图表示建筑物的哪个立面。

(2)建筑立面图的识读技巧。

1)先看立面图上的图名和比例,再看定位轴线确定是哪个方向上的立面图及绘图比例是多少,立面图两端的轴线及其编号应与平面图上的相对应。

2)看建筑立面的外形,了解门窗、阳台栏杆、台阶、屋檐、雨篷、出屋面排气道等的形状及位置。

3)看立面图中的标高和尺寸,了解室内外地坪、出入口地面、窗台、门口及屋檐等处的标高位置。

4)看房屋外墙面装饰材料的颜色、材料、分格做法等。

5)看立面图中的索引符号、详图的出处、选用的图集等。

 **小贴士**

除以上技巧外,还应做到根据图名及轴线编号对照平面图,明确各立面图所表示的内容是否正确。在明确各立面图表明的做法基础上,进一步校核各立面图之间有无不交叉的地方,从而通过阅读立面图建立起房屋外形和外装修的全貌。

## 第 4 小时 建筑剖面图的识读

(1)建筑剖面图的识读方法。

1)了解图名、比例。

2)了解剖面图与平面图的对应关系。

3)了解被剖切到的墙体、楼板、楼梯和屋顶。

4)了解屋顶、楼面、地面的构造层次及做法。

5)了解屋面的排水方式。

6)了解课件的部分。

7)了解剖面图上的尺寸标注。

8)了解详图索引符号的位置和编号。

 **小贴士**

阅读剖面图时,首先弄清该剖视图的剖切位置,然后逐层查看。

(2)建筑剖面图的识读技巧。

1)在底层剖面图中找到相应的剖切位置与投影方向,再结合各层建筑平面图,根据对应的投影关系,找到剖面图中建筑物各部分的平面位置,建立建筑物内部的空间形状。

2)查阅建筑各部分的高度,包括建筑物的层高、剖切到的门窗高度、楼梯平台高度、屋檐部位的高度等,再结合立面图检查是否一致。

3)结合屋顶平面图查阅屋顶的形状、做法、排水情况等。

4)结合建筑设计说明查阅地面、楼面、墙面、顶棚的材料和装修做法。

5)房屋各层顶棚的装饰做法为吊顶,详细做法需要查阅建筑设计说明。阅读建筑剖面图也要与建筑平面图、建筑立面图结合起来。

小贴士

在看剖面图时,要重点关注剖切位置、标高,有些情况下还需注意剖切面构件的材料。注意剖切位置是为了总体了解图例的位置,比如某楼有两部不相同的楼梯,那么区分剖面图表示的楼梯就尤为重要。关注标高一是为了区分建筑物的层数,二是因为有些构件可能与楼层标高不相同,比如卫生间的梁标高要低于楼层标高。

## 第5小时　外墙节点详图的识读

(1) 外墙节点详图的识读方法。
1) 了解墙身详图的图名和比例。
2) 了解墙脚构造。
3) 了解中间节点。
4) 了解檐口部位。

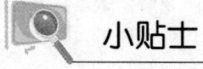
小贴士

为了节约图纸、表达简洁,常将墙身在门窗洞口处折断。有时,还可以将整个墙身详图分成各个节点单独绘制。在多层房屋之中,若中间几层情况相同,则可以只画出底层、顶层和一个中间层详图。

(2) 外墙节点详图的识读技巧。
1) 由于外墙详图能较明确、清楚地表明每项工程绝大部分主体与装修的做法,所以除读懂图面所表达的全部内容外,还应认真、仔细地与其他图纸联系阅读,如勒脚以下基础墙做法要与结构专业的基础平面和剖面图联系阅读,楼层与檐口、阳台、雨篷等也应和结构专业的各层顶板结构平面和部位节点图对照阅读,这样就能加深理解,并从中发现各图纸相互间出现的问题。
2) 应反复校核各中尺寸、标高是否一致,并应与本专业其他图纸或结构专业的图纸反复校核。往往由于设计人员的疏忽或经验不足,致使本专业图纸之间或与其他专业图纸之间在尺寸、标高甚至做法上出现不统一的地方,将会给施工带来很多困难。

小贴士

除认真阅读详图中被剖切部分的做法外,对图面表达的未剖切到的可见轮廓线不可忽视,因为一条可见轮廓线可能代表一种材料和做法。

## 第6小时　楼梯详图的识读

(1) 楼梯详图的识读方法。

1) 楼梯平面图的识读。
①了解楼梯在建筑平面图中的位置及有关轴线的布置。
②了解楼梯的平面形式、踏步尺寸、楼梯的走向以及上下行的起步位置。
③了解楼梯间的开间、进深,墙体的厚度。
④了解楼梯和休息平台的平面形式、位置,踏步的宽度和数量。
⑤了解楼梯间各楼层平台、梯段、楼梯井和休息平台面的标高。
⑥了解中间层平面图中三个不同梯段的投影。
⑦了解楼梯间墙、柱、门、窗的平面位置、编号和尺寸。
⑧了解楼梯剖面图在楼梯底层平面图中的剖切位置。
2) 楼梯剖面图的识读。
①了解楼梯的构造形式。
②了解楼梯在竖向和进深方向的有关尺寸。
③了解楼梯段、平台、栏杆、扶手等的构造和用料说明。
④了解被剖切梯段的踏步级数。
⑤了解图中的索引符号。
3) 楼梯节点详图的识读。

楼梯节点详图主要表达楼梯栏杆、踏步、扶手的做法,如果采用标准图集,则直接引注标准图集代号;如果采用的形式特殊,则用1:10、1:5、1:2或1:1的比例详细表示其形状、大小、所采用材料以及具体做法。

小贴士

当建筑、结构两专业楼梯详图绘制在一起时,除表明建筑方面的内容外,还应表明选用的预制钢筋混凝土各构件的型号和各构件搭接处的节点构造,以及标准构件图集的索引号。

当建筑、结构两专业楼梯详图分别绘制时,阅读楼梯详图应对照结构图,校核楼梯梁、板的尺寸和标高是否与建筑装修相吻合。

(2) 楼梯详图的识读技巧。
1) 根据轴线编号查清楼梯详图和建筑平、立、剖面图的关系。
2) 楼梯间门洞口及圈梁的位置和标高,要与建筑平、立、剖面图和结构图对照阅读。
3) 当楼梯间地面标高低于首层地面标高时,应注意楼梯间墙身防潮层的做法。

小贴士

在楼梯平面图中的折断线本应为平行于踏步的,为了与踏面线区分开,常将其画成与踏面成30°角的倾斜线。

## 第7小时　门窗详图的识读

(1) 门窗详图的识读方法。

1)了解图名、比例。
2)了解不同部位材料的形状、尺寸和一些五金配件及其相互间的构造关系。

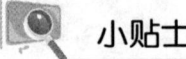 小贴士

详图索引符号如  中的粗实线表示剖切位置,细的引出线是表示剖视方向,引出线在粗线之左,表示向左观看;同理,引出线在粗线之下,表示向下观看。一般情况下,水平剖切的观看方向相当于平面图,竖直剖切的观看方向相当于左侧面图。

(2)门窗详图的识读技巧。
1)从窗的立面图上,可以了解窗的组合形式及开启方式。
2)从窗的节点详图中,还可了解到各节点窗框、窗扇的组合情况及各木料的用料断面尺寸和形状。
3)门窗的开启方式由开启线决定,开启线有实线和虚线两种。

 小贴士

目前,设计时常选用标准图册中的门窗,一般是用文字代号等说明所选用的型号,而省去门窗详图。此时,必须找到相应的标准图册,才能完整地识读该图。

# 第8小时 厨卫大样详图的识读

(1)厨卫大样详图的识读方法。
1)了解建筑物的厕所、盥洗室、浴室的布置。
2)了解卫生设备配置的数量规定,卫生用房的布置要求。
3)了解卫生设备间距的规定。

 小贴士

《住宅设计规范》(GB 50096—2011)强条:
(1)卫生间不应直接布置在下层住户的卧室、起居室(厅)、厨房和餐厅的上层。
(2)厨房应设置洗涤池、案台、炉灶及排油烟机、热水器等设施或为其预留位置。

(2)厨卫大样详图的识读技巧。
1)注意厨卫大样图的比例选用。
2)注意轴线位置及轴线间距。
3)了解各项厨卫设备的布置。
4)了解标高及坡度。

 小贴士

卫生间给水点的标高可以参考标准图集09S304中数据,但是其中数据繁多,做到了解即可。

# 第 2 天

# 托老所工程建筑施工图设计总说明

## 第 1 小时 设计依据及工程概况

（1）设计依据。
1）×××规划委员会的规划意见书（公共建筑）。
2）×××设计任务书。
3）现行《建筑设计防火规范》《民用建筑设计通则》《老年人建筑设计规范》《老年人居住建筑设计标准》《居住建筑节能设计标准》。
4）其他现行国家有关建筑设计规范、规定。

【解读】
设计依据是建筑设计的根本，约束建筑设计人员在有限的空间内发挥最大的想象。由于建筑类型的繁多，建议大家多看常用的规范，如《民用建筑设计通则》《无障碍设计规范》《建筑设计防火规范》，专业性强的规范大家可以翻阅熟悉。

（2）工程概况。
1）性质：×××托老所项目。
2）位置：本工程用地位于×××地块。
3）建筑层数、高度：
本套图纸适用于×××托老所。
建筑高度：9.15m，地上 2 层。
总建筑面积：1173.23$m^2$。
4）本工程为多层建筑，耐火等级二级，抗震设防烈度 8 度，结构设计使用年限 50 年。
5）本工程设计高度±0.000 相当于绝对标高数值详见施工图总平面图。室内外高差 300mm。各层标高为完成面标高，屋面标高为结构面标高。
本工程标高以米（m）为单位，尺寸以毫米（mm）为单位。
6）结构类型：框架结构。

【解读】
项目地理位置、周边四至、建筑高度、建筑面积、结构类型等的陈述。本项目是×××住宅项目，配套公建。项目概况是项目规划设计的主要条件。

## 第 2 小时 墙体、门窗、屋面做法

（1）墙体。
1）本建筑为钢筋混凝土框架结构。非承重外墙、部分填墙等采用轻集料混凝土空心砌块填充，厚度 200mm、300mm、350mm，部位详见图纸。
内隔墙采用轻集料混凝土空心砌块，厚度详平面图。轻集料混凝土砌块墙构造柱设置见结构设计说明，做法详结构专业图纸。
2）不同墙基面交界处均加铺通长玻纤布防止裂缝，宽度 500mm。
3）当主管沿墙（或柱）敷设时，待管线安装完毕后用轻质墙包封隐蔽，做法参见二次装修，竖井墙（除钢筋混凝土墙外）壁砌筑灰缝应饱满并随砌随抹光。
4）所有隔墙上大于 300mm×300mm 的洞口需设过梁，过梁大小参见"结施过梁表"。
5）凡需抹面的门窗洞口及内墙阳角处均应用 1：2.5 水泥砂浆包角，每边宽度 80mm，包角高度距楼地面不小于 2m。
6）施工与装修均应采用干拌砂浆与干拌混凝土。

【解读】
墙体工程是项目内墙、外墙的陈述，外墙一般常用为 200mm 厚轻集料混凝土砌块，200mm 厚加气混凝土砌块（由于加气混凝土砌块荷载比较小通常会用轻集料混凝土砌块），在选择墙体的时候大家要注意选材的耐火极限、保温、隔声性能。在两种材料交接处，要注意做材料收缩产生的裂缝处理。

（2）门窗。
1）外窗选用断桥铝合金中空玻璃窗，门窗立面形式、颜色看样订货，开启方式、门窗用料详见门窗大样图，门窗数量见门窗表。
2）门窗立樘位置：外门窗立樘平外墙皮，内门窗立樘位置除注明外，外窗框与墙体缝隙采用高效保温材料填堵，双向平开门立樘居墙中，单向平开门立樘与开启方向墙面平。
外门窗气密性应不低于国家标准《建筑外门窗气密、水密、抗风压性能分级及检测方法》7 级，传热系数详见"保温节能设计"。
3）门窗加工尺寸要按门窗洞口尺寸减去相关外饰面的厚度。
4）内门为木夹板门，一次装修安装到位。
5）门窗玻璃应符合《铝合金门窗工程技术规程》；开启外窗均带纱扇。
6）玻璃幕墙、铝塑板幕墙设计与施工执行《玻璃幕墙工程技术规范》。由专业厂家二次设计，经设计院认可后方可施工，构造做法可参见 03J103-2～7 建筑幕墙。
7）出入口的玻璃门，落地玻璃隔断均采用安全玻璃。
8）面积大于 1.5$m^2$ 的玻璃均采用安全玻璃。距地 0.6～1.2m 高度内，不应装易碎玻璃。

【解读】
门窗工程中根据节能计算中窗户传热系数，遮阳系数选择门窗立樘材质，玻璃的厚度、层数、

颜色。外门窗气密性应不低于国家标准《建筑外门窗气密、水密、抗风压性能分级及检测方法》6级。常用门窗立梃材料为塑钢、铝合金、断桥铝合金。

（3）屋面。

平屋面做法：

屋1（彩色水泥瓦）：12BJ1-1坡屋1-A1。

屋2（雨篷等屋面）：做法见12BJ2-11-37页4a。

【解读】

在选择屋面做法的时候，要选择工艺成熟的施工做法，根据各地区的工程做法选择。要注意上人屋面与不上人屋面的区别。泛水做法，主要屋面女儿墙高度为600mm高，次要屋面女儿墙高度最小为400mm。屋面防水根据工程的级别选择防水等级，防水材料选择常用材料，如自粘型橡胶沥青聚酯胎防水卷材。

## 第3小时　装饰装修做法

（1）外装修。

本工程外装修为涂料饰面，做法详12BJ1-1B6页外涂2-1。其设计详见立面图，材料做法详见材料做法表，规格及排列方式见详图，材质、颜色要求须提供样板，由建设单位和设计单位认可。

【解读】

外装饰工程主要选择建筑外立面的材质做法。由于实际尺寸与设计阶段有感官误差，所以外立面材质、颜色、规格及排列方式必须要求厂家提供样本，由建设单位和设计单位认可后方可施工。在施工阶段，设计人员要到现场再次确认。

（2）内装修。

一般装修按房间用料表。

1）本工程设计室内装修部分详见装修设计图纸，材料做法仅作参考简单装修部分详见材料做法表。所选用的材料和装修材料必须符合《民用建筑工程室内环境污染控制规范》及《建筑内部装修设计防火规范》。

2）房间在装修前，楼地面做至找平层，墙面至砂浆打底，顶棚至板面脱模计。

3）凡设吊顶房间墙面抹灰高度，均至吊顶以上200mm。

4）凡设有地漏房间应做防水层，图中未注明整个房间做坡度者，均在地漏周围1m范围内做1%坡度坡向地漏；卫生间（无障碍卫生间除外）、设备间等有水房间的楼地面应低于相邻房间≥20mm。

5）除注明外，不同材料楼面分界线均设于门框厚度中心；不同标高地面分界线，应与低标高房间的内墙面平。

6）所有外露钢构件在涂漆前需做除锈和防锈处理，所有铁制及木制预埋件均需做防锈和防腐处理。

7）设备基础、留洞均应待设备到后核实无误方可施工，且设备基础完工后再施工楼面。

8）所有栏杆及百叶的样式及与墙体固定方法均与厂家商定。室内楼梯扶手高度0.9m，水平段长度大于0.5m时，栏杆高度1.05m。室外楼梯扶手高度1.1m。所有楼梯栏杆做法参10BJ12-1图集，踏步防滑做法均参08BJ7-1图集。

9）垃圾收集：成品垃圾箱，统一管理。

10）经常接触的1.30m以下的室外墙面不应粗糙，室内墙面宜采用光滑、易清洁的材料，墙角、窗台、暖气罩（参11J935-26页-1）、窗口竖直等棱角部位必须做成小圆角。

11）本工程夏季采用分体空调制冷，空调冷凝水管集中设置，具体位置详见建筑及暖通专业图纸。

12）凡穿透墙体的暗装设备箱背后挂钢板网抹灰，然后按房间用料表做饰面层。留洞位置详平面图或详图。凡需暗包消火栓箱，封包做法由室内装修设计确定。

13）设备箱体留洞表详见平面图。

【解读】

内装修工程中要注意本项目是一次装修到位还是粗装修。所选用的材料和装修材料必须符合《民用建筑工程室内环境污染控制规范》及《建筑内部装修设计防火规范》。具体做法参考图集成熟、常用做法。所有设备留洞、设备基础待设备到货后无误方可施工，如有误差，与设计人员联系及时修改。所有房间装修做法参照材料做法表。

## 第4小时　无障碍设计说明

（1）首层入口设无障碍坡道，见平面图。

（2）建筑入口坡道、公共卫生间等处均按无障碍标准设置无障碍标志。

（3）卫生间内与坐便器相邻墙面应设水平高0.70m的"L"形安全扶手或"∏"形落地式安全扶手。水盆一侧贴墙设安全扶手。扶手详10BJ12-1，C10页，详图1。无障碍卫生间地面低于楼层地面15mm，并以缓坡过渡。

（4）各层供轮椅通行的门扇构造应符合《无障碍设计规范》第3.5.3-6、3.9.3-3条的规定。

（5）通过式走道两侧墙面0.90m与0.65处宜设φ40～50mm的圆杆横向扶手，扶手离墙表面间距40mm；走道两侧墙面下部应设0.35m高的护墙板。护墙板详10BJ12-1，B11页，详图2。走道扶手详10BJ12-1，B36页，详图A，上下两层。

（6）楼梯与坡道两侧离地高0.90m和0.65m处应设连续的栏杆与扶手，沿墙一侧扶手应水平延伸。楼梯扶手详10BJ12-1，B35页2，详图5；B36页，详图A，上下两层。

（7）设电梯的老年人建筑，电梯厅及轿厢尺度必须保证轮椅和急救担架进出方便，轿厢沿周边离地0.90m和0.65m高处设介助安全扶手。电梯速度选用慢速度，梯门采用慢关闭，并内装电视监控系统。

【解读】

无障碍工程要仔细阅读无障碍规范，明确需要做无障碍的建筑部位，无障碍坡道主要坡度及栏杆扶手的做法及要求，无障碍卫生间的具体尺寸及要求。有的工程没有条件设电梯，要根据无障碍设计规范设置无障碍楼梯。

## 第5小时　保温、节能设计

（1）本建筑为居住类节能建筑，执行北京市《居住建筑节能设计标准》。

（2）设计建筑，朝向南北向，体形系数见表2-1。

表 2-1　　　　　　　　　　　　各朝向外门窗窗墙比

| 项目 | 窗墙比 | | | | 体形系数 | 层数 |
|---|---|---|---|---|---|---|
| | 南向 | 北向 | 东向 | 西向 | | |
| 托老所 | 0.29 | 0.23 | 0.16 | 0.07 | 0.29 | 2 |

（3）建筑为框架结构，采用外墙外保温体系，墙身细部、女儿墙、勒脚等部位均应采取保温措施，做法见 12BJ2-11 图集。

（4）屋顶、外墙等部位围护结构节能设计见表 2-2。

表 2-2　　　　　　　　　屋顶、外墙等部位围护结构节能设计

| 序号 | 部位 | | 保温材料 | 厚度（mm） | 构造做法 | 传热系数 kW/（m²·K） |
|---|---|---|---|---|---|---|
| 1 | 屋面 | 屋1 | 钢网岩棉板 | 80 | 坡屋1-A1 | 0.51 |
| 2 | 外墙 | 外墙1 | HIP 真空绝热板 | 20 | 12BJ2-11 外墙 A10 | 0.32 |
| 3 | 非采暖空调间与采暖空调间 | 隔墙 | 玻化微珠保温砂浆 | 35 | 12BJ1-1 内墙温 2B | 1.39 |
| | | 楼板 | 喷超细无机纤维 | 20 | 12BJ1-1 棚温 3A | 1.25 |
| 4 | 接触室外空气的架空或外挑楼板 | | 硬泡聚氨酯 | 50 | 12BJ2-11-37-1 | 0.48 |

注：设计建筑保温部位补充说明：
1. 平屋顶保温包括屋顶层上人平台。
2. 外墙为：轻集料混凝土空心砌块外墙保温构造。
3. HIP 真空绝热板的物理性能参见图集 12BJZ48。

（5）外门窗及屋顶天窗节能设计。

1）各朝向外门窗窗墙比见表 2-1。

2）外门窗、屋顶天窗构造做法及性能指标见表 2-3。

表 2-3　　　　　　　　　外门窗、屋顶天窗构造做法及性能指标

| 序号 | 部位 | 框料选型 | 玻璃种类 | 间隔层厚度 | 传热系数 kW/（m²·K） | 遮阳系数 |
|---|---|---|---|---|---|---|
| 1 | 外门窗 | 断桥铝合金 | 6+12A+6LowE | 12（空气） | 1.8 | 不限 |

3）外窗气密性能不应低于《建筑外门窗气密、水密、抗风压性能分级及检测方法》的 4 级水平，透明幕墙气密性不能低于现行国家标准《建筑幕墙》中规定的 2 级。外门窗立口平外墙皮，外窗框与墙体缝隙采用高效保温材料填堵。可见光透射比为 75%，满足限值要求。

【解读】

节能工程主要注意各部位保温做法、保温材质、厚度、传热系数。

## 第 6 小时　防水、防潮、防火

（1）防水、防潮。

1）室内防水。

①卫生间等需要防水的楼地面，采用 1.5mm 厚聚合物水泥基防水涂料，做法见房间用料表。

②卫生间等需要防水的楼地面的防水涂料，应沿四周墙面高起 250mm。墙面防水应做至距地 1800mm。

③有防水要求的房间穿楼板立管均应预埋防水套管，防止水渗漏，做法见 91SB3。

2）屋面防水等级为Ⅱ级，合理使用年限 15 年。外排水方式，雨水管内径 100mm。管材见平面标注。

3）防水构造要求：屋面、外墙、卫生间、水池等防水做法详见相关的节点大样图，图中未注明的部分应参见 08BJ5-1，88J8 图集。管道穿过有防水要求的楼地面须做防水套管。突出建筑面 30mm，管道与套管间采用麻油灰填塞密实。

4）工程中所用防水材料，必须经有关部门认证合格。

5）防水施工应严格执行《屋面工程技术规范》《屋面工程施工质量验收规范》及其他有关施工验收规范。

6）屋面防水层和卫生间防水做完后，应按规定要求做渗水试验，经有关部门检查合格后，方可进行下一道工序，并在后续作业和安装过程中，确保防水层不被破坏。

【解读】

防水、防潮工程主要注意：

卫生间及室内有防水要求的房间地面、墙面防水做法，以及有立管穿过楼面、地面均应预埋防水套管，防止水渗漏做法参图集。

屋面防水等级、防水材料、防水使用年限，以及屋面排水方式、雨水管做法、管径及材质。

其他部位防水要求要根据当地法律、法规、规范的规定，完成每一道工序。

（2）防火。

1）本建筑一个长边临市政规划道路，且不超过 150m，满足消防要求。

2）本工程的耐火等级为二级。

3）本工程为一个单体建筑：地上部分每层为一个防火分区，面积均小于 2500m²。

4）疏散宽度：地上最大每层人数为 30 人，需要的最大疏散宽度为 1.1m，实际疏散宽度为 3.05m，设 2 部疏散楼梯满足疏散要求。

5）建筑内隔墙均应从楼地面基层砌至梁板底，穿过防火墙的管道处，应采用不燃烧材料将空隙填塞密实。

6）疏散楼梯装修材料防火性能按《建筑内部装修设计防火规范》选材和施工。

7）水暖专业预埋穿楼板钢套管竖井各层楼板处，用相当于楼板耐火等级的非燃烧体在管道四周做防火分隔。其他各专业竖井在管线安装完毕后，在每层楼板处补浇混凝土封堵，详见结构专业图纸。

8）其他有关消防措施见各专业图。

9）本工程建筑外保温及外墙装饰设计执行公安部、住建部颁发的公通字〔2009〕46 号文《民用建筑外保温及外墙装饰防火暂行规定》的相关规定。

首层防护厚度不应小于 6mm，其他层不应小于 3mm。

【解读】

防火工程是建筑的重中之重。首先，在总平面设计中要满足《建筑设计防火规范》的要求，本建筑周边有 4m 宽消防通道或距市政道路小于 15m。其次，明确单体建筑防火耐火极限，本工程防火设计的耐火等级地上部分为二级。防火分区，设置自动灭火系统，本工程为一个单体建筑，地上部

分为一个防火分区，面积小于5000m²，设喷洒（多层建筑地上防火分区面积2500m²，设置自动灭火系统面积翻倍）。疏散宽度及疏散距离：疏散宽度根据人数计算，具体计算详《建筑设计防火规范》，疏散距离根据建筑物功能不同，《建筑设计防火规范》中有明确规定。各部位建筑材料一定要满足规范中要求的最小耐火极限。室内各部位装修材料一定要满足规范中要求的材料燃烧性能级别。

## 第7小时 室内环境污染控制

（1）所使用的砂、石、砌块、水泥、混凝土、混凝土预制构件等无机非金属建材的放射性限量要求，符合《民用建筑工程室内环境污染控制规范》的规定。

（2）非金属装修材料（如石材、建筑卫生陶瓷、石膏板、吊顶材料、无机瓷质砖粘结材料等）放射性限量要求，符合《民用建筑工程室内环境污染控制规范》的规定。

（3）所使用的能释放氨的阻燃剂、混凝土外加剂，氨的释放量不应大于0.10%。

（4）甲方提供建筑场地土壤氡浓度或土壤氡析出率检测报告，根据其结果确定是否采取防氡措施，如需采取措施应符合《民用建筑工程室内环境污染控制规范》第4.2.4、4.2.5、4.2.6条的规定。

（5）所选建筑材料（含室内装修材料）应选择无污染的建筑材料，室内空气污染物活度和浓度应符合要求。

（6）楼板的撞击声隔声性能且楼板的计权标准化撞击声压级，不应大于75dB。

【解读】
室内环境污染控制工程中一定要满足规范中要求的材料放射性，释放有毒气体等的最小要求。

## 第8小时 其 他

（1）本施工图应与各专业设计图密切配合施工，注意预留孔洞、预埋件，不得随意剔凿。

（2）预埋木砖均做防腐处理；露明铁件均做防锈处理。

（3）两种材料的墙体交接处，在做饰面前均须加钉金属网，防止裂缝。

（4）凡涉及颜色、规格等的材料，均应在施工前提供样品或样板，经建设单位和设计单位认可后，方可订货、施工。

（5）本说明未尽事宜均按国家有关施工及验收规范执行。

（6）电梯选型，见表2-4。

表2-4 电梯选型表

| 编号 | 电梯选型 | | | | | 数量 | 停站层 | 备注 |
|---|---|---|---|---|---|---|---|---|
| | 类别 | 型号 | 乘客人数 | 载重（kg） | 速度（m/s） | | | |
| 1 | 乘客电梯 | 奥的斯 GeN2P13-09-1.0-L | 13 | 1000 | 1 | 1 | 2 | 符合无障碍要求 |

注：电梯厅及轿厢尺度必须保证轮椅和急救担架进出方便，轿厢沿周边离地0.90m和0.65m高处设介助安全扶手。电梯速度选用慢速度，梯门采用慢关闭，并内装电视监控系统。

（7）房间用料。
房间用料见表2-5。

表2-5 房间用料表

| 房间名称 | 楼地面 | | 踢脚/墙裙 | | 内墙 | | 顶棚 | | 备注 |
|---|---|---|---|---|---|---|---|---|---|
| | 做法 | 燃烧性能 | 做法 | 燃烧性能 | 做法 | 燃烧性能 | 做法 | 燃烧性能 | |
| 康复（保健）室、观察（理疗）室、活动室、居室、健身娱乐、阅览室、餐厅 | 地13（石塑卷材防滑地砖地面）用于首层130厚、楼13B（石塑卷材防滑地砖楼面）50厚 | B1 | 石塑卷材踢脚（300高） | B1 | 内墙3内涂1（乳胶漆墙面） | A | 棚14B内涂1（乳胶漆）、石膏板吊顶 | A | |
| 楼梯间 | 地13（石塑卷材防滑地砖地面）用于首层130厚、楼13B（石塑卷材防滑地砖楼面）30厚 | B1 | 石塑卷材踢脚（100高） | B1 | 内墙3内涂1（乳胶漆墙面） | A | 棚2A内涂1（乳胶漆） | A | |
| 厨房（操作间、库房等） | 地12F（铺地砖地面）130厚、地12F改（铺地砖地面）150厚 | A | 面砖落地、无踢脚 | A | 内墙10-f2（薄型面砖墙面） | A | 棚20A（铝方板吊顶） | A | 无孔 |
| 门厅、电梯厅、门斗、走廊 | 地13（石塑卷材防滑地砖地面）用于首层130厚、楼13B（石塑卷材防滑地砖楼面）50厚 | B1 | 石塑卷材踢脚（300高） | B1 | 内墙3内涂1（乳胶漆墙面） | A | 棚14B内涂1（乳胶漆）、石膏板吊顶 | A | |
| 卫生间、淋浴间、残卫 | 地13F（石塑卷材防滑地砖地面）用于首层130厚、楼13F（石塑卷材防水地砖楼面）结构降板130 | B1 | 石塑卷材踢脚（100高） | B1 | 内墙9（薄型面砖墙面） | A | 棚20A（铝方板吊顶） | A | 老人使用 |
| 消毒、备餐间 | 地12F（铺地砖地面）用于首层130厚、楼12F-1（铺地砖楼面）结构降板130 | A | 面砖落地、无踢脚 | A | 内墙9（薄型面砖墙面） | A | 棚20A（铝方板吊顶） | A | |
| 设备管井 | 楼3D水泥楼面30厚、地3B水泥地面 | A | 踢2（水泥砂浆踢脚）（100高） | A | 内墙4耐水腻子 | A | 棚1 | A | |

（8）太阳能设计。

1）太阳能热水系统设计应在相邻建筑日照、安装部位的安全防护等方面执行《民用建筑太阳能热水系统应用技术规范》。

2）建筑物上安装太阳能热水系统，不得降低相邻建筑的日照标准。

3）在安装太阳能集热器的建筑部位，应设置防止太阳能集热器损坏后部件坠落伤人的安全防护设施。

4）太阳能热水系统的结构设计应为太阳能热水系统安装埋设预埋件或其他连接件。连接件与主体结构的锚固承载力设计值应大于连接件本身的承载力设计值。

5）轻质填充墙不应作为太阳能集热器的支承结构。

**【解读】**

由于现在建筑的设计过程中电梯厂家为确定，所以设计中选用电梯为参考样本，待项目施工前确定厂家后，由厂家确认提供电梯井道尺寸等数据后，由设计院配合厂家修改确认图纸后方可施工。

# 第3天
## 托老所工程建筑施工图识读详解

### 第1~2小时　详解托老所工程一层、二层平面图

托老所一层、二层平面图及其讲解，如图3-1~图3-8所示。

### 第3~4小时　详解托老所工程屋顶平面图、立面图

托老所屋顶平面图、立面图及其讲解，如图3-9~图3-13所示。

### 第5小时　详解托老所工程剖面图、立面图

托老所剖面图及其讲解，如图3-14~图3-17所示。

### 第6小时　详解托老所工程楼梯详图

托老所楼梯图及其讲解，如图3-18~图3-20所示。

### 第7小时　详解托老所工程门窗、卫生间、电梯详图

托老所卫生间图、门窗图、电梯图及其讲解，如图3-21~图3-23所示。

### 第8小时　详解托老所工程墙身详图

托老所墙身图及其讲解，如图3-24~图3-26所示。

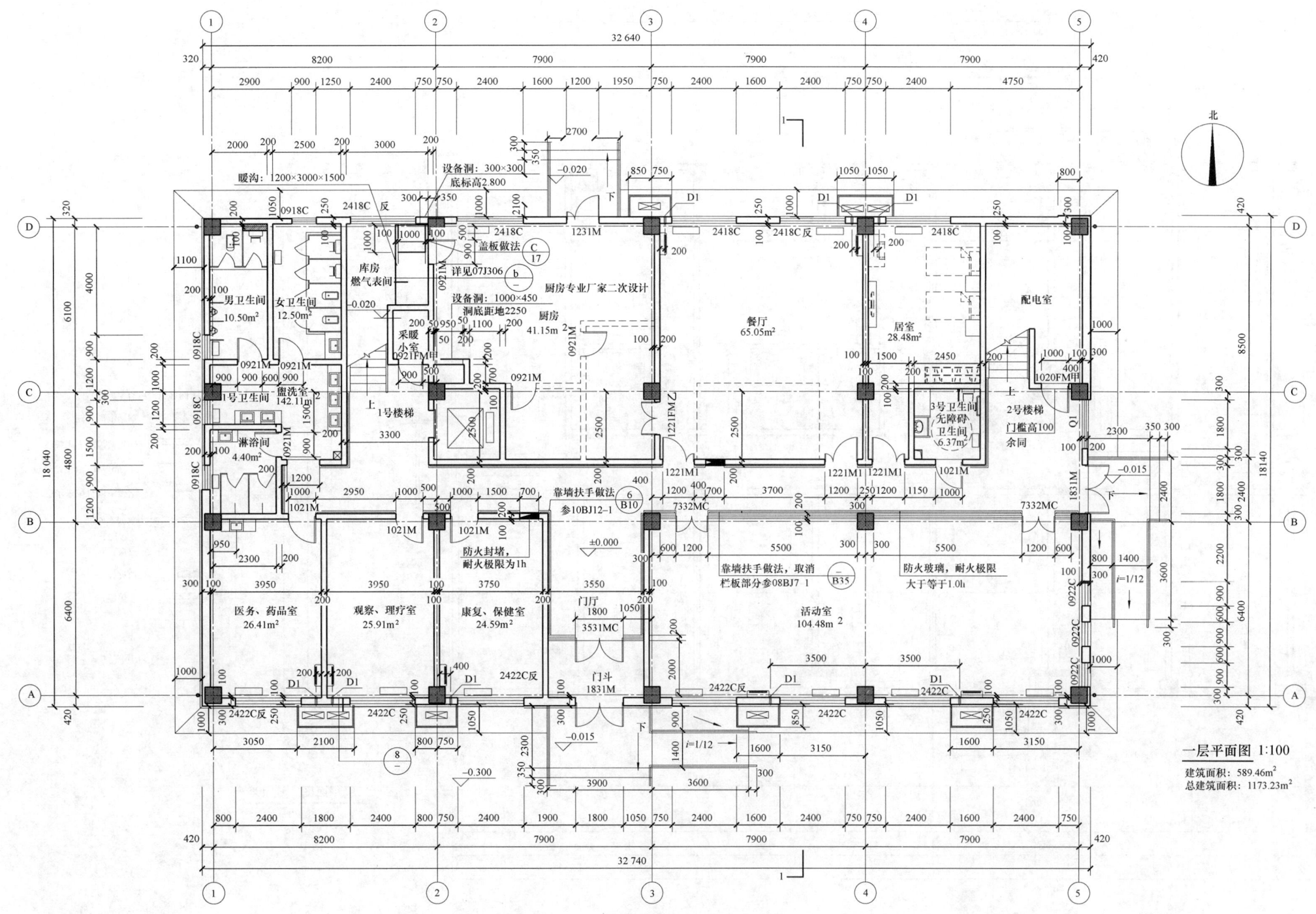

图 3-1 一层平面图

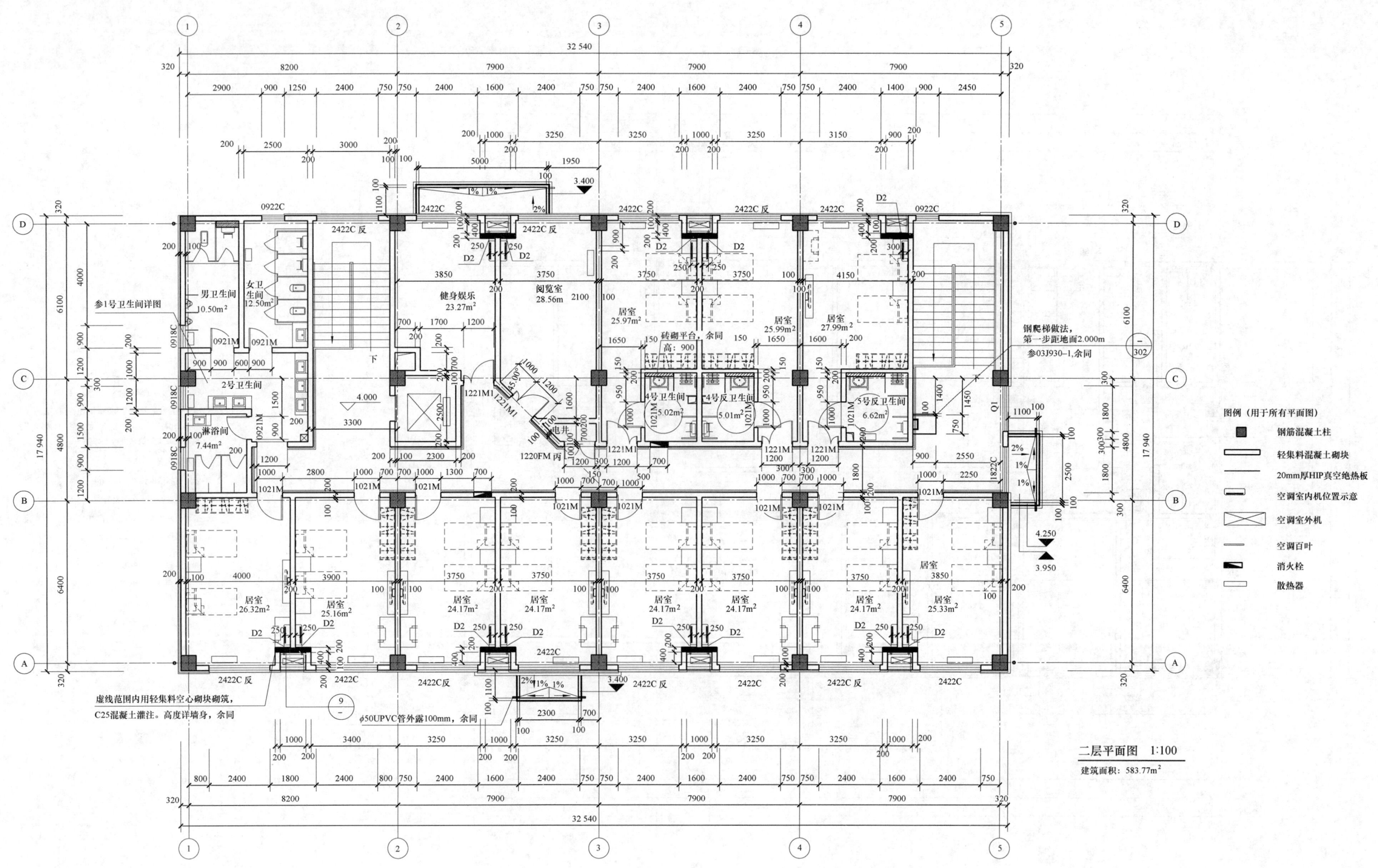

图 3-2 二层平面图

**导读：**

本图为托老所一、二层平面图讲解。

一层平面建筑面积为：589.46m²，层高为：4m。

主要功能为保健区（医务药品室、观察理疗室、康复保健室）、厨房、餐厅、卫生间、淋浴间、门厅、活动室、老年人居室。

二层平面建筑面积为：583.77m²，层高为：4m。

主要功能为健身娱乐室、阅读室、老年居室、卫生间、淋浴间。

通过一层平面图了解建筑的方向，轴线布置情况。

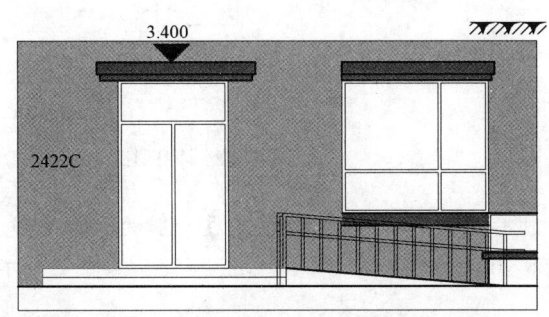

无障碍坡道及栏杆立面图

1. 残疾人坡道：注意坡道做法（注3），坡度不大于1/12。无障碍坡道栏杆做法（注4），栏杆两端较坡道延长300。

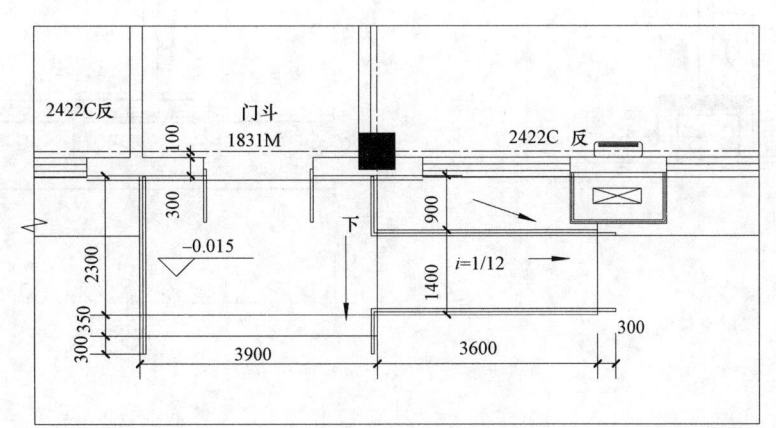

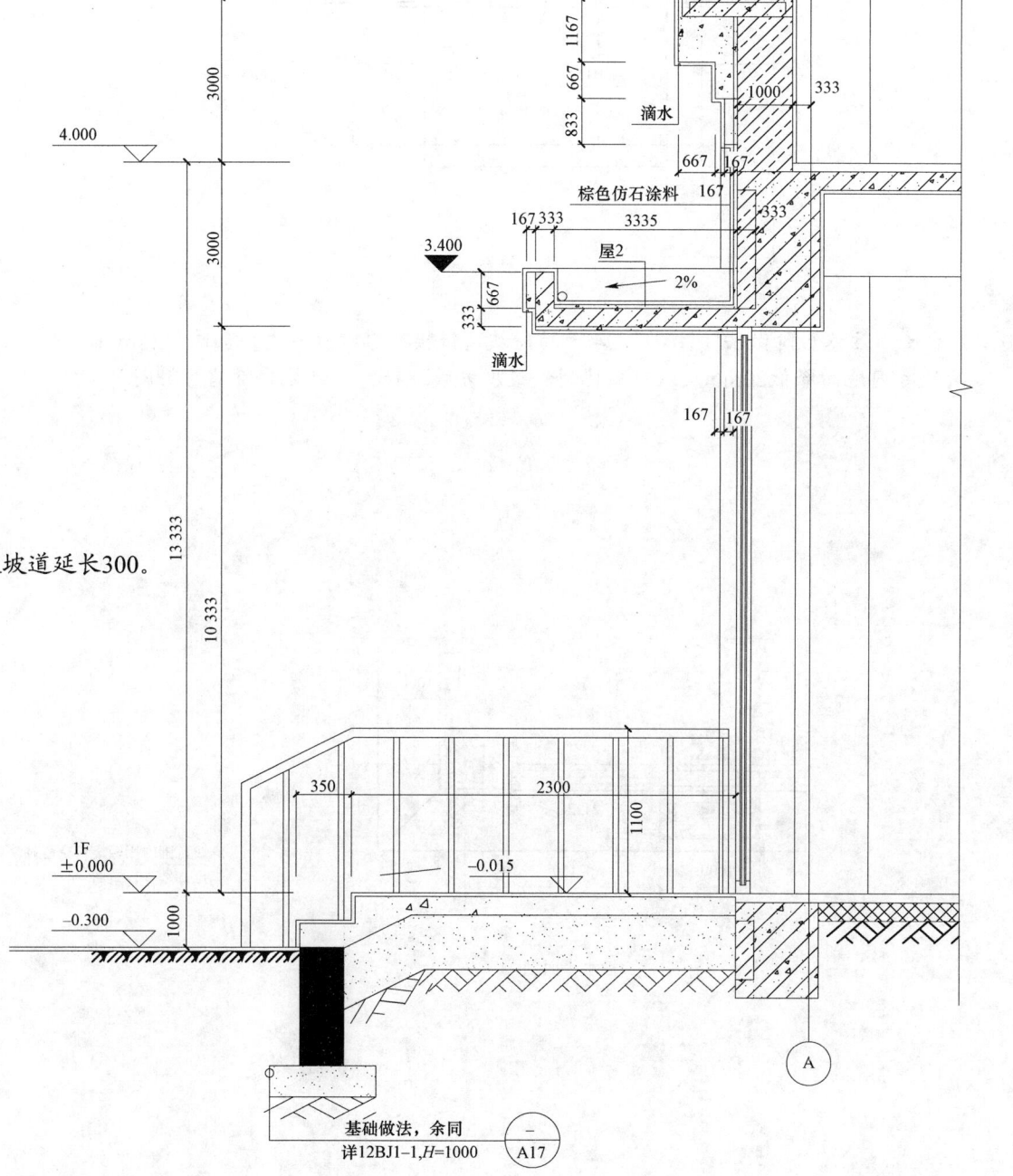

图 3-3　一、二层平面图讲解（一）

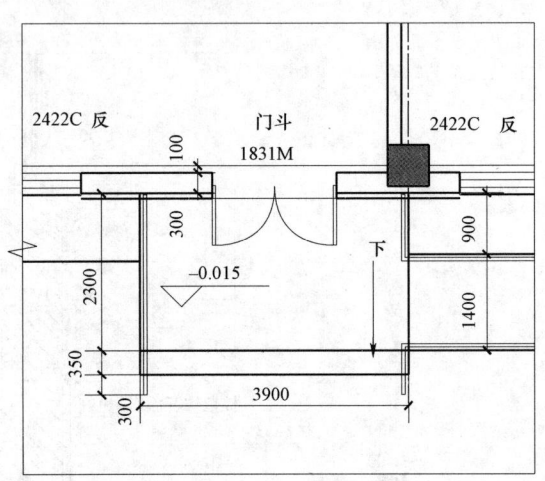

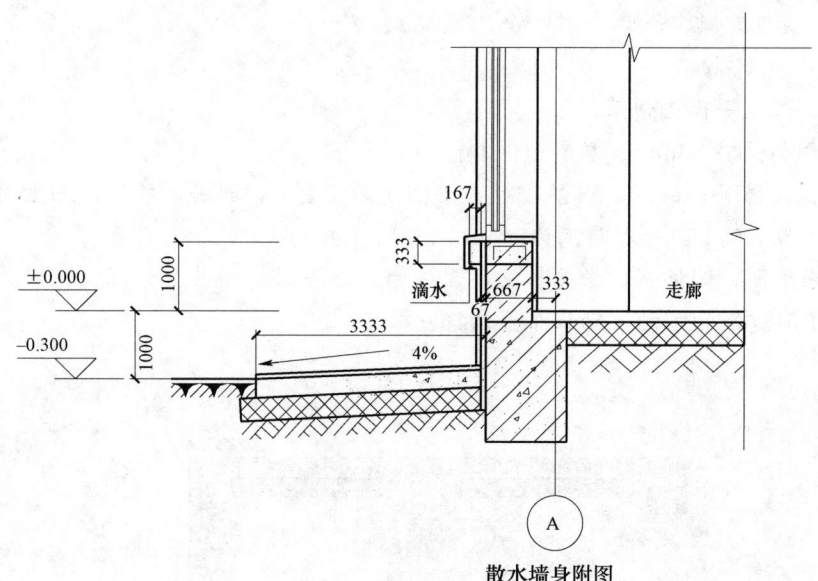

散水墙身附图

2. 台阶：注意台阶做法（注2），与无障碍坡道链接的台阶较室内地面降低15mm，普通台阶较室内地面降低20mm。入口处已斜坡过度方式连接。（详见台阶墙身附图）

3. 散水：注意散水做法（注5），散水宽度一般为800mm宽，根据经验散水宽度从建筑结构面算1000mm即可。散水找坡为4%。（详见散水墙身附图）

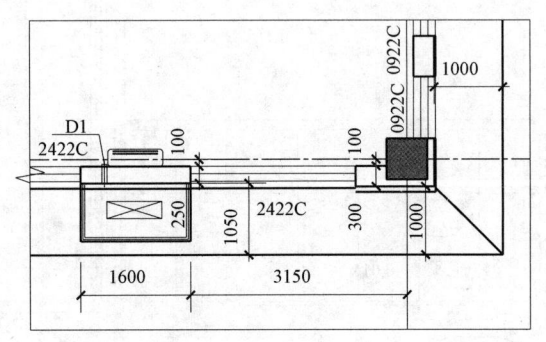

散水平面图

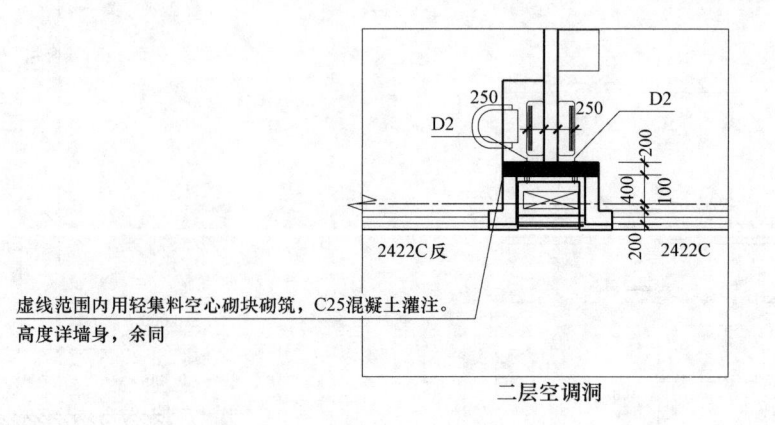

虚线范围内用轻集料空心砌块砌筑，C25混凝土灌注。
高度详墙身，余同

二层空调洞

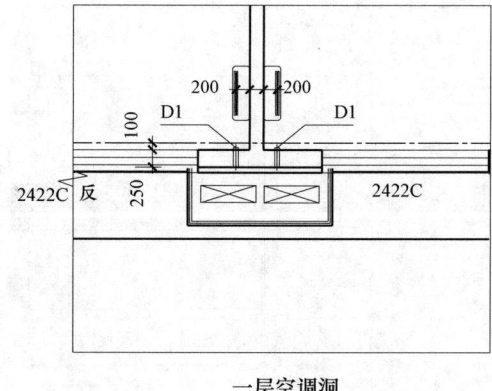

一层空调洞

4. 空调留洞：空调墙体留洞D1、D2均为φ70，D1中心距地300mm，D2中心距地2300。

图3-4 一、二层平面图讲解（二）

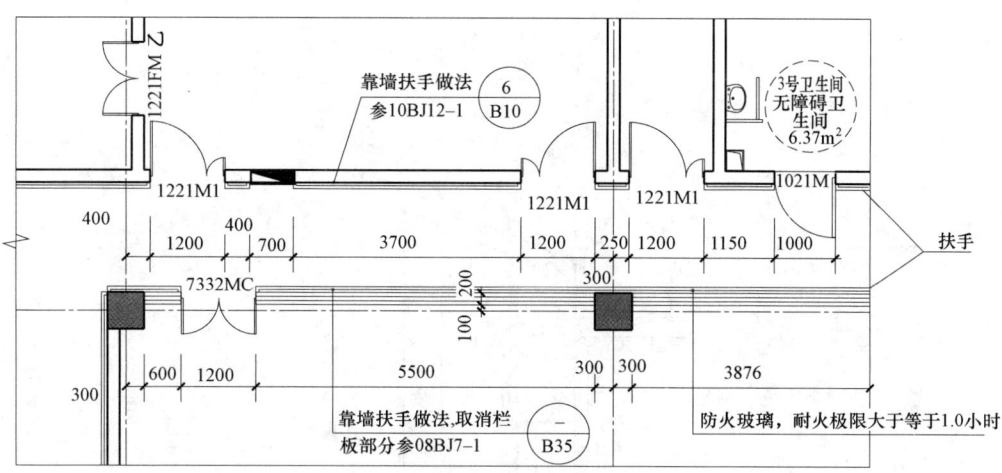
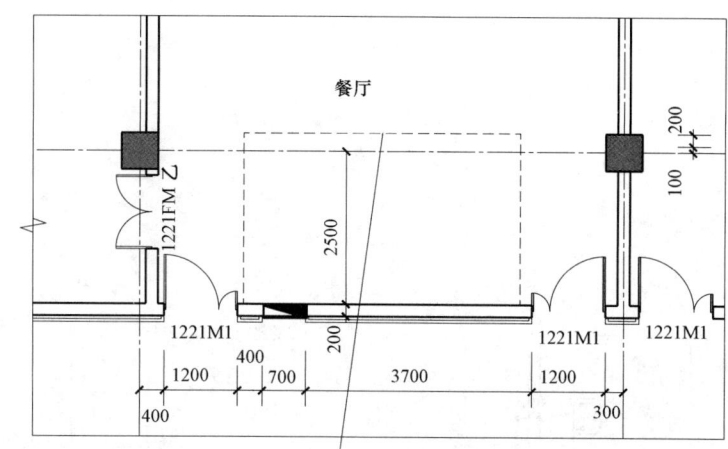

5.走廊扶手：老年建筑走廊要设置扶手，扶手分两层设置高度分别为900mm、650mm，具体做法参图集。

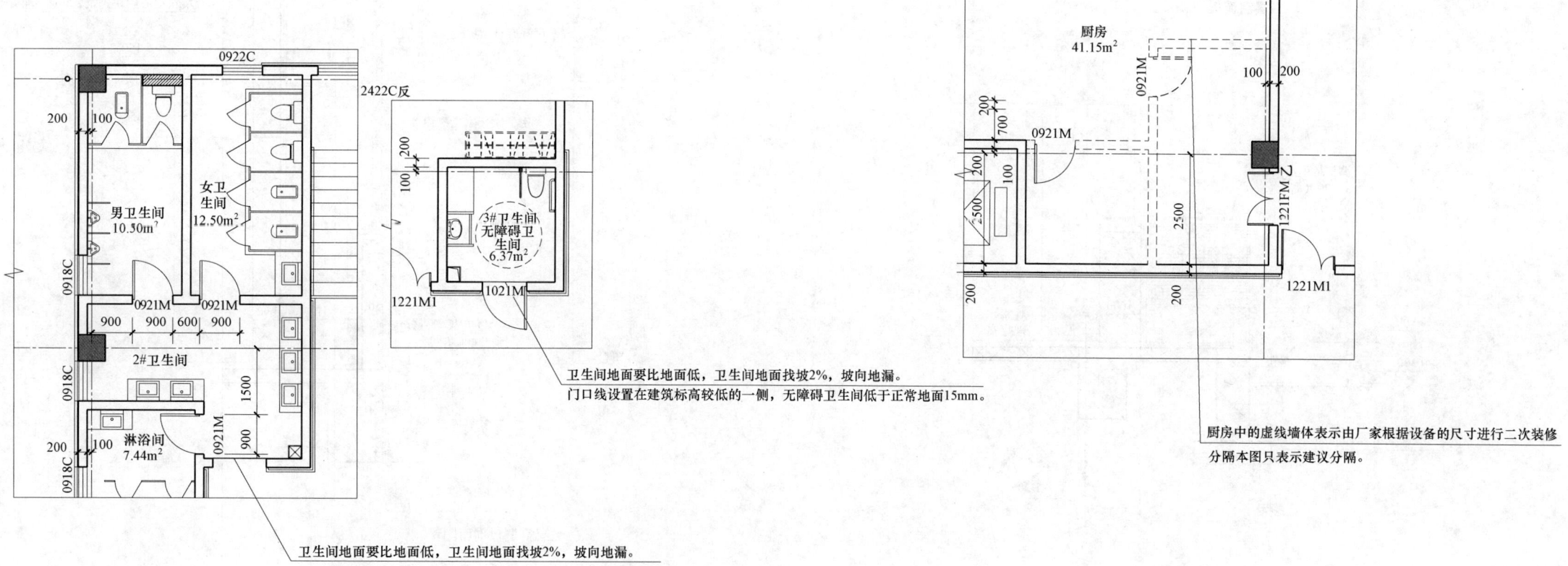

图3-5 一、二层平面图讲解（三）

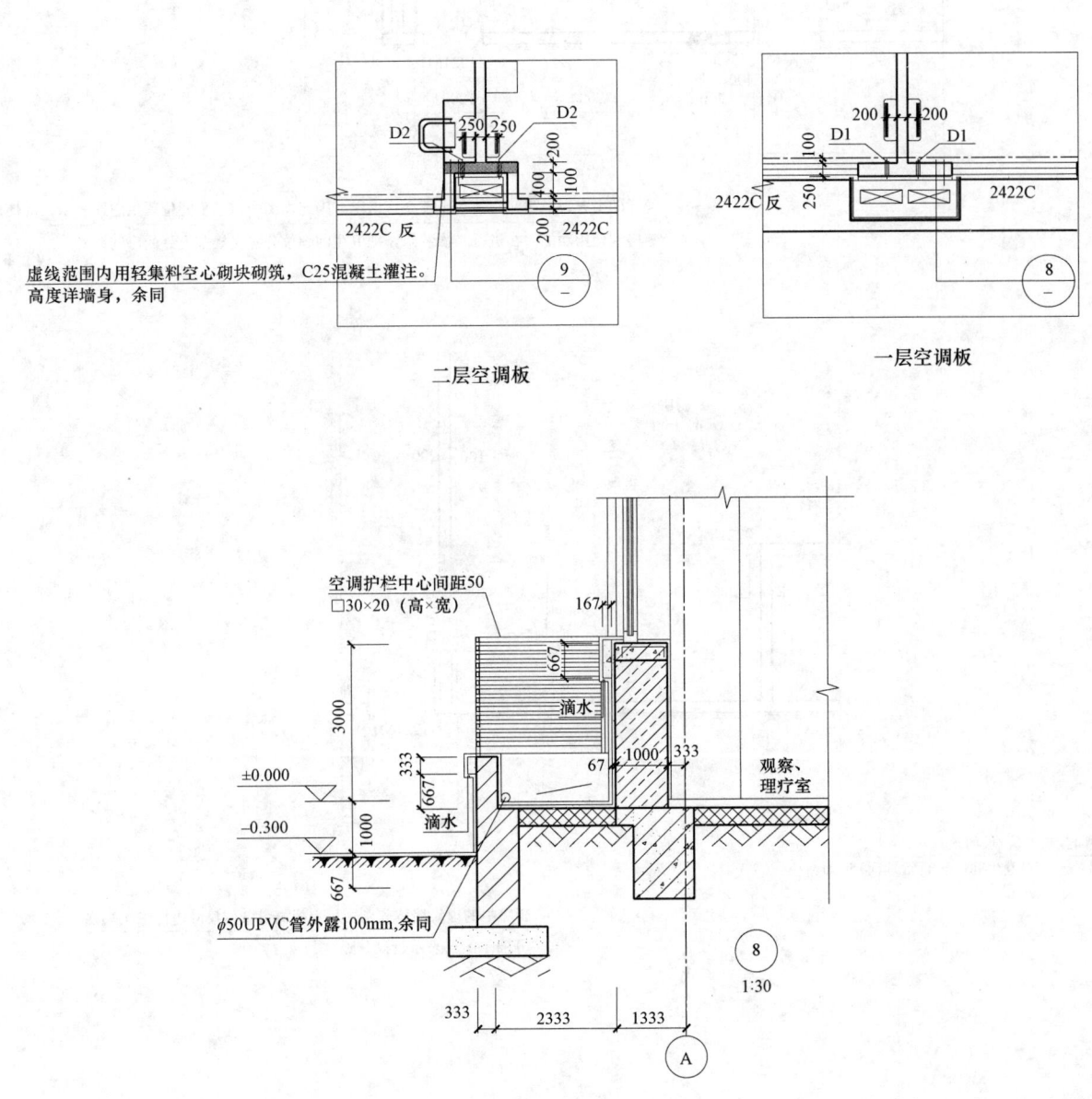

图 3-6 一、二层空调板剖面图

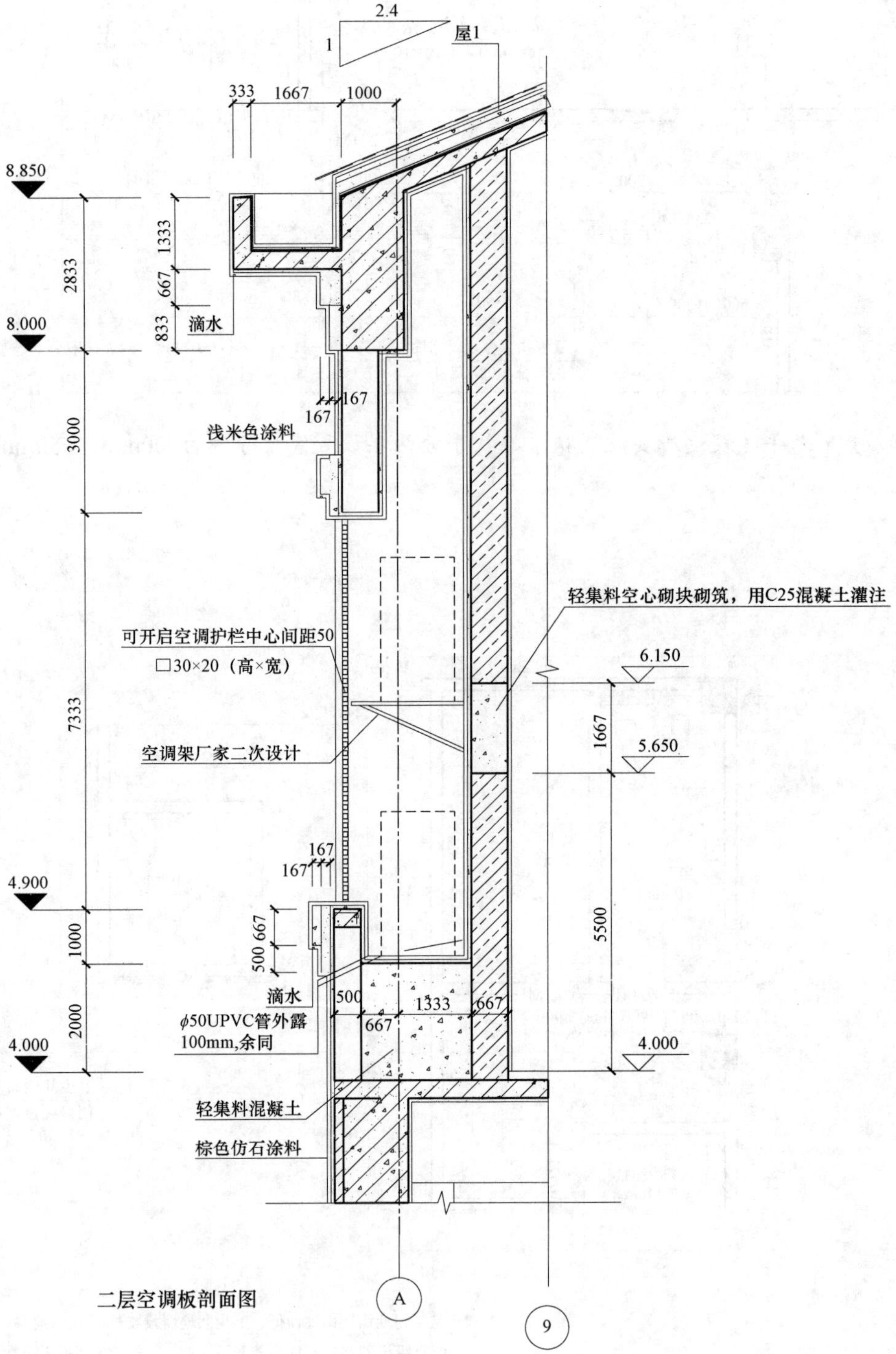

导读：

由二层平面图可知本建筑雨篷高度有两种，一种雨篷标高为3.4m，另一种雨篷标高为4.25m。

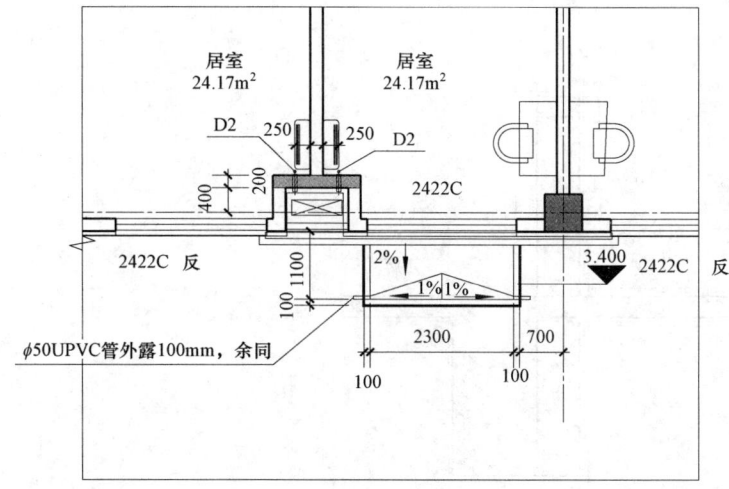

3.4m标高处雨篷平面图

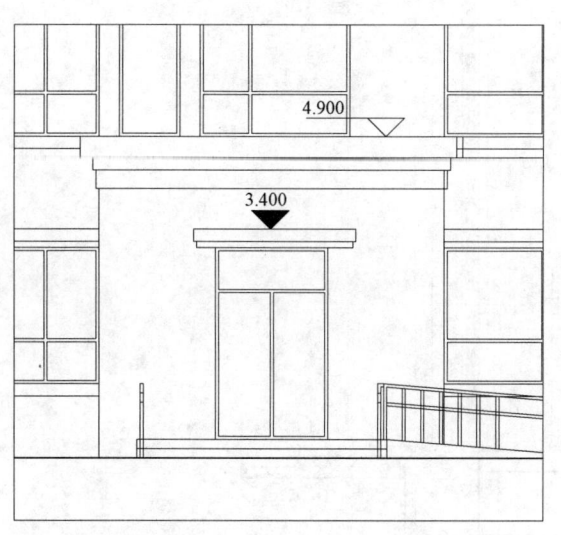

3.4m标高处雨篷立面图

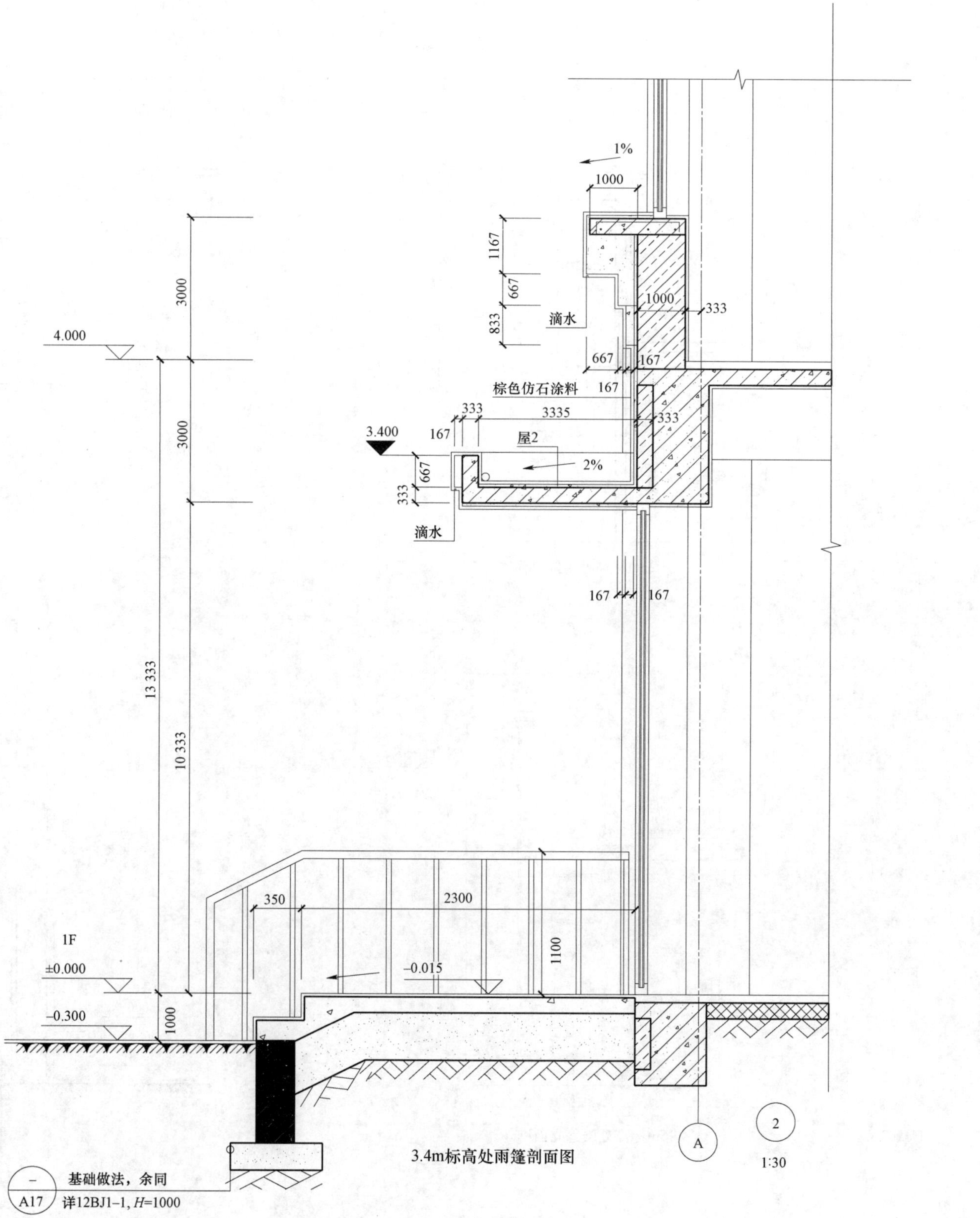

3.4m标高处雨篷剖面图

图3-7　3.4m标高处雨篷平面、立面及剖面图

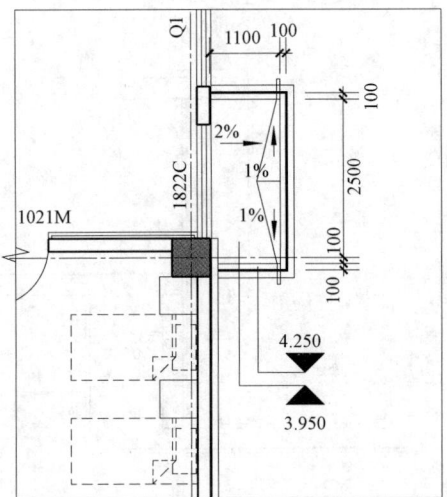

4.25m标高处雨篷平面图

4.25m标高处雨篷立面图

4.25m标高处雨篷剖面图

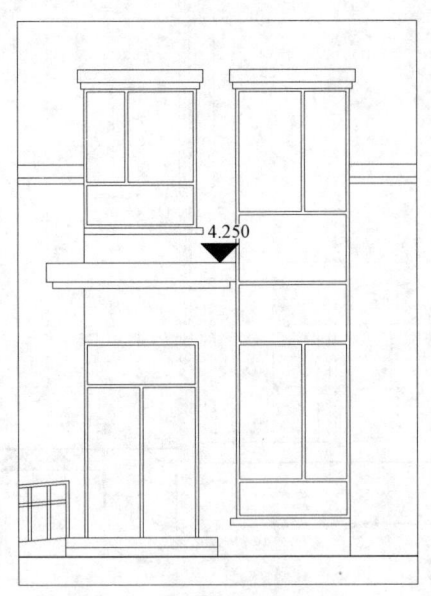

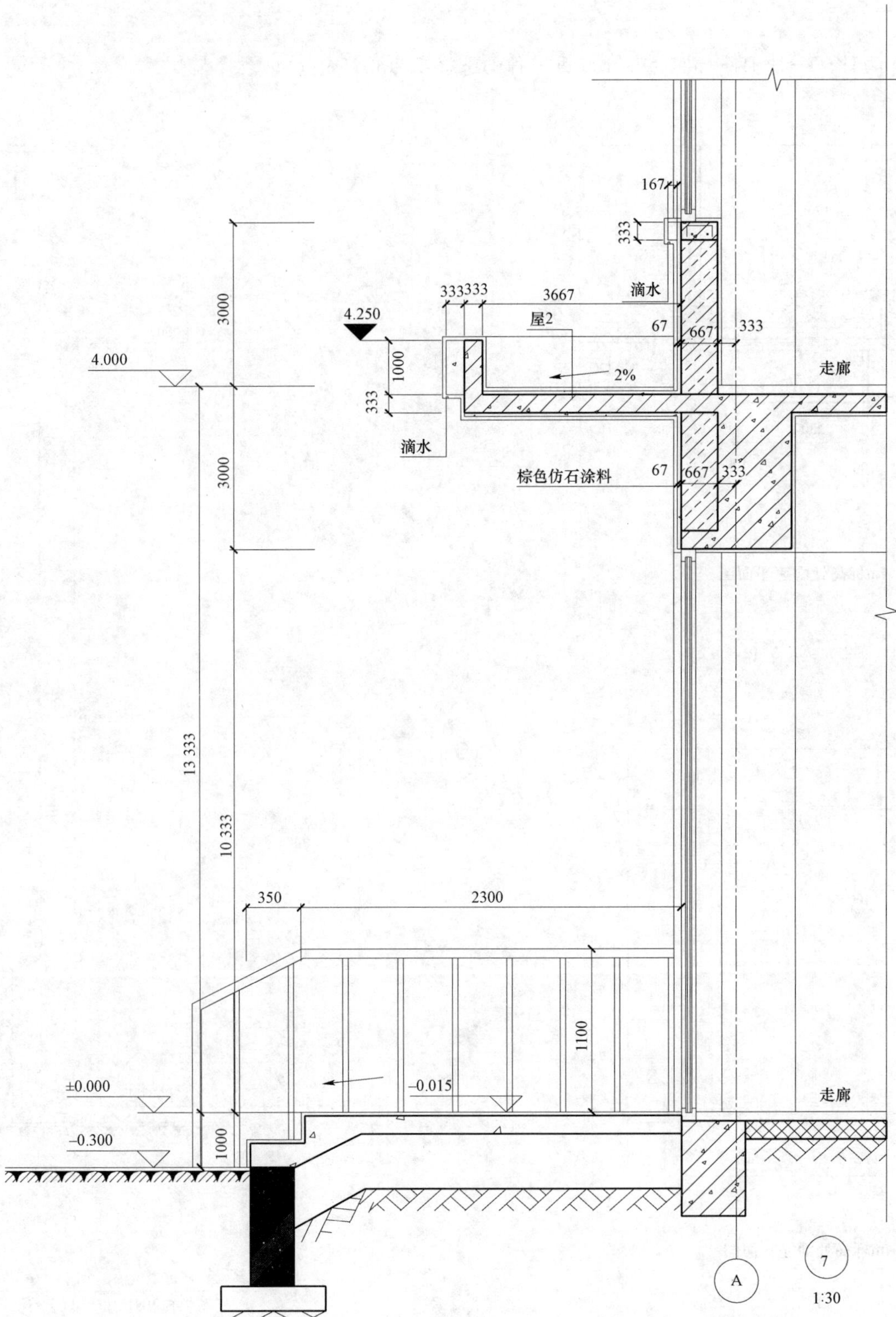

图 3-8 4. 25m 标高处雨篷平面、立面及剖面图

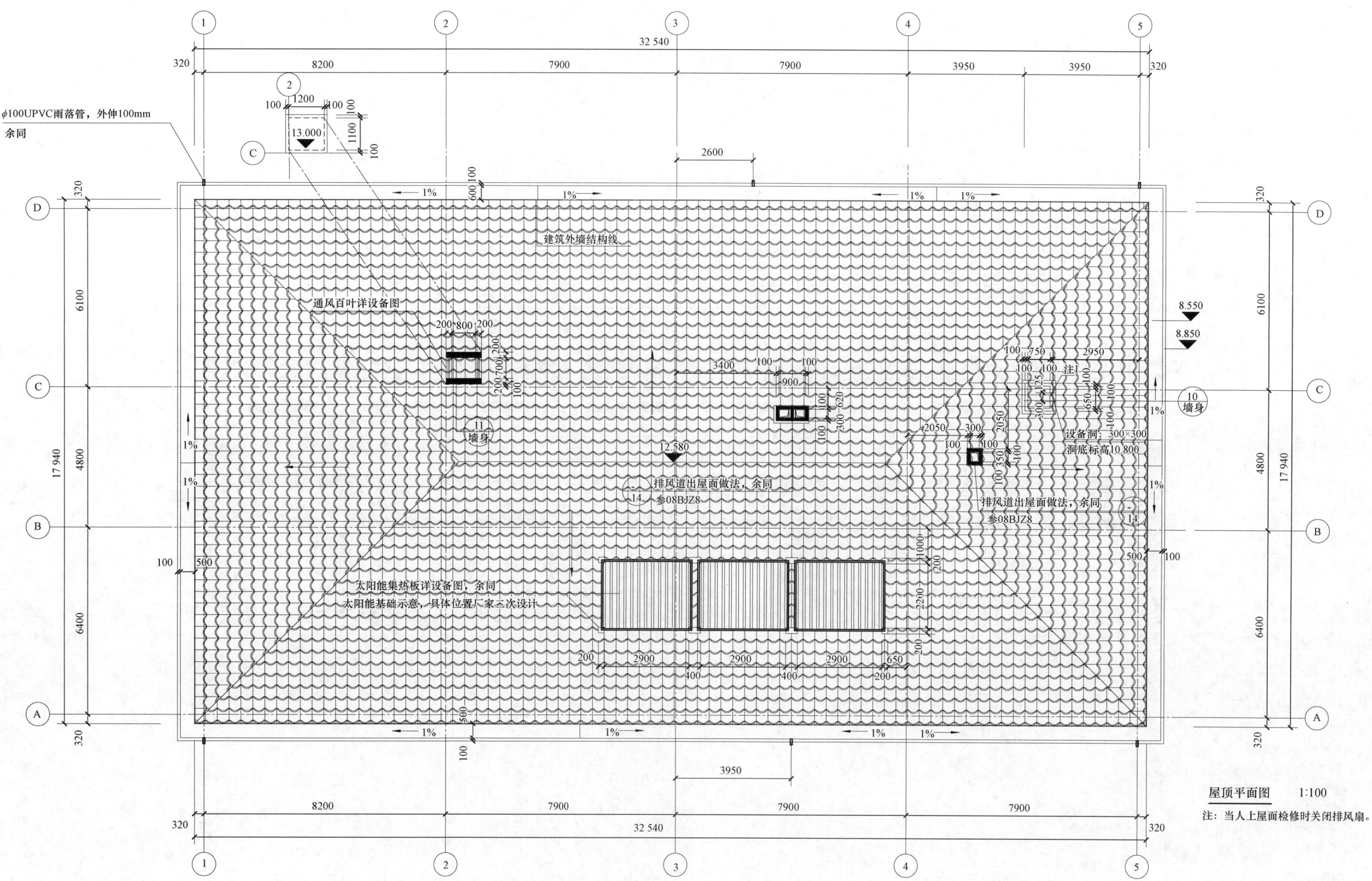

图 3-9 屋顶平面图

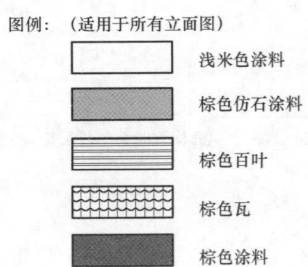

图例：（适用于所有立面图）
- 浅米色涂料
- 棕色仿石涂料
- 棕色百叶
- 棕色瓦
- 棕色涂料

南立面图 1:100

图 3-10　南立面图

图 3-11 北立面图

**导读：**

本层为托老所屋顶平面图、立面图讲解。屋顶平面图表示建筑物屋面的布置情况及排水方式。如屋面的排水方向、坡度、雨水管的位置、突出屋面的屋面的物体及细部做法。

该屋面为坡屋面，应结合1-1剖面图及墙身识图，屋面具体做法详见建筑设计说明。

图中标有排水方向，檐沟的排水方向，檐沟排水找坡1%。

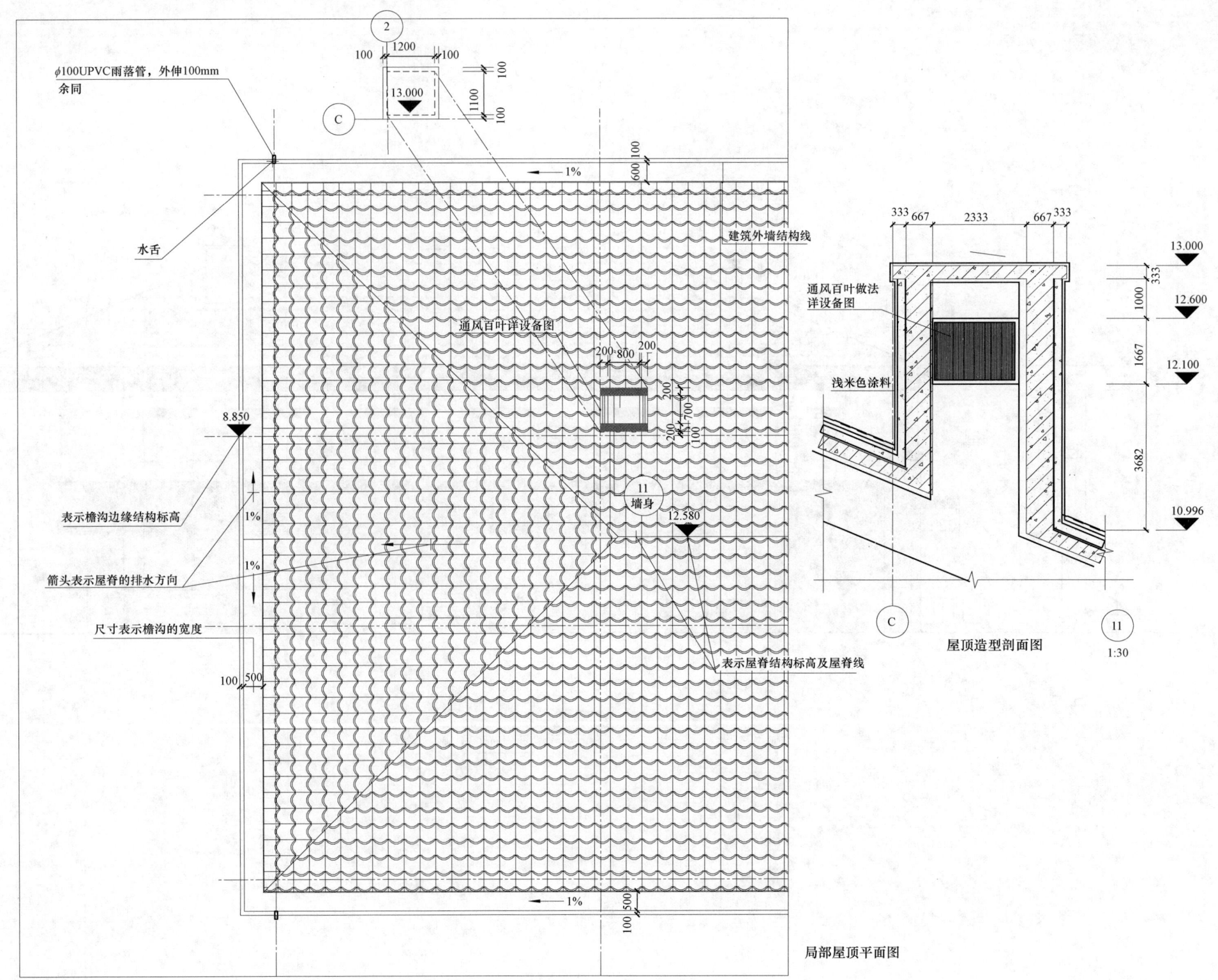

图 3-12 屋顶平面图讲解（一）

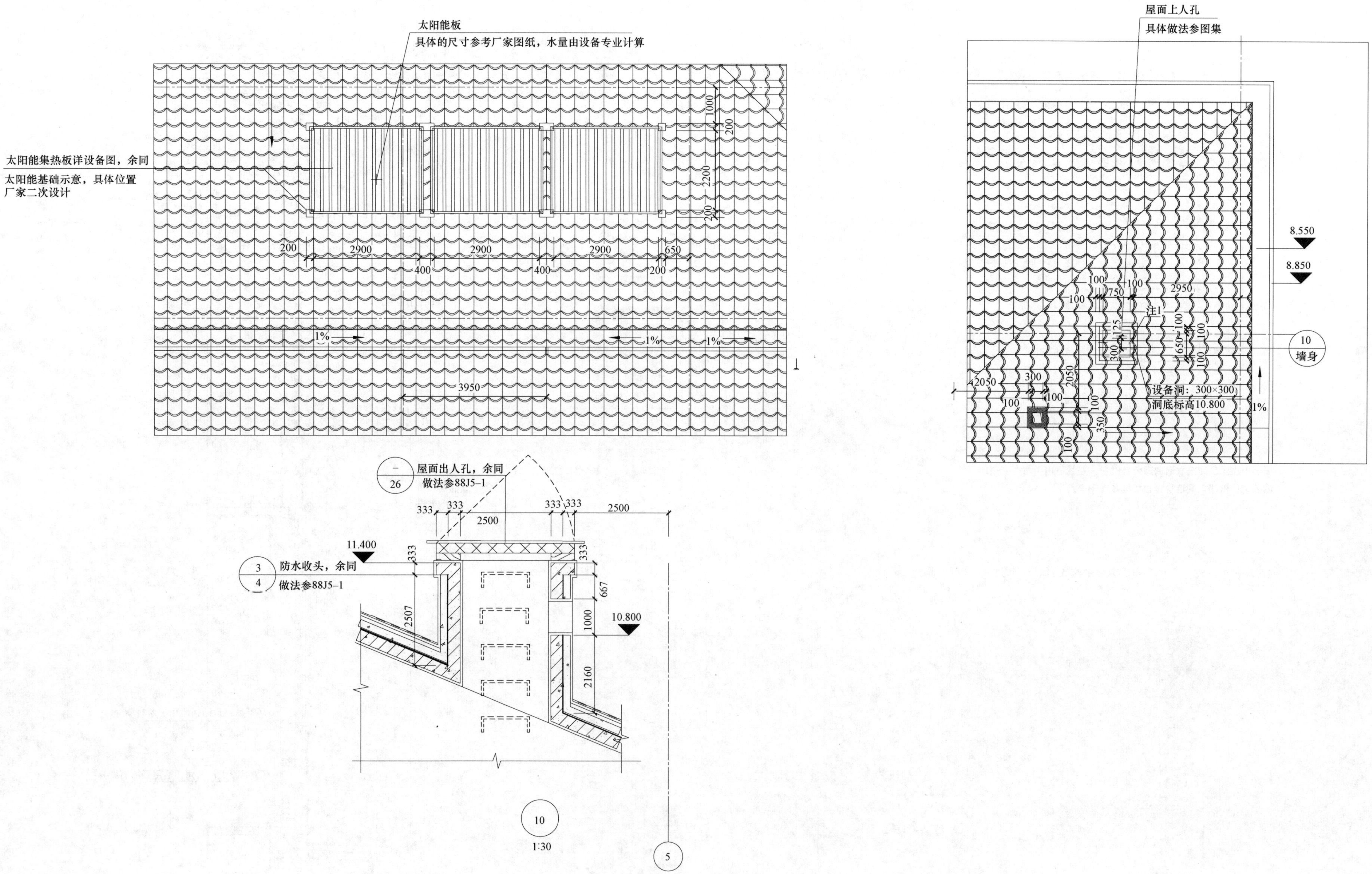

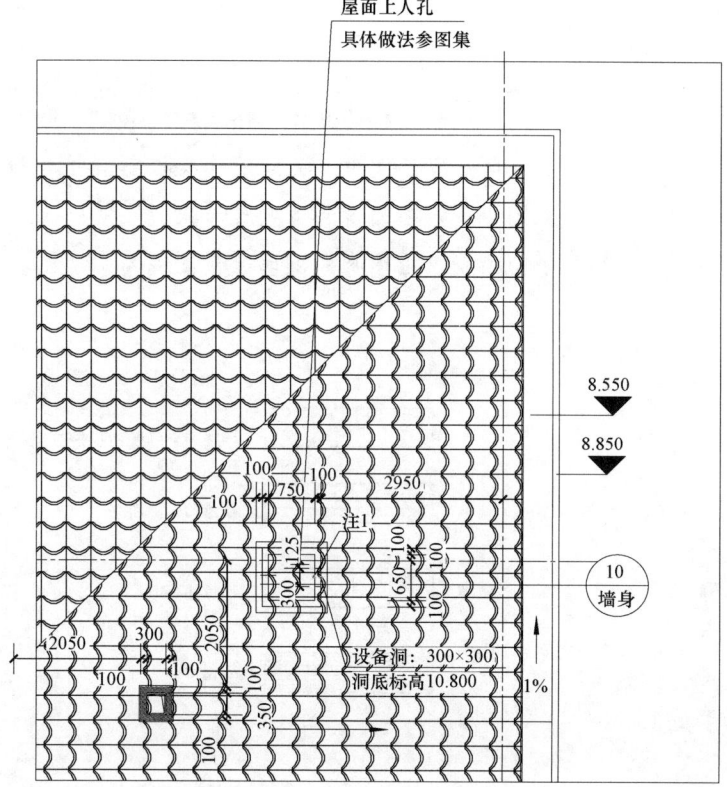

图 3-13 屋顶平面图讲解（二）

**导读：**

立面图反映该楼的立面风格及外观造型，查阅建筑说明，可了解外墙面的装饰做法。

认真阅读立面图中有关的尺寸及标高，并与剖面图相互对照，本图纸中左右两边为标高。

本图中表示出门窗的位置及形状。

本图中表示出墙身的剖切位置及编号。

图例：

|  |  |
|---|---|
| ▨ | 浅灰色玻纤胎沥青瓦 |
| ▨ | 灰色仿石涂料 |
| □ | 白色涂料 |
| ▤ | 空调百叶 |

图例中表示出建筑立面的颜色及材质，并且适用于所有立面图（外墙的装修做法、颜色也可直接标注在图中）

立面图中的 ①/墙身 编号对应墙身中的墙身编号 ①。

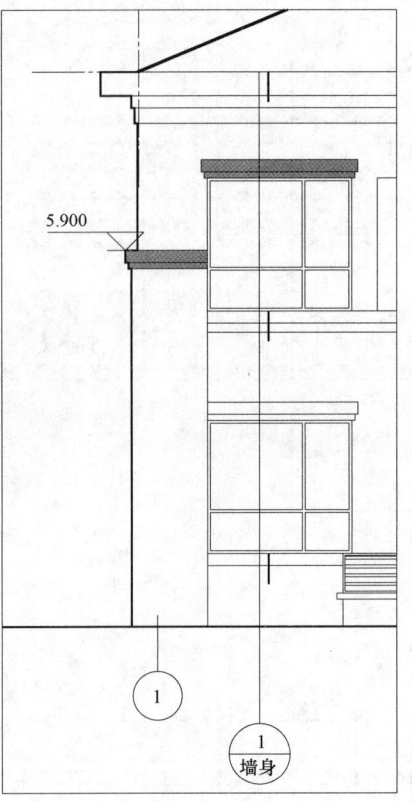

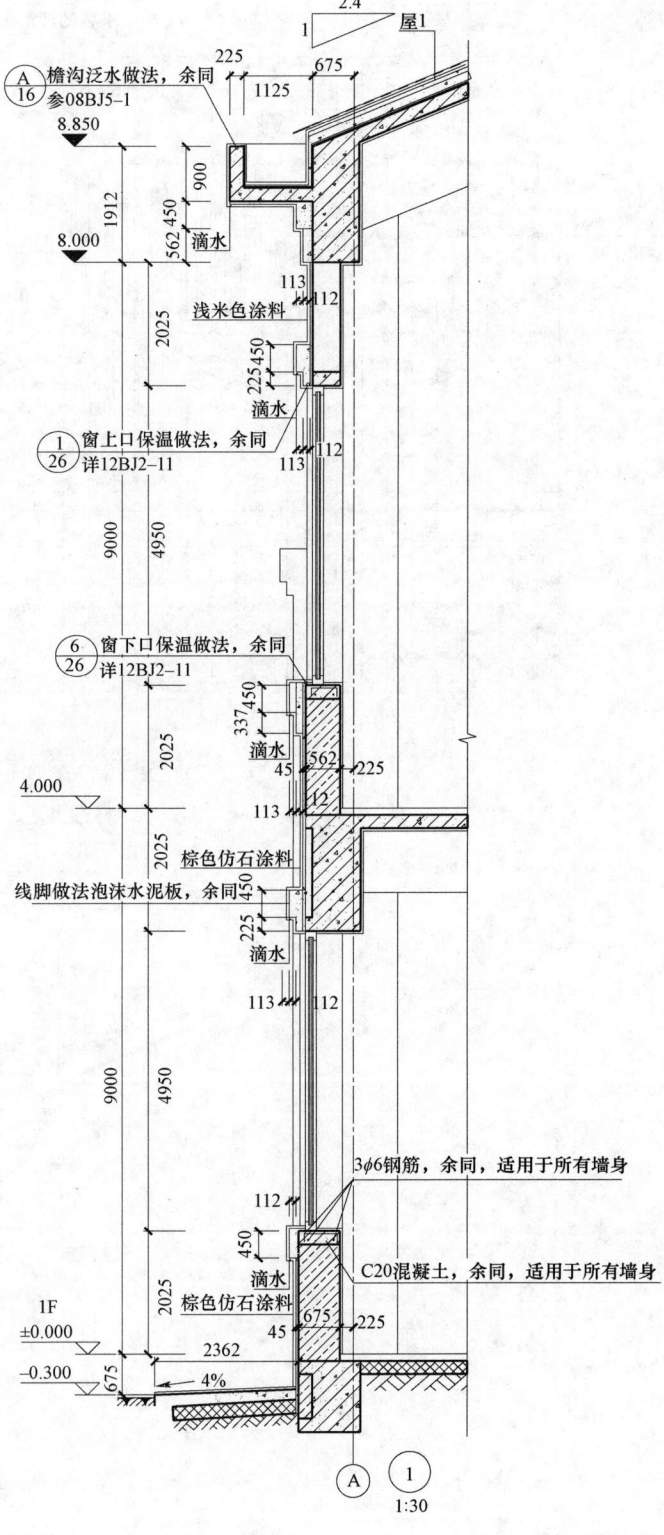

**图 3-14　屋顶立面图讲解（一）**

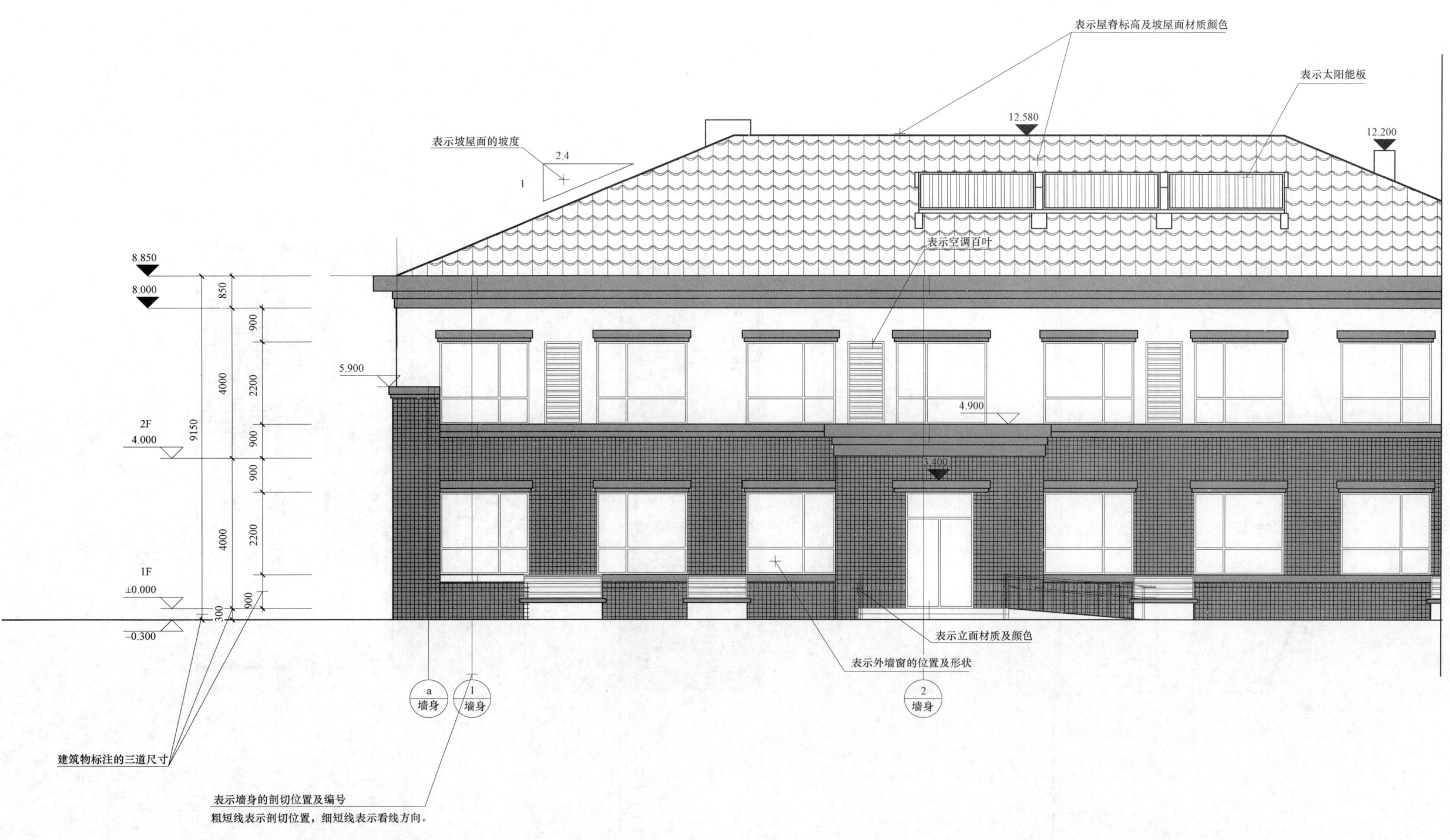

图 3-15 屋顶立面图讲解（二）

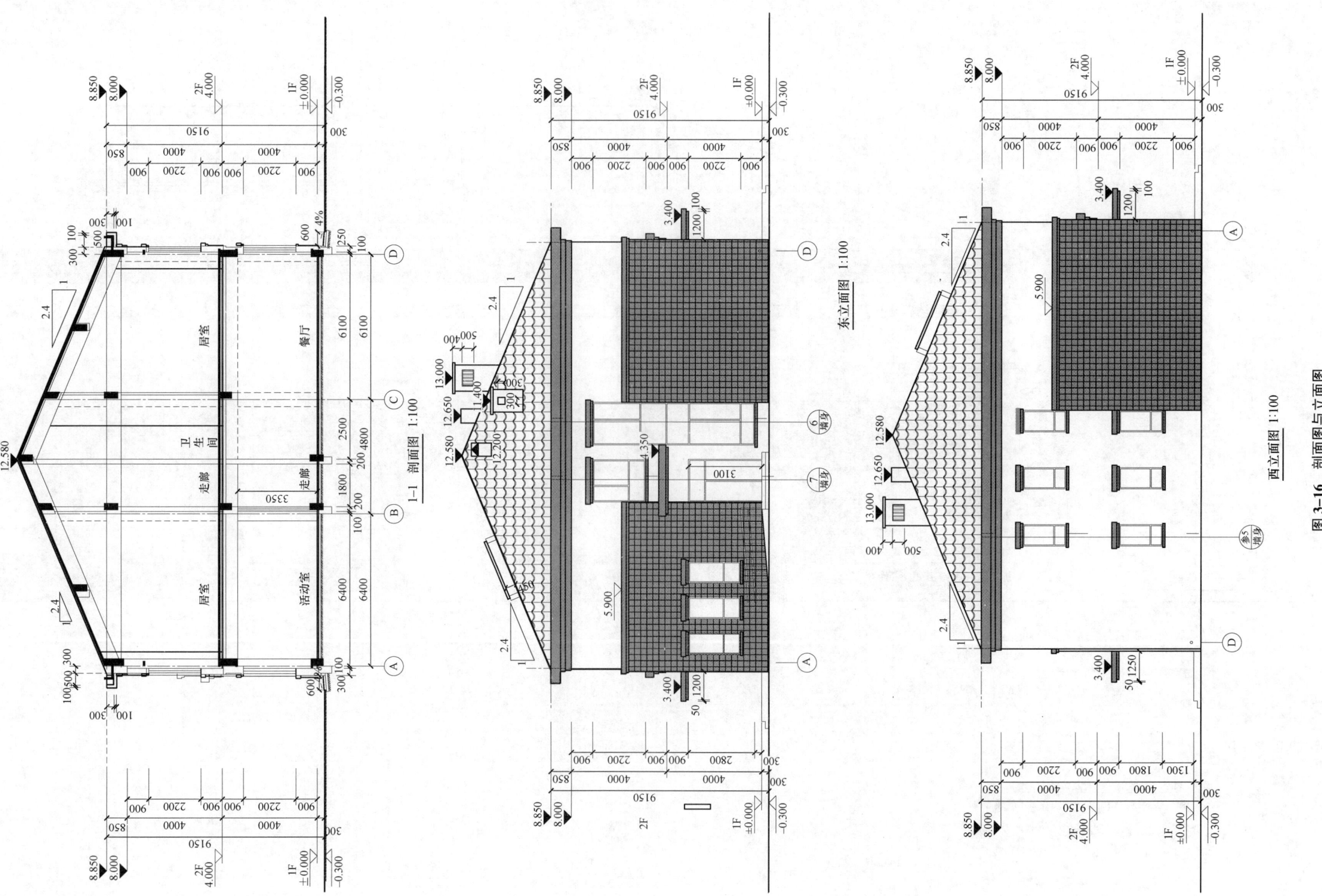

图 3-16 剖面图与立面图

**导读：**

本图为托老所1—1剖面图讲解。剖切位置详一层平面图。

由图可知，剖面图的竖向尺寸标准为三道，最外侧一道为建筑总高尺寸，从室外地坪起标到檐口或女儿墙顶为止。标准建筑物的总高。中间一道尺寸为建筑层高尺寸，标注建筑各层层高。最里边一道为细部尺寸标准墙段及洞口尺寸。

从本图中可知，本建筑物外墙上一部分窗的高度为2200mm，窗台高度为900mm。

从本图可知，本楼建筑高度为12.58m。

剖面内部主要表示剖到的墙体及门高。

从本图可知，建筑的内部门高为2400mm。门口上方要做过梁。

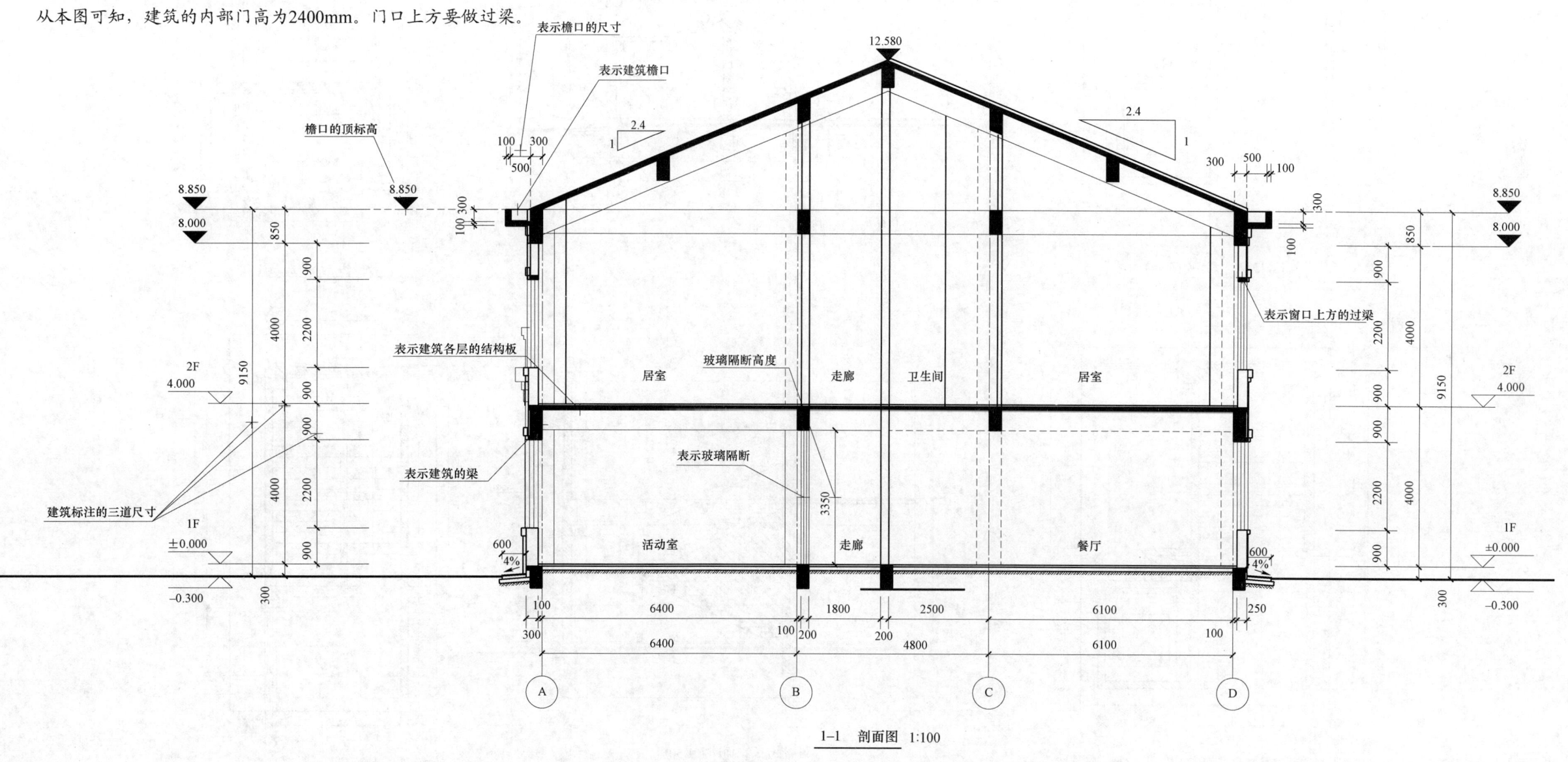

图 3-17　1—1 剖面图讲解

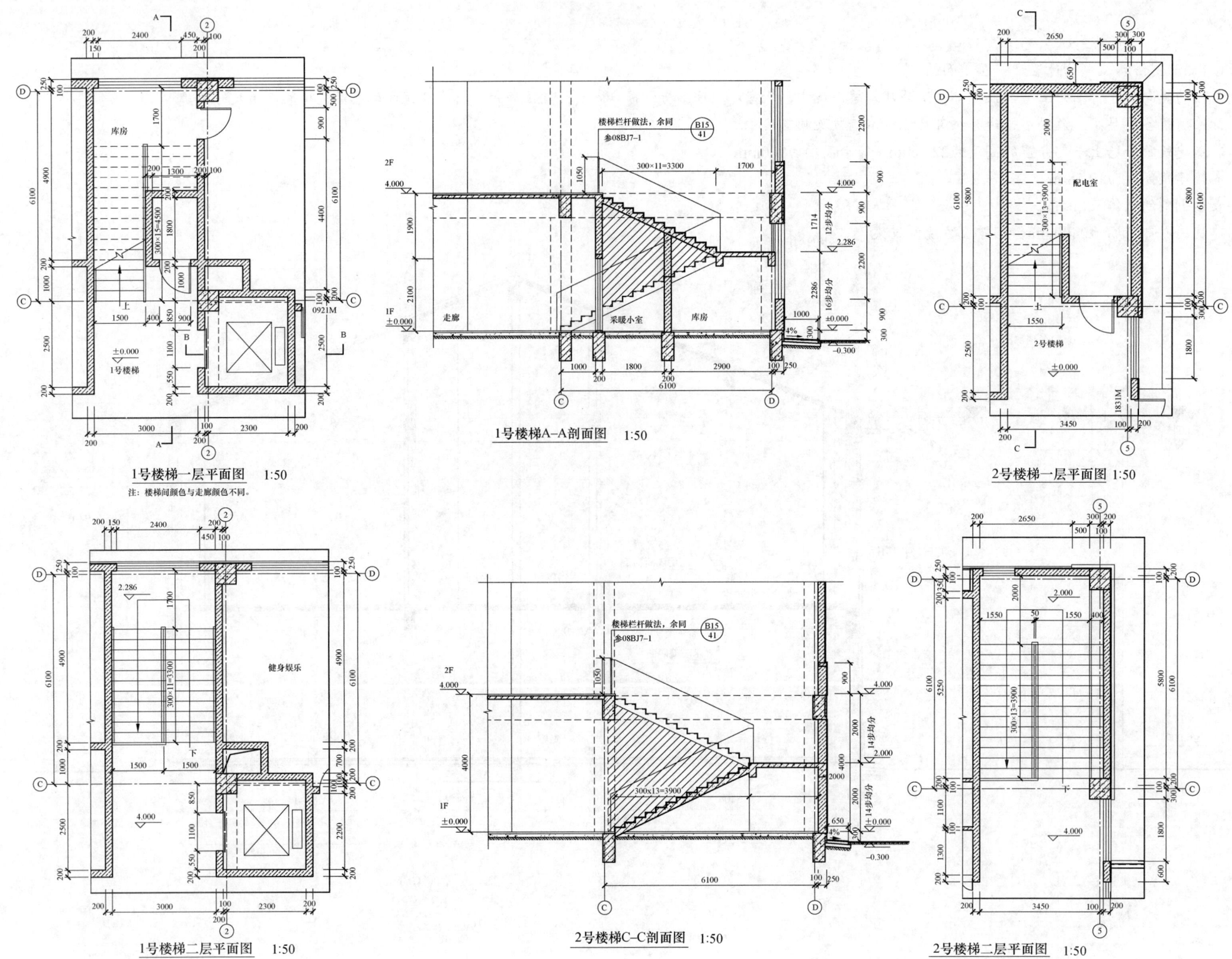

图 3-18 楼梯平面图

**导读：**

本图为托老所1号楼梯平面图讲解。

由1号楼梯一层平面图楼梯的相应剖切位置及投影方向可知，楼梯剖面图名为1号楼梯A-A剖面图。

了解楼梯间、梯段、梯井、休息平台的平面形式和尺寸，以及楼梯踏步的宽度和踏步数。

了解楼梯间处的墙、柱、门窗平面位置及尺寸。

了解楼梯的走向及上、下起步的位置，由各层平面图上的指示线可看出楼梯的方向。

了解各层平台的标高。

了解楼梯中间平台宽度1700mm。梯段长度为300×15=4500。

了解楼梯的竖向尺寸及各处标高。图中标注了每个梯段的高度。

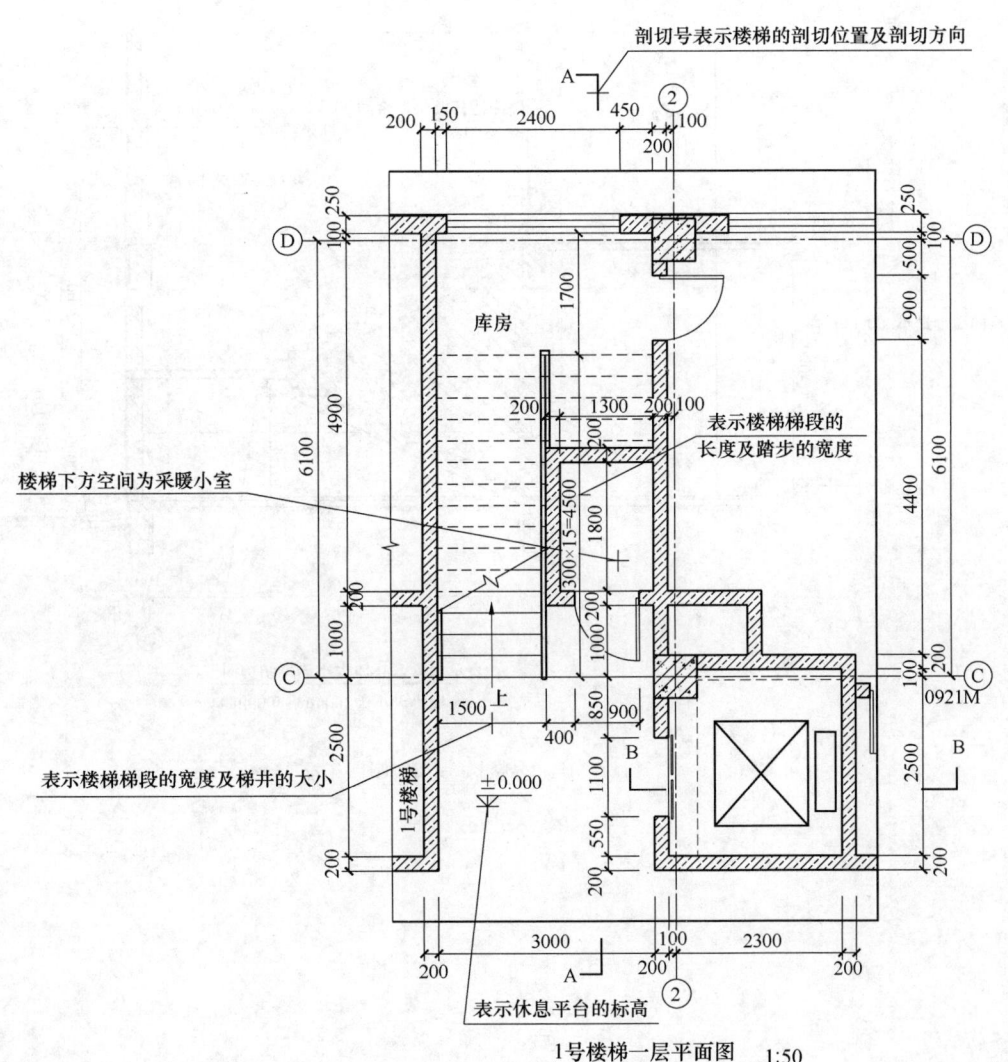

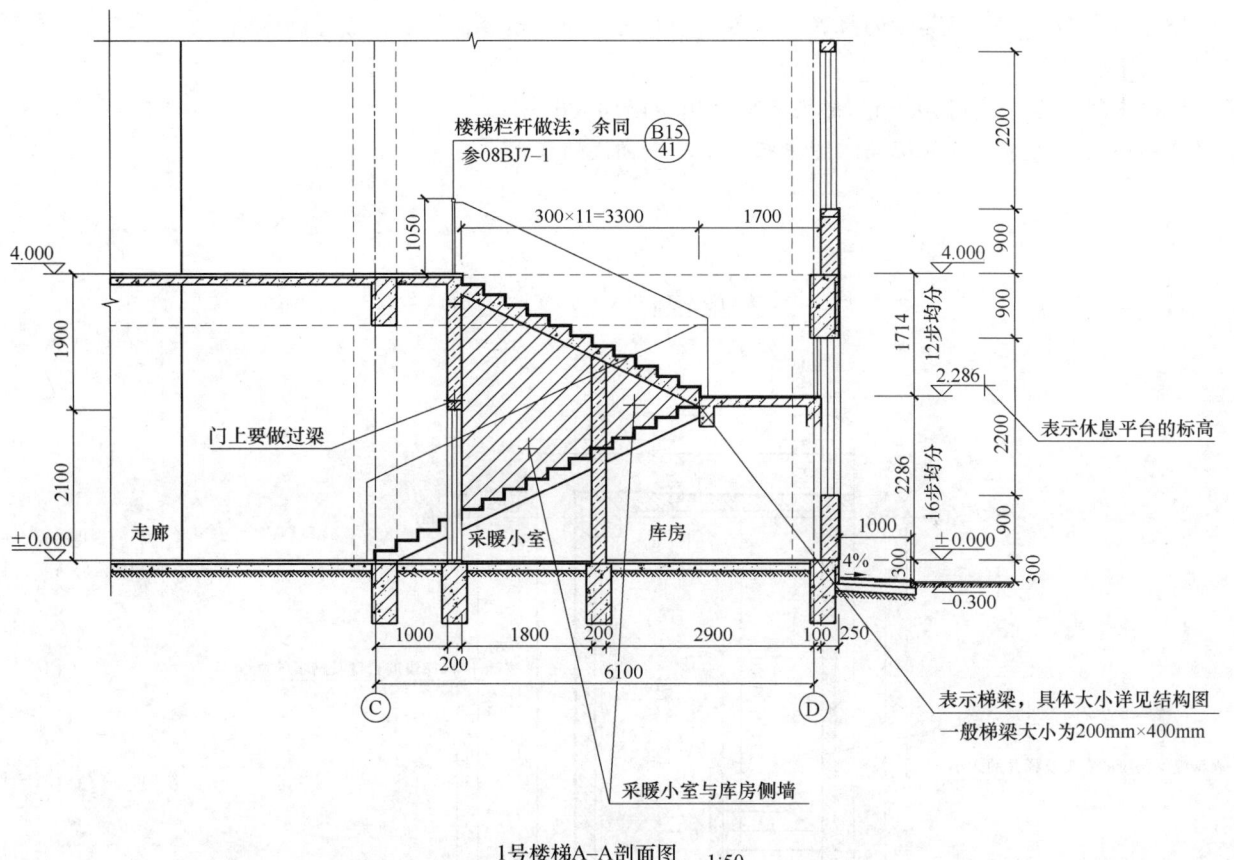

**图3-19  1号楼梯平面图讲解**

**导读：**

本图为托老所2号楼梯平面图讲解。

由1号楼梯一层平面图楼梯的相应剖切位置及投影方向可知，楼梯剖面图名为2号楼梯C-C剖面图。

了解楼梯间、梯段、梯井、休息平台的平面形式和尺寸以及楼梯踏步的宽度和踏步数。

了解楼梯间处的墙、柱、门窗平面位置及尺寸。

了解楼梯的走向及上、下起步的位置，由各层平面图上的指示线，可看出楼梯的方向。

了解各层平台的标高。

了解楼梯中间平台宽度1700mm。梯段长度为300×15=4500。

了解楼梯的竖向尺寸及各处标高。图中标注了每个梯段的高度。

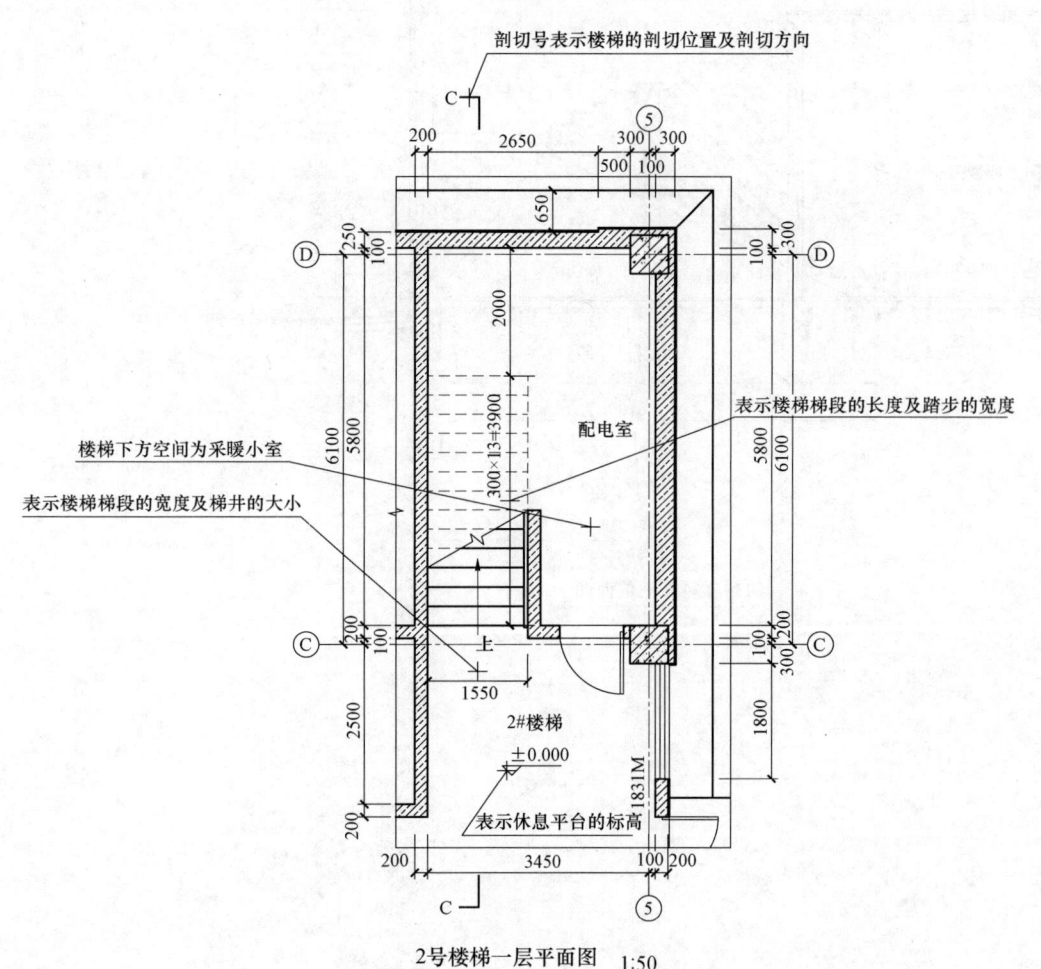

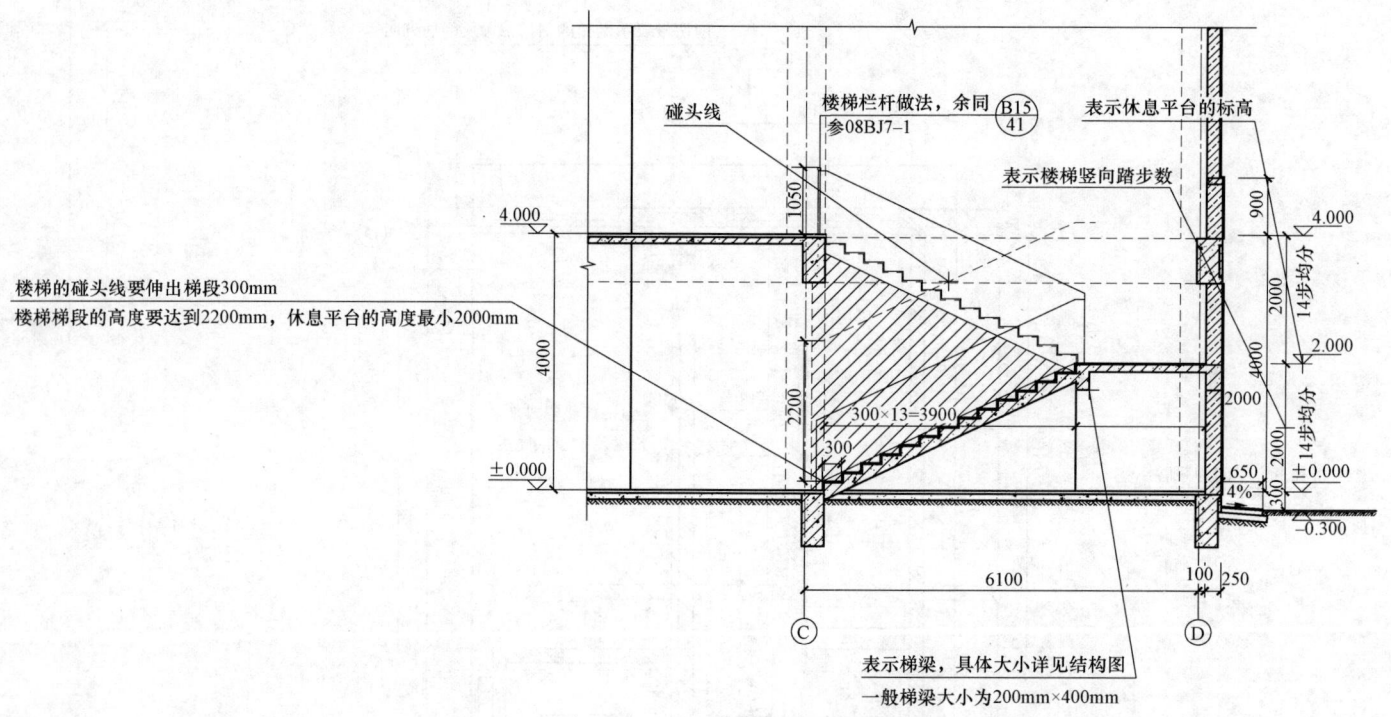

**图 3-20　2号楼梯平面图讲解**

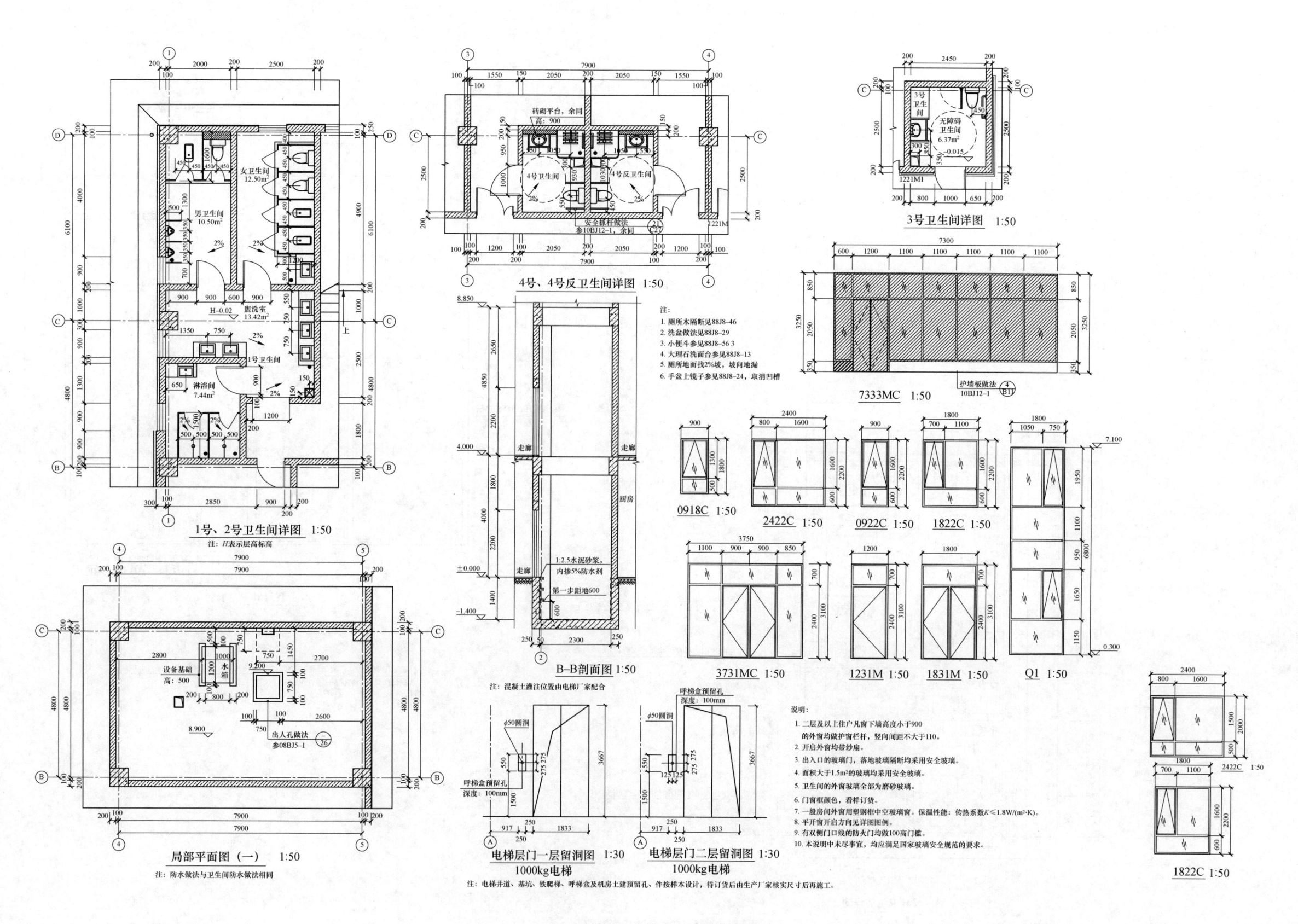

图 3-21 门窗、卫生间、电梯井详图

导读：

本图为托老所的卫生间详图讲解。

了解卫生间在建筑平面图中的位置及有关轴线的布置。

了解卫生间的布置情况。

了解卫生间地面的找坡方向及地漏的设置位置。

本图中淋浴间的隔断尺寸为1000mm×1500mm，蹲便的隔断尺寸为900mm×1200mm。

了解立面图上窗洞口尺寸应与建筑平面、里面、剖面的洞口尺寸一致。

了解立面图表示窗框、窗扇的大小及组成形式，窗扇的开启方向。

门窗立面分隔尺寸均满足《全国民用建筑工程设计技术措施》的要求。

图中所注门窗尺寸均为洞口尺寸，厂家制作门窗时另留安装尺寸，其节点构造由厂家自行设定。

门和窗是建筑中的两个围护部件，门的主要功能是供交通出入，分隔联系建筑空间，建筑外墙上的门有时也兼起采光、通风作用。

窗的主要功能是采光、通风、观察及递物。在民用建筑中，制造门窗的材料有木材、钢、铝合金、塑料及玻璃。

建筑中使用的门窗尺寸、数量及需要文字说明，见门窗表。

门窗详图，通常由各地区建筑主管部门批准发行的各种不同规格的标准图集，供设计者选用。若采用标准图集，则在施工图中只说明该详图所在标准图集中的编号即可。如果未采用标准图集，则必须画出门窗详图。

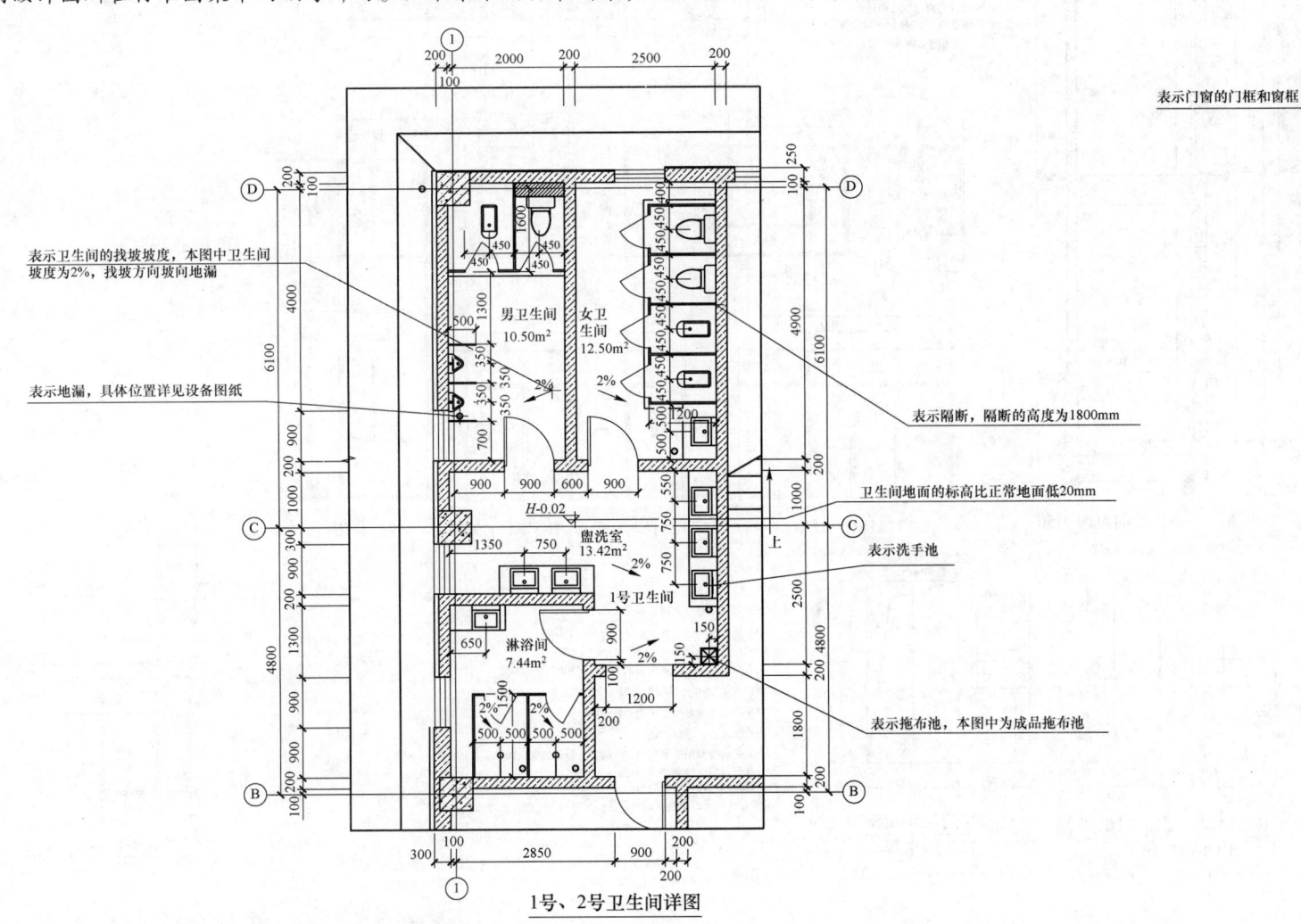

图 3-22　卫生间详图讲解

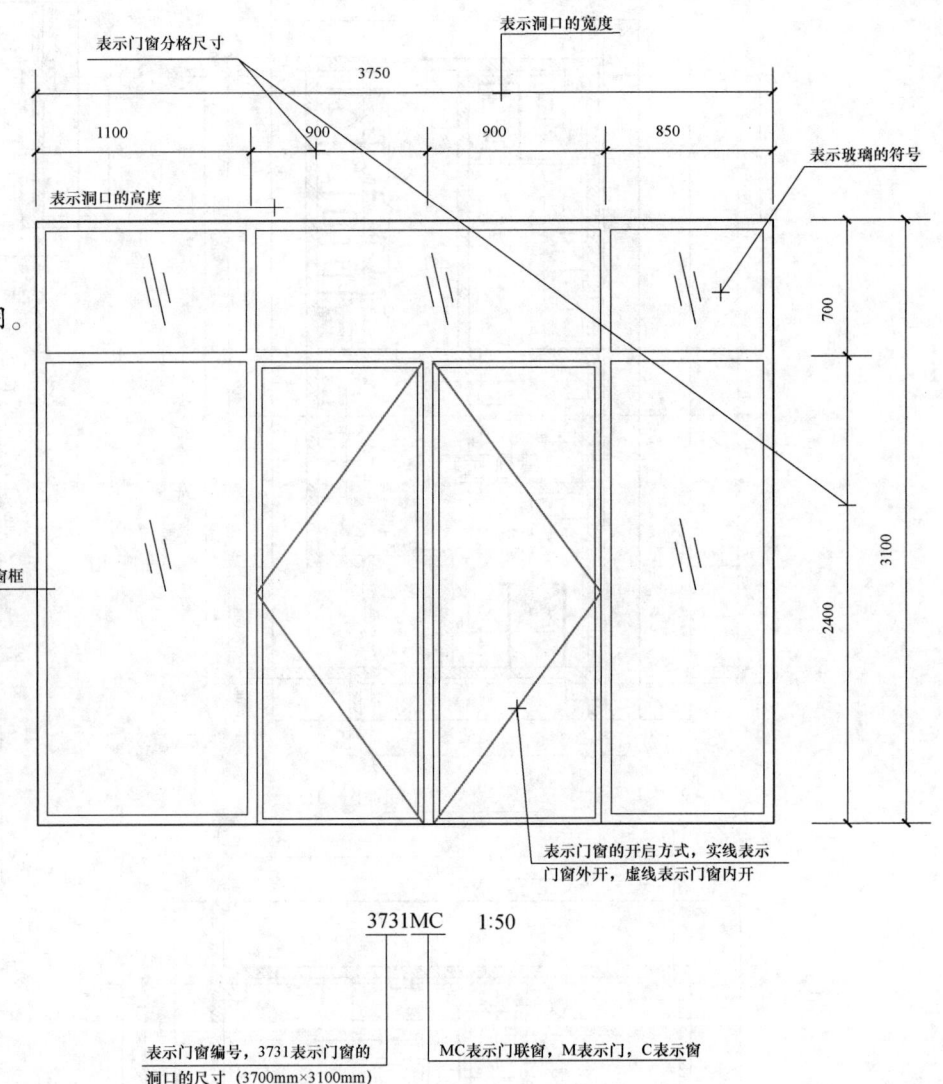

**导读：**
由于现在建筑的设计过程中电梯厂家为确定，所以设计中选用电梯为参考样本，待项目施工前确定厂家后，由厂家确认提供电梯井道尺寸等数据后，由设计院配合厂家修改确认图纸后方可施工。

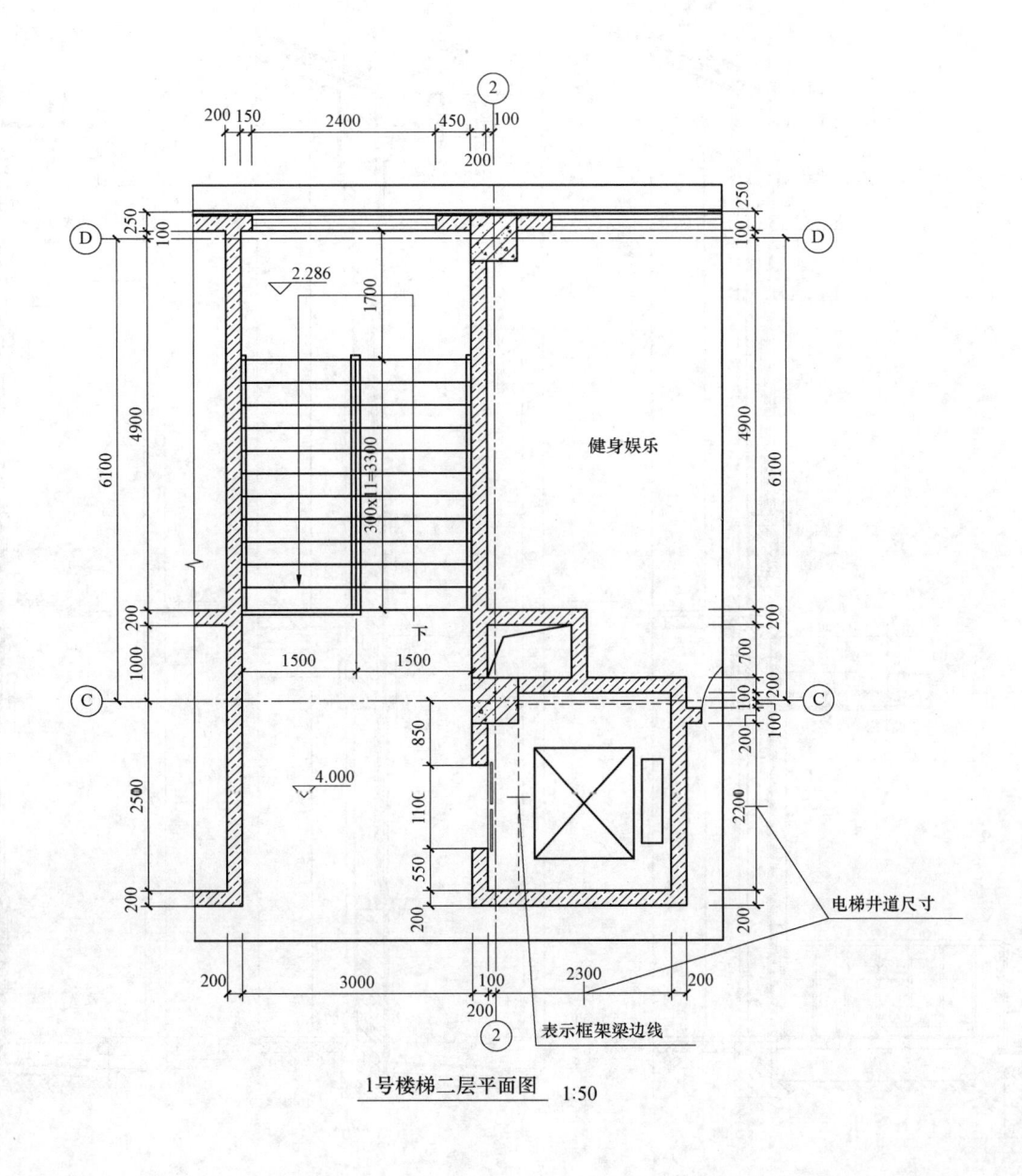

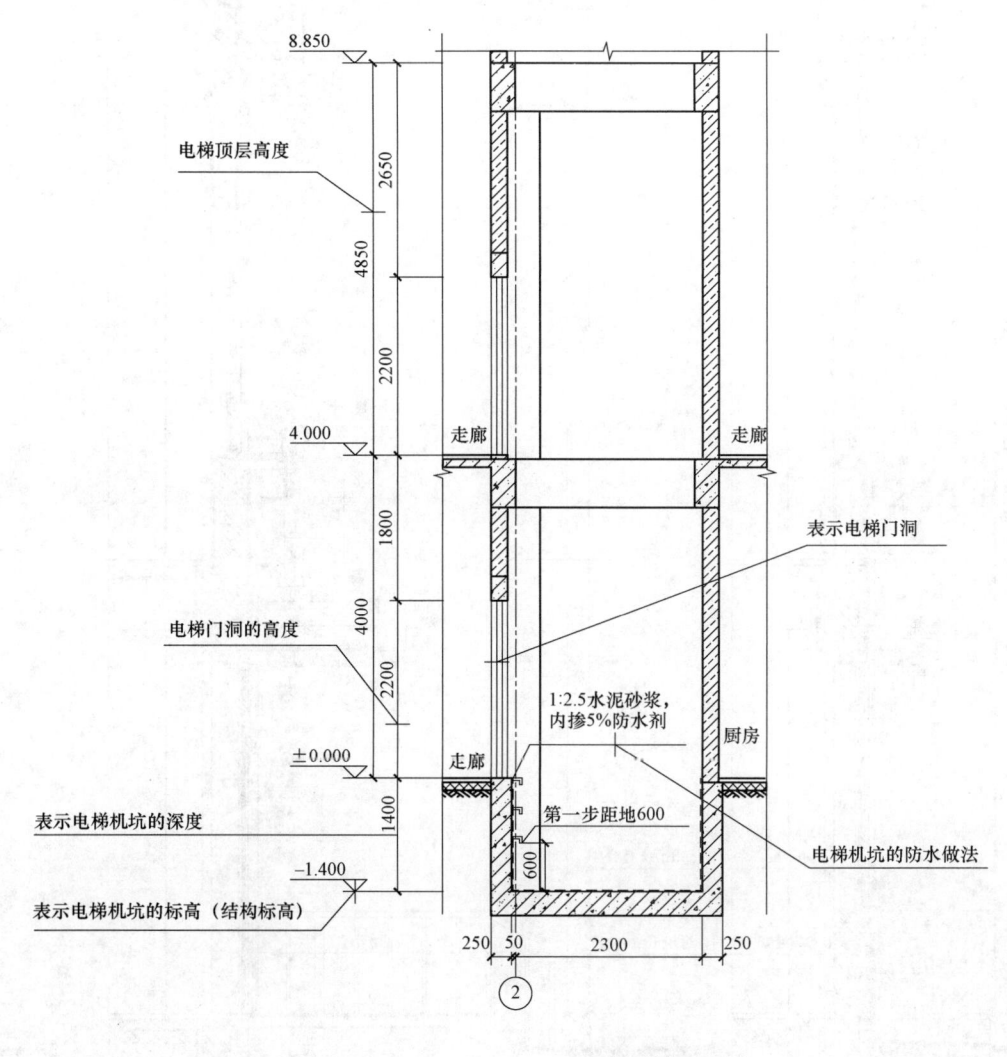

1号楼梯二层平面图 1:50

B—B剖面图 1:50

注：混凝土灌注位置由电梯厂家配合

**图 3-23 电梯井详图详解**

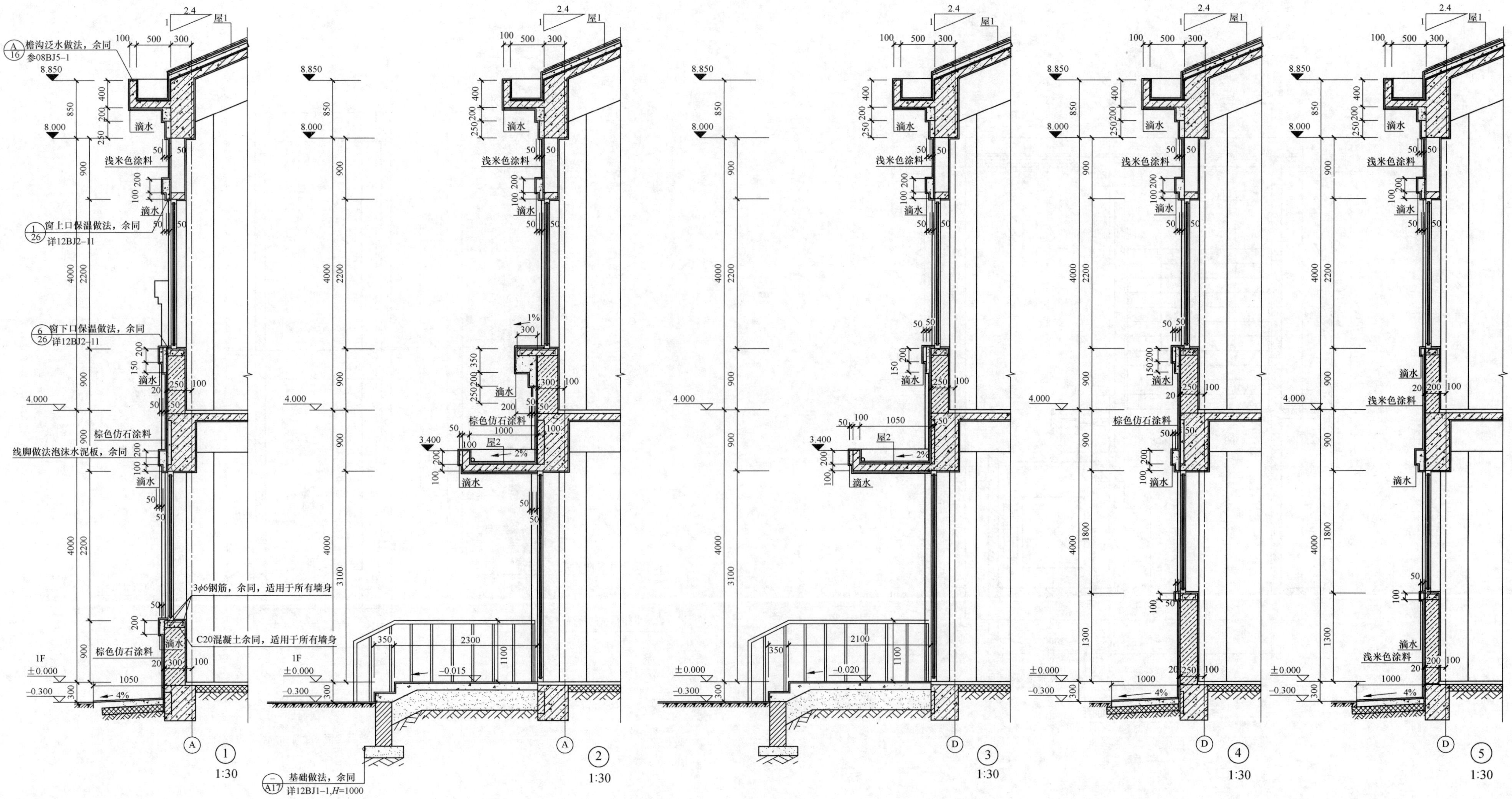

图 3-24 墙身详图（一）

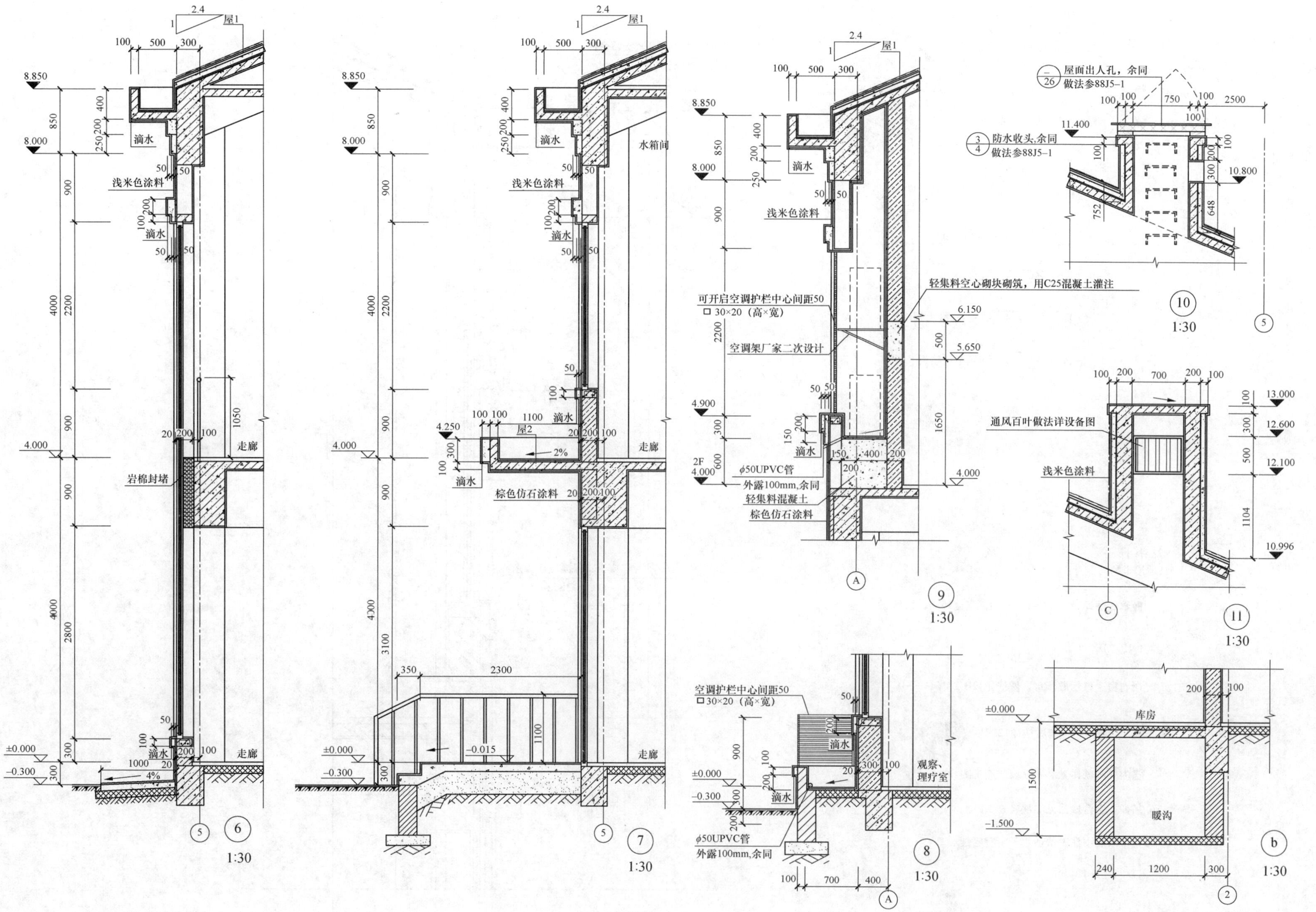

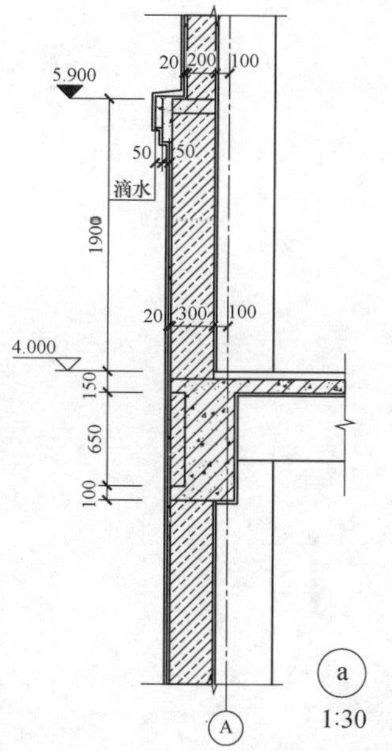

图 3-25 墙身详图（二）

**导读：**
本图为托老所的墙身详图讲解。
了解建筑各部位的建筑做法。
了解门窗的洞口尺寸及窗口做法。
了解建筑外墙的装饰做法。
了解建筑立面造型。

图例

|  |  |
|---|---|
| | 钢筋混凝土 |
| | 轻集料混凝土 |
| | 轻集料混凝土砌块 |
| | HIP真空绝热板 |

说明：
（适用于所有墙身）

1. 散水做法详：12BJ1-1 散1/A21，宽度1000，找4%坡。

2. 台阶做法：12BJ1-1 台1B/A17。

3. 所有窗上口均做滴水，做法详12BJ2-11 A/29。

4. 室外金属护栏油漆做法详12BJ1-1 外铁涂2-1/B17。

5. 室内外高差详见总平面竖向施工图。

6. 吊顶、窗台做法见二次装修图。

7. 图中所有引注做法适用于所有墙身。

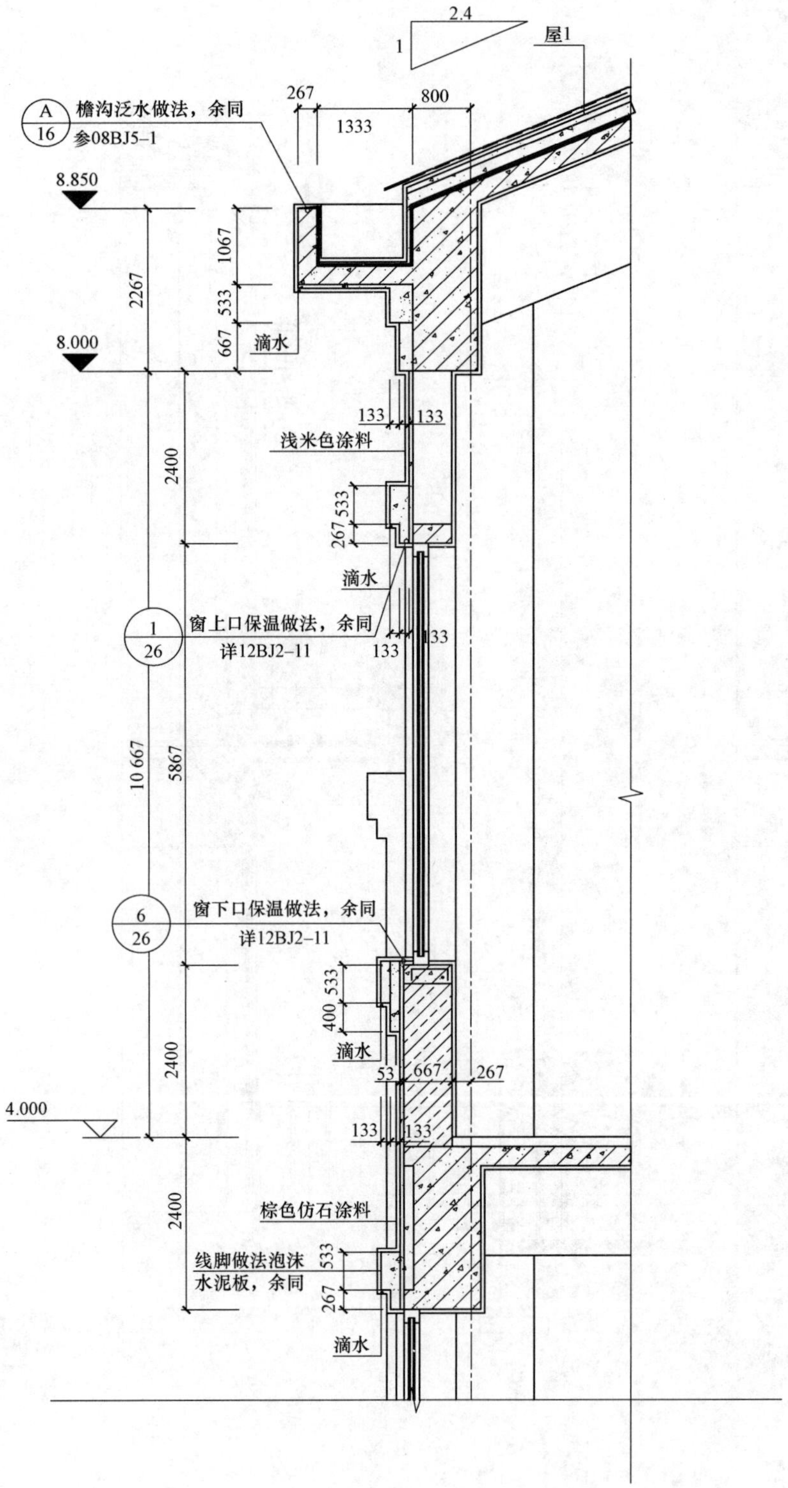

图 3-26 墙身详图讲解

# 第4天

# 文体活动中心工程建筑施工图设计总说明

## 第1小时 设计依据及工程概况

（1）设计依据。
1）×××规划委员会的规划意见书（公共建筑）。
2）×××文体活动中心设计任务书。
3）现行《建筑设计防火规范》《民用建筑设计通则》《公共建筑节能设计标准》。
4）其他现行国家有关建筑设计规范、规定。

【解读】
设计依据是建筑设计的根本，约束建筑设计人员在有限的空间内发挥最大的想象。由于建筑类型的繁多，建议大家多看常用的规范，如《民用建筑设计通则》《无障碍设计规范》《建筑设计防火规范》，专业性强的规范大家可以翻阅熟悉。

（2）工程概况。
1）性质：×××文体活动中心项目。
2）位置：本工程用地位于×××地块。
3）建筑层数、高度：
本套图纸适用于：×××文体活动中心。
建筑高度：13.15m，地上3层，地下一层。
总建筑面积：2939.24m²，其中地上建筑面积：2215.13m²。
地下建筑面积：724.11m²。
4）本工程为多层建筑，耐火等级二级，抗震设防烈度8度，结构设计使用年限50年。
5）本工程设计高度±0.000相当于绝对标高数值详见施工图总平面图。室内外高差300mm。各层标高为完成面标高，屋面标高为结构面标高。
本工程标高以米（m）为单位，尺寸以毫米（mm）为单位。
6）结构类型：框架结构。

【解读】
项目地理位置、周边四至、建筑高度、建筑面积、结构类型等的陈述。本项目是项目概况是项目规划设计的主要条件。

## 第2小时 墙体、门窗、屋面做法

（1）墙体。

1）本建筑为钢筋混凝土框架结构。非承重外墙、部分填充墙等采用轻集料混凝土空心砌块填充厚度200mm、300mm，部位详见图纸。
内隔墙采用轻集料混凝土空心砌块，厚度详平面图。轻集料混凝土砌块墙构造柱设置见结构设计说明，做法详结构专业图纸。
2）不同墙基面交界处均加铺通长玻纤布防止裂缝，宽度500mm。
3）当主管沿墙（或柱）敷设时待管线安装完毕后用轻质墙包封隐蔽，做法参见二次装修竖井墙（除钢筋混凝土墙外）壁砌筑灰缝应饱满并随砌随抹光。
4）所有隔墙上大于300mm×300mm的洞口需设过梁，过梁大小参见结施过梁表。
5）凡需抹面的门窗洞口及内墙阳角处均应用1:2.5水泥砂浆包角，每边宽度80，包角高度距楼地面不小于2m。
6）施工与装修均应采用干拌砂浆与干拌混凝土。

【解读】
墙体工程是项目内墙、外墙的陈述，外墙一般常用为200mm厚轻集料混凝土砌块，200mm厚加气混凝土砌块（由于加气混凝土砌块荷载比较小通常会用轻集料混凝土砌块），在选择墙体的时候大家要注意选材的耐火极限、保温、隔声性能。在两种材料交接处要注意做材料收缩产生的裂缝处理。

（2）门窗。
1）外窗选用断桥铝合金中空玻璃窗，门窗立面形式、颜色看样订货、开启方式、门窗用料详见门窗大样图，门窗数量见门窗表。
2）门窗立樘位置：外门窗立樘平外墙皮，内门窗立樘位置除注明外，双向平开门立樘居中，单向平开门立樘与开启方向墙面平。
外门窗气密性应不低于国家标准《建筑外门窗气密、水密、抗风压性能分级及检测方法》6级，传热系数详见节能设计。
3）门窗加工尺寸要按门窗洞口尺寸减去相关外饰面的厚度。
4）内门为木夹板门，一次装修安装到位。
5）门窗玻璃应符合《铝合金门窗工程技术规范》；开启外窗均带纱扇。
6）出入口的玻璃门，落地玻璃隔断均应用安全玻璃。
7）面积大于1.5m²的玻璃均采用安全玻璃。距地0.6~1.2m高度内，不应装易碎玻璃。

【解读】
门窗工程中根据节能计算中窗户传热系数，遮阳系数选择门窗立樘材质，玻璃的厚度、层数、颜色。外门窗气密性应不低于国家标准《建筑外门窗气密、水密、抗风压性能分级及检测方法》6级。常用门窗立樘材料为塑钢、铝合金、断桥铝合金。

(3) 屋面。

1) 屋1（彩色水泥瓦）：12BJ1-1 坡屋1-A1。

2) 屋2（雨篷等屋面）：做法见12BJ2-11第37页4a。

【解读】

在选择屋面做法的时候要选择工艺成熟的施工做法，根据各地区的工程做法选择。要注意上人屋面与不上人屋面的区别。泛水做法，主要屋面女儿墙高度为600mm，次要屋面女儿墙高度最小为400mm。屋面防水根据工程的级别选择防水等级，防水材料选择常用材料如自粘型橡胶沥青聚酯胎防水卷材。

## 第3小时 装饰装修做法

（1）外装修。

本工程外装修为涂料饰面，做法详12BJ1-1第B6页，外涂料材料详见立面图，材料做法详见材料做法表，规格及排列方式见详图，材质、颜色要求须提供样板，由建设单位和设计单位认可。

【解读】

外装饰工程主要选择建筑外立面的材质做法。由于实际尺寸与设计阶段有感官误差，所以外立面材质、颜色、规格及排列方式必须要求厂家提供样本，由建设单位和设计单位认可后方可施工。在施工阶段设计人员要到现场再次确认。

（2）内装修。

此工程仅做到初装修，精装修用户自理。房间用料表仅供参考。

1) 本工程设计室内装修部详见材料作法表所选用的材料和装修材料必须符合《民用建筑工程室内环境污染控制规范》及《建筑内部装修设计防火规范》。

2) 房间在装修前楼地面做至找平层墙面至砂浆打底顶棚至板面脱模计。

3) 凡设吊顶房间墙面抹灰高度均至吊顶以上200mm。

4) 凡设有地漏房间均应做防水层，图中未注明整个房间做坡者，均在地漏周围1m范围内做2%坡度坡向地漏；卫生间（无障碍卫生间除外）、设备间等有水房间的楼地面应低于相邻房间≥20mm。

5) 除注明外不同材料楼面分界线均设于门框厚度中心；不同标高地面分界线应与低标高房间的内墙面平。

6) 所有外露钢构件在涂漆前需做除锈和防锈处理，所有铁制及木制预埋件均需做防锈和防腐处理。

7) 设备基础、留洞均应待货到后核实无误方可施工，且设备基础完工后再施工楼面。

8) 所有栏杆及百叶的样式及与墙体固定方法均与厂家商定。所有护窗栏杆处，高度1.05m，栏杆的垂直杆件间距不应大于0.11m。室内楼梯扶手高度1.1m，水平段长度大于0.5m时，栏杆高度1.05m。室外楼梯扶手高度1.1m。所有楼梯栏杆采用10BJ12-1图集，踏步防滑做法均采用08BJ7-1图集。

9) 垃圾收集：成品垃圾箱，统一管理。

10) 经常接触的1.30m以下的室外墙面不应粗糙，室内墙面宜采用光滑易清洁的材料，墙角、窗台、暖气罩（参照图集11J935第26页）、窗口竖边等棱角部位必须做成小圆角。

11) 本工程夏季采用分体空调制冷空调冷凝水管集中设置具体位置详见建筑及暖通专业图纸。

12) 凡穿透墙体的暗装设备箱背后挂钢板网抹灰，然后按房间用料表做饰面层。留洞位置详平面图或详图。凡需暗包消火栓箱，封包做法由室内装修设计确定。

13) 设备箱体留洞表详见平面图。

【解读】

内装修工程中要注意本项目是一次装修到位还是粗装修。所用的材料和装修材料必须符合《民用建筑工程室内环境污染控制规范》及《建筑内部装修设计防火规范》。具体做法参考图集成熟、常用做法。所有设备留洞、设备基础待设备到货后无误方可施工，如有误差与设计人员联系及时修改。所有房间装修做法参照材料做法表。

## 第4小时 无障碍设计说明

（1）首层入口设无障碍坡道，见平面图。

（2）建筑入口坡道、公共卫生间等处均按无障碍标准设置无障碍标志。

（3）卫生间内与坐便器相邻墙面应设水平高0.70m的"L"形安全扶手或"∏"形落地式安全扶手。

水盆一侧贴墙设安全扶手。扶手参照图集10BJ12-1第10页，详图1。无障碍卫生间地面低于楼层地面15mm，并以缓坡过渡。

（4）各层供轮椅通行的门扇构造应符合《无障碍设计规范》第3.5.3-6条、第3.9.3-3条的规定。

（5）无障碍电梯设置满足《无障碍设计规范》第8.1.4条的规定。

【解读】

无障碍工程要仔细阅读无障碍规范，明确需要做无障碍的建筑部位，无障碍坡道主要坡度及栏杆扶手的做法及要求，无障碍卫生间的具体尺寸及要求。有的工程没有条件设电梯，要根据无障碍设计规范设置无障碍楼梯。

## 第5小时 保温、节能设计

（1）本建筑为乙类节能建筑，执行北京市《公共建筑节能设计标准》。

（2）设计建筑，朝向南北向，体形系数见表4-1。

表4-1　　　　　　　　　　　　　体形系数表

| 项目 | 窗墙比 | | | | 体形系数 | 层数 |
| --- | --- | --- | --- | --- | --- | --- |
| | 南向 | 北向 | 东向 | 西向 | | |
| 文体活动中心 | 0.27 | 0.24 | 0.13 | 0.16 | 0.25 | 3 |

（3）建筑为框架结构，采用外墙外保温体系，墙身细部、女儿墙、勒脚等部位均应采取保温措施，做法见12BJ2-11图集。

（4）屋顶、外墙等部位围护结构节能设计，见表4-2。

表 4-2　　　　　　　　　　　　屋顶、外墙等部位围护结构节能设计

| 序号 | 部位 | | 保温材料 | 保温材料厚度（mm） | 构造做法 | 传热系数 kW/（m²·K） |
|---|---|---|---|---|---|---|
| 1 | 屋面 | 屋1 | 钢网岩棉板 | 80 | 坡屋1-A1 | 0.51 |
| 2 | 外墙 | 外墙1 | HIP 真空绝热板 | 20 | 12BJ2-11 外墙 A10 | 0.32 |
| 3 | 非采暖空调间与采暖空调间 | 隔墙 | 玻化微珠保温砂浆 | 35 | 12BJ1-1 内墙温 2B | 1.39 |
| | | 楼板 | 喷超细无机纤维 | 20 | 12BJ1-1 棚温 3A | 1.25 |
| 4 | 接触室外空气的架空或外挑楼板 | | 硬泡聚氨酯 | 50 | 12BJ2-11-37-1 | 0.48 |

注：设计建筑保温部位补充说明：

1. 平屋顶保温包括屋顶层上人平台。
2. 外墙为：轻集料混凝土空心砌块外墙保温构造。
3. 泡沫玻璃板的物理性能参见图集。

（5）外门窗及屋顶天窗节能设计。

1）各朝向外门窗窗墙比见表 4-1。
2）外门窗、屋顶天窗构造做法及性能指标见表 4-3。

表 4-3　　　　　　　　　　　外门窗、屋顶天窗构造做法及性能指标

| 序号 | 部位 | 框料选型 | 玻璃种类 | 间隔层厚度 | 传热系数 kW/（m²·K） | 遮阳系数 |
|---|---|---|---|---|---|---|
| 1 | 外门窗 | 断桥铝合金 | 中空 | 12（空气） | 2.8 | 0.62 |

3）外窗气密性能不应低于《建筑外门窗气密、水密、抗风压性能分级及检测方法》中规定的 6 级，透明幕墙气密性不能低于现行国家标准《建筑幕墙》中规定的 2 级。外门窗立口平外墙皮，外窗框与墙体缝隙采用高效保温材料填堵。可见光透射比为 75% 满足限值要求。

【解读】

节能工程主要注意各部位保温做法、保温材质、厚度、传热系数。

## 第 6 小时　防水、防潮、防火

（1）防水、防潮。

1）室内防水。

① 卫生间等需要防水的楼地面采用 1.5mm 厚聚合物水泥基防水涂料，做法见房间用料表。

② 卫生间等需要防水的楼地面的防水涂料应沿四周墙面高起 250mm。墙面防水应做至距地 1800mm。

③ 有防水要求的房间穿楼板立管均应预埋防水套管，防止水渗漏，做法见 91SB3。

2）屋面防水等级。

屋面防水等级为 Ⅱ 级，合理使用年限 15 年。外排水方式，泄水管内径 70mm。管材见平面标注。

3）防水构造要求。

屋面、外墙、卫生间、水池等防水做法详见相关的节点大样图，图中未注明的部分应参见 08BJ5-1、88J8 图集。管道穿过有防水要求的楼地面须做防水套管。突出建筑面 30mm，管道与套管间采用麻油灰填塞密实。

4）防水材料。

工程中所用防水材料，必须经过有关部门认证合格。

5）防水施工。

防水施工应严格执行《屋面工程技术规范》《屋面工程施工质量验收规范》及其他有关施工验收规范。

6）防水层。

屋面防水层和卫生间防水做完后，应按规定要求做渗水试验，经有关部门检查合格后，方可进行下一道工序，并在后续作业和安装过程中，确保防水层不被破坏。

7）地下室防水。

地下室防水为一级，采用钢筋混凝土结构自防水（等级为 S6），防水材料为双层 BAC 双面自粘防水卷材（3mm+3mm），防水保护层用 60 厚模塑聚苯板，做法参照 10BJZ50 第 10 页 E1、E11。

【解读】

防水、防潮工程主要注意以下问题：

卫生间及室内有防水要求的房间地面、墙面防水做法，及有立管穿过楼面、地面均应预埋防水套管，防止水渗漏做法参图集。

屋面防水等级、防水材料、防水使用年限，及屋面排水方式、雨水管做法、管径及材质。

其他部位防水要求要根据当地法律法规，规范的规定完成每一道工序。

（2）防火。

1）本建筑周边有 4m 宽消防通道或距市政道路小于 15m，满足消防要求。

2）本工程的耐火等级为二级。

3）本工程为一个单体建筑：地上部分每层为一个防火分区，面积均小于 2500m²。地下部分分为两个防火分区，防火分区一建筑面积为 301.56m²，防火分区二建筑面积为 334.07m²，面积均小于允许最大防火分区面积 500m²。

4）疏散宽度：地上最大每层人数为 280 人，需要的最大疏散宽度为 2.8m，实际疏散宽度为 3.20m，设 2 部疏散楼梯满足疏散要求。

5）建筑内隔墙均应从楼地面基层砌至梁板底，穿过防火墙的管道处，应采用不燃烧材料将空隙填塞密实。

6）疏散楼梯装修材料防火性能按《建筑内部装修设计防火规范》选材和施工。

7）水暖专业预埋穿楼板钢套管竖井每层楼板处，用相当于楼板耐火等级的非燃烧体在管道四周做防火分隔。其他各专业竖井在管线安装完毕后在每层楼板处补浇混凝土封堵详见结构专业图纸。

8）其他有关消防措施见各专业图。

9）本工程建筑外保温及外墙装饰设计执行公安部、住建部颁发的《民用建筑外保温及外墙装饰防火暂行规定》的相关规定。首层防护厚度不应小于 6mm，其他层不应小于 3mm。

【解读】

防火工程是建筑的重中之重。首先在总平面设计中要满足《建筑设计防火规范》的要求，本建筑周边有 4m 宽消防通道或距市政道路小于 15m；其次明确单体建筑防火耐火极限，本工程防火设计的耐火等级地上部分为二级。防火分区，设置自动灭火系统，本工程为一个单体建筑：地上部分为一个防火分区，面积小于 5000m²，设喷洒（多层建筑地上防火分区 2500m²，设置自动灭火系统面积翻倍）。疏散宽度及疏散距离，疏散宽度根据人数计算具体计算详（建筑设计防火规范），疏散

距离根据建筑物功能不同（建筑设计防火规范）中有明确规定。各部位建筑材料一定要满足规范中要求的最小耐火极限。室内各部位装修材料一定要满足规范中要求的材料燃烧性能级别。

## 第7小时 室内环境污染控制

（1）所使用的砂、石、砌块、水泥、混凝土、混凝土预制构件等无机非金属建材的放射性限量要求，并符合《民用建筑工程室内环境污染控制规范》的规定。

（2）非金属装修材料（如石材、建筑卫生陶瓷、石膏板、吊顶材料、无机瓷质砖粘结材料等）放射性限量要求，并符合《民用建筑工程室内环境污染控制规范》的规定。

（3）所使用的能释放氨的阻燃剂、混凝土外加剂，氨的释放量不应大于0.10%。

（4）甲方提供建筑场地土壤氡浓度或土壤氡析出率检测报告，根据其结果确定是否采取防氡措施，如需采取措施应符合《民用建筑工程室内环境污染控制规范》第4.2.4、4.2.5、4.2.6条的规范。

（5）所选建筑材料（含室内装修材料）应选择无污染的建筑材料，室内空气污染物活度和浓度应符合要求。

（6）楼板的撞击声隔声性能且楼板的计权标准化撞击声压级不应大于75dB。

【解读】

室内环境污染控制工程中一定要满足规范中要求的材料放射性，释放有毒气体等的最小要求。

## 第8小时 其 他

（1）本施工图应与各专业设计图密切配合施工，注意预留孔洞、预埋件，不得随意剔凿。

（2）预埋木砖均做防腐处理；露明铁件均做防锈处理。

（3）两种材料的墙体交接处，在做饰面前均须加钉金属网，防止裂缝。

（4）凡涉及颜色、规格等的材料，均应在施工前提供样品或样板，经建设单位和设计单位认可后，方可订货、施工。

（5）电梯选型，见表4-4。

表4-4 电梯选型

| 编号 | 电梯选型 | | | | | | 数量 | 停站层 | 备注 |
|---|---|---|---|---|---|---|---|---|---|
| | 类别 | 型号 | 乘客人数 | 载重（kg） | 速度（m/s） | | | | |
| 1 | 货梯 | 奥的斯 GeN2P13-09-1.0-L | 13 | 1000 | 1 | | 1 | 3 | 符合无障碍要求 |

（6）施工图图例。

图例：　　　　　比例≥1：100时　　　比例<1：100时

钢筋混凝土墙、柱　　■　　　　　▨

轻集料混凝土砌块　　□　　　　　▨

（7）房间用料。

房间用料见表4-5。

表4-5 房 间 用 料

| 部位 | 房间名称 | 楼地面 | | 踢脚/墙裙 | | 内墙 | | 顶棚 | | 备注 |
|---|---|---|---|---|---|---|---|---|---|---|
| | | 做法 | 燃烧性能 | 做法 | 燃烧性能 | 做法 | 燃烧性能 | 做法 | 燃烧性能 | |
| 地上部分 | 活动室<br>多功能厅<br>健身房<br>声乐培训室<br>才艺培训<br>阅览室<br>试听室<br>舞蹈培训<br>教室休息室<br>办公室<br>活动室<br>青年活动室<br>值班室<br>科技活动室 | 楼12B（铺地砖楼面）50厚 | B1 | 石塑卷材踢脚（300高） | B1 | 内墙3 内涂1（乳胶漆墙面） | A | 棚14B 内涂1（乳胶漆）石膏板吊顶 | A | |
| | 楼梯间 | 楼13B（石塑卷材防滑地砖楼面）30厚 | B1 | 石塑卷材踢脚（100高） | B1 | 内墙3 内涂1（乳胶漆墙面） | A | 棚2A 内涂1（乳胶漆） | A | |
| | 门厅<br>电梯厅<br>门斗走廊 | 楼12B（铺地砖楼面）50厚 | B1 | 石塑卷材踢脚（300高） | B1 | 内墙3 内涂1（乳胶漆墙面） | A | 棚14B 内涂1（乳胶漆）石膏板吊顶 | A | |
| | 卫生间<br>淋浴间残卫 | 楼13F（石塑卷材防水地砖楼面）结构降板130 | B1 | | | 内墙9（薄型面砖墙面） | A | 棚20A（铝方板吊顶） | A | |
| | 设备管井 | 楼3D 水泥楼面30厚<br>地3B 水泥地面 | A | 踢2（水泥砂浆踢脚）（100高） | A | 内墙4 耐水腻子 | A | 棚1 | A | |
| | 消防控制室 | 楼39B 导静电通体聚氯乙烯地砖楼面 | B1 | 石塑卷材踢脚（300高） | B1 | 内墙3 内涂1（乳胶漆墙面） | A | 棚14B 内涂1（乳胶漆）石膏板吊顶 | A | |
| 地下部分 | 楼梯间走廊 | 地3A 水泥地面110厚 | A | 踢2（水泥砂浆踢脚）（100高） | A | 内墙3 内涂1（乳胶漆墙面） | A | 刷涂料顶棚棚2A（内涂1） | A | |
| | 设备机房 | 地2F 水泥防水地面110厚 | A | 踢2（水泥砂浆踢脚）（100高） | A | 内墙3 内涂1（乳胶漆墙面） | A | 刷涂料顶棚棚2A（内涂1） | A | |
| | 消防水池 | 地2F 水泥防水地面110厚 | A | | | 内墙10-f1 薄型面砖墙面（防水） | A | 刷涂料顶棚棚2A | A | |

（8）太阳能设计。

1）太阳能热水系统设计应在相邻建筑日照、安装部位的安全防护等方面执行《民用建筑太阳能热水系统应用技术规范》。

2）建筑物上安装太阳能热水系统，不得降低相邻建筑的日照标准。

3）在安装太阳能集热器的建筑部位，应设置防止太阳能集热器损坏后部件坠落伤人的安全防护设施。

4）太阳能热水系统的结构设计应为太阳能热水系统安装埋设预埋件或其他连接件。连接件与主体结构的锚固承载力设计值应大于连接件本身的承载力设计值。

5）轻质填充墙不应作为太阳能集热器的支承结构。

【解读】

由于现在建筑的设计过程中电梯厂家为确定，所以设计中选用电梯为参考样本，待项目施工前确定厂家后，由厂家确认提供电梯井道尺寸等数据后，由设计院配合厂家修改确认图纸后方可施工。

# 第5天

## 文体活动中心工程建筑施工图识读详解

### 第1~2小时　详解文体活动中心工程平面图

文体活动中心地下一层平面图及其讲解，如图5-1、图5-2所示；文体活动中心一层平面图及其讲解，如图5-3~图5-6所示；文体活动中心二层平面图及其讲解，如图5-7~图5-9所示；文体活动中心三层平面图及其讲解，如图5-10~图5-13所示。屋顶平面图及其讲解，如图5-14~图5-16所示。

### 第3小时　详解文体活动中心工程立面图

文体活动中心立面图及其讲解，如图5-17~图5-20所示。

### 第4小时　详解文体活动中心工程剖面图

文体活动中心剖面图及其讲解，如图5-21、图5-22所示。

### 第5小时　详解文体活动中心工程楼梯详图

文体活动中心楼梯图及其讲解，如图5-23~图5-26所示。

### 第6小时　详解文体活动中心工程卫生间详图

文体活动中心卫生间图及其讲解，如图5-27、图5-28所示。

### 第7小时　详解文体活动中心工程门窗详图

文体活动中心门窗图表详图图及其讲解，如图5-29、图5-30所示。

### 第8小时　详解文体活动中心工程墙身详图

文体活动中心墙身图及其讲解，如图5-31~图5-33所示。

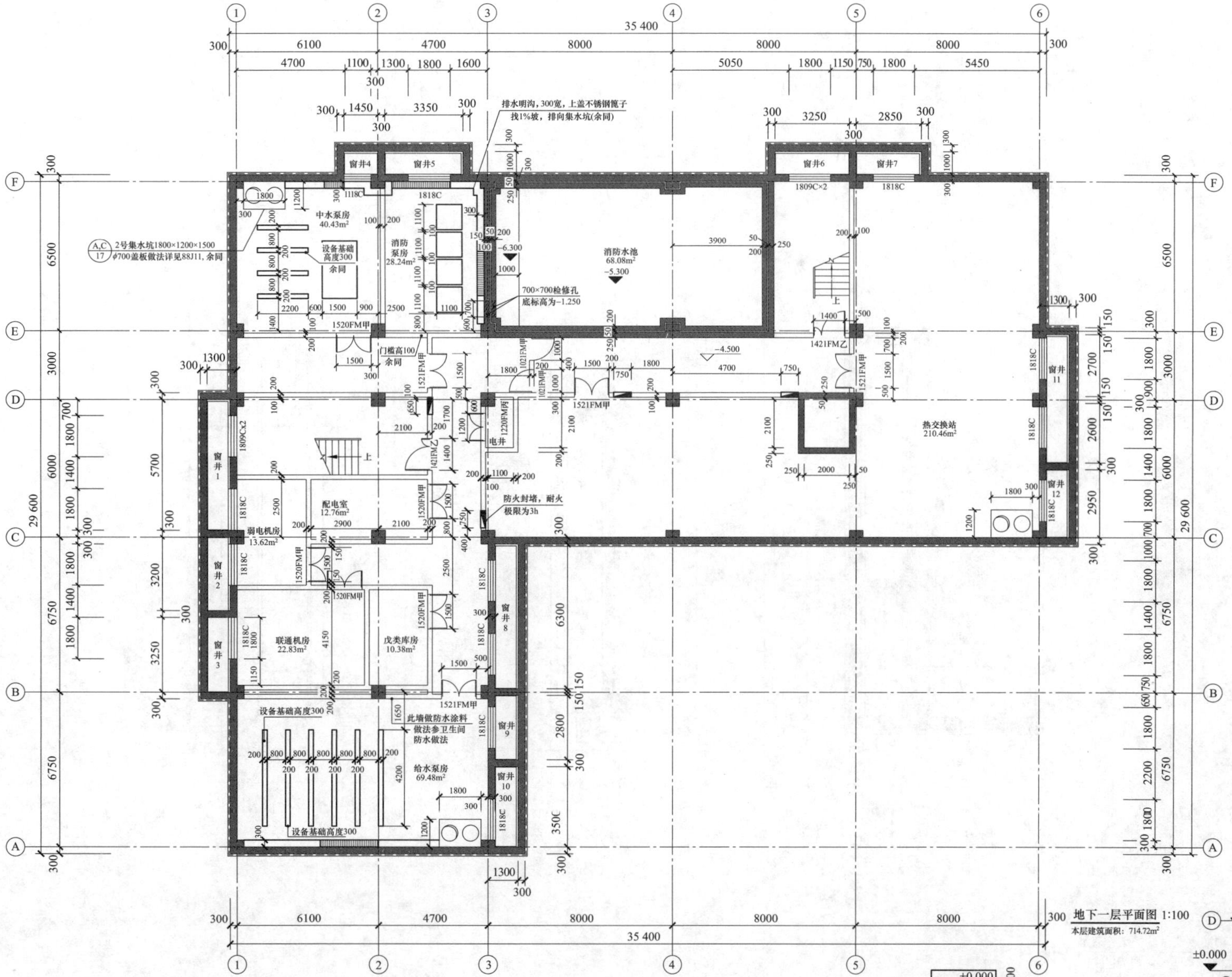

## 导读

### 1. 建筑平面图的形成和用途

建筑平面图,简称平面图,它是假想用一水平剖切平面将房屋沿窗台以上适当部位剖切开来,对剖切平面以下部分所作的水平投影图。平面图通常用 1:50、1:100、1:200 的比例绘制,它反映出房屋的平面形状、大小和房间的布置、墙(或柱)的位置、厚度、材料、门窗的位置、大小、开启方向等情况,作为施工时放线、砌墙、安装门窗、室内外装修及编制预算等的重要依据。

### 2. 建筑平面图的图示方法

当建筑物各层的房间布置不同时应分别画出各层平面图;若建筑物的各层布置相同,则可用两个或三个平面图表达,即只画底层平面图和楼层平面图(或顶层平面图)。此时楼层平面图代表了中间各层相同的平面,故称标准层平面图。因建筑平面图是水平剖面图,故在绘制时,应按剖面图的方法绘制,被剖切到的墙、柱轮廓线用粗实线(b),门的开启方向线可用中粗实线(0.5b)或细实线(0.25b),窗的轮廓线以及其他可见轮廓和尺寸线等用细实线(0.25b)表示。

### 3. 建筑平面图的图示内容

（1）表示建筑物的墙、柱位置并对其轴线编号。
（2）表示建筑物的门、窗位置及编号。
（3）注明各房间名称及室内外楼地面标高。
（4）表示楼梯的位置及楼梯上下行方向及级数、楼梯平台标高。
（5）表示阳台、雨篷、台阶、雨水管、散水、明沟、花池等的位置及尺寸。
（6）表示室内设备（如卫生器具、水池等）的形状、位置。
（7）画出剖面图的剖切符号及编号。
（8）标注墙厚、墙段、门、窗、房屋开间、进深等各项尺寸。
（9）标注详图索引符号。

图样中的某一局部或构件,如需另见详图,应以索引符号索引。
索引符号是由直径为10mm的圆和水平直径组成,圆和水平直径均应以细实线绘制。
索引符号按下列规定编写:

1）索引出的详图,如与被索引的详图同在一张图纸内,应在索引符号的上半圆中用阿拉伯数字注明该详图的编号,并在下半圆中间画一段水平细实线。
2）索引出的详图,如与被索引的详图不同在一张图纸内,应在索引符号的上半圆中用阿拉伯数字注明该详图的编号,在索引符号的下半圆中用阿拉伯数字注明该详图所在的图纸的编号。数字较多时,可加文字标注。
3）索引出的详图,如采用标准图,应在索引符号水平直径的延长线上加注该标准图册的编号。详图的位置和编号,应以详图符号表示。详图符号的圆应以直径为14mm粗实线绘制。详图应按下列规定编号:

① 详图与被索引的图样同在一张图纸时,应在详图符号内用阿拉伯数字注明详图的编号。
② 详图与被索引的图样不在同一张图纸内时,应用细实线在详图符号内画一水平直径,在上半圆中注明详图编号,在下半圆中注明被索引的图纸的编号。

### 4. 指北针

（1）指北针常用来表示建筑物的朝向。指北针外圆直径为24mm,采用细实线绘制,指北针尾部宽度为3mm,指北针头部应注明"北"或"N"字。
（2）标准层平面图的图示内容。
① 表示建筑物的门、窗位置及编号。
② 注明各房间名称、各项尺寸及楼地面标高。
③ 表示建筑物的墙、柱位置并对其轴线编号。
④ 表示楼梯的位置及楼梯上下行方向、级数及平台标高。
⑤ 表示阳台、雨篷、雨水管的位置及尺寸。
⑥ 表示室内设备（如卫生器具、水池等）的形状、位置。
⑦ 标注详图索引符号。

### 5. 屋顶平面图的图示内容

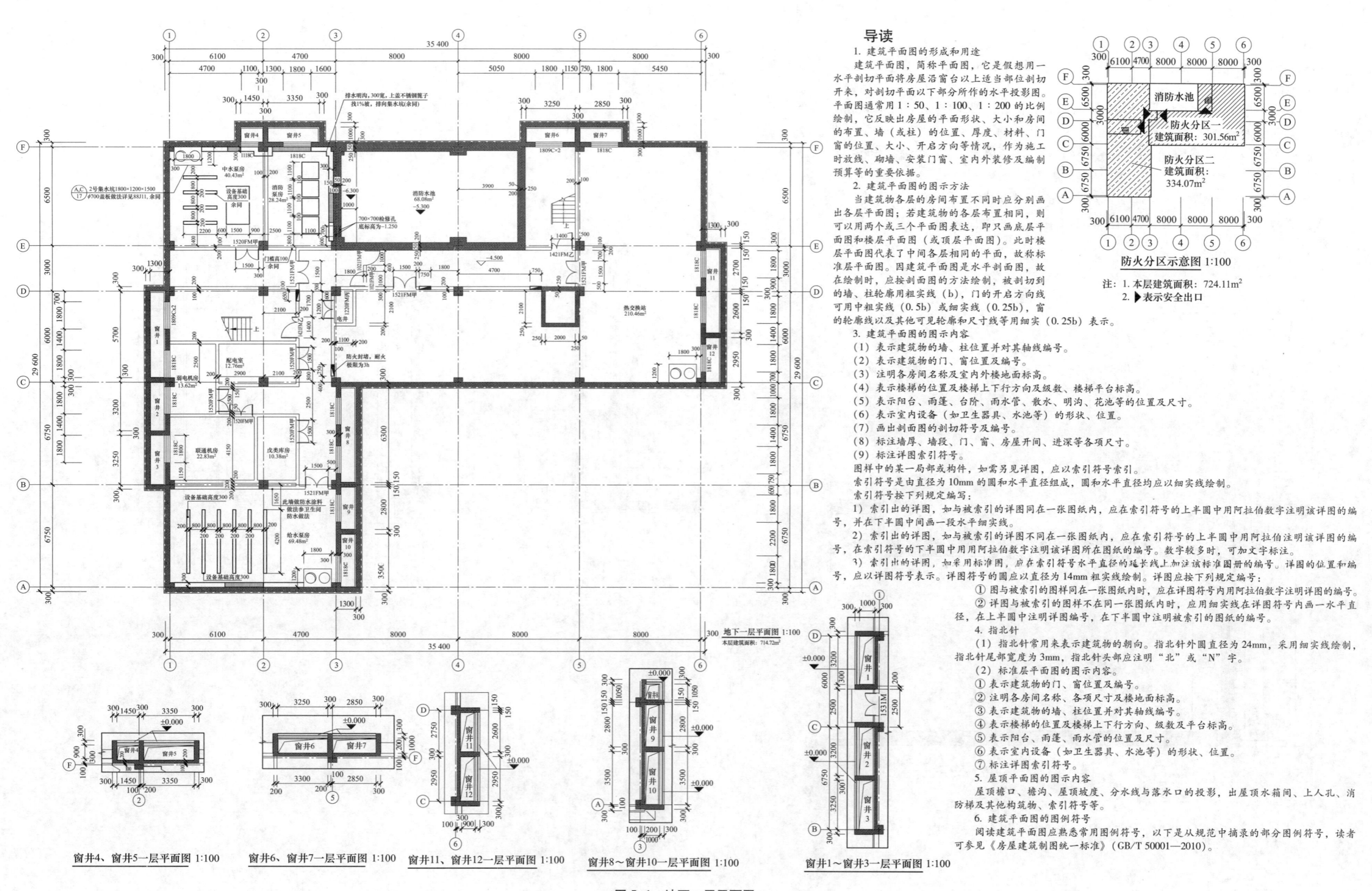

屋顶檐口、檐沟、屋顶坡度、分水线与落水口的投影,出屋顶水箱间、上人孔、消防梯及其他构筑物、索引符号等。

### 6. 建筑平面图的图例符号

阅读建筑平面图应熟悉常用图例符号,以下是从规范中摘录的部分图例符号,读者可参见《房屋建筑制图统一标准》（GB/T 50001—2010）。

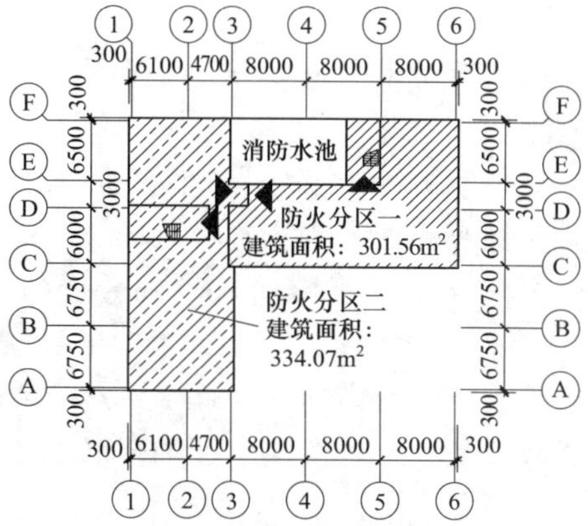

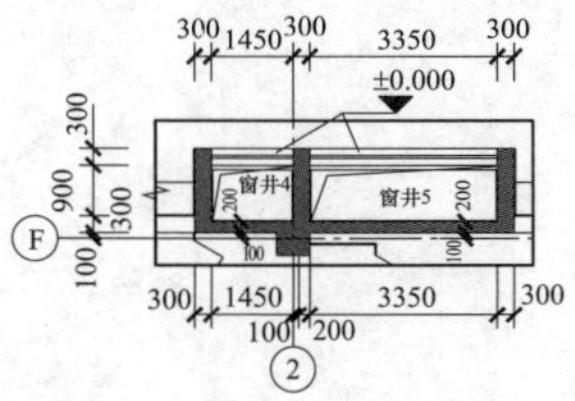

防火分区示意图 1:100

注：1. 本层建筑面积：724.11m²
2. ▶表示安全出口

窗井4、窗井5一层平面图 1:100
窗井6、窗井7一层平面图 1:100 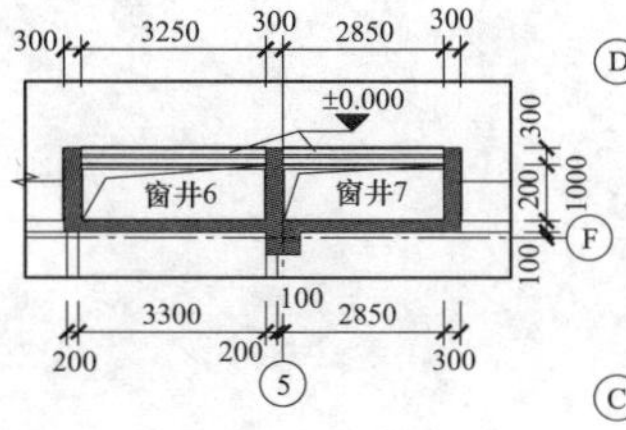
窗井11、窗井12一层平面图 1:100 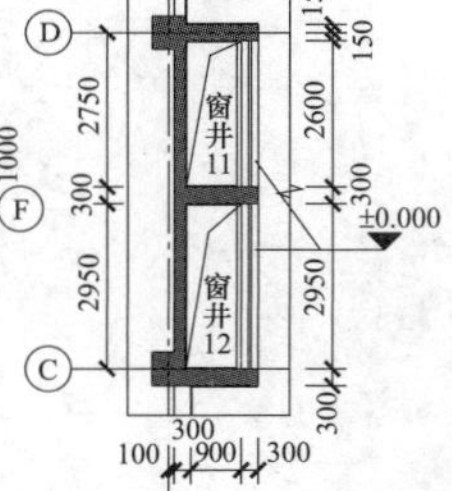
窗井8～窗井10一层平面图 1:100 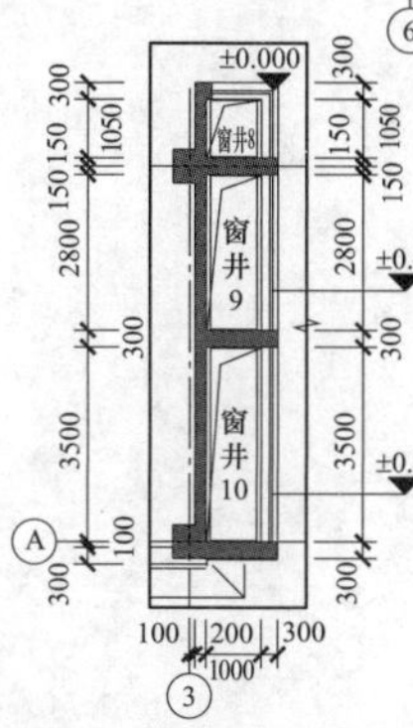
窗井1～窗井3一层平面图 1:100 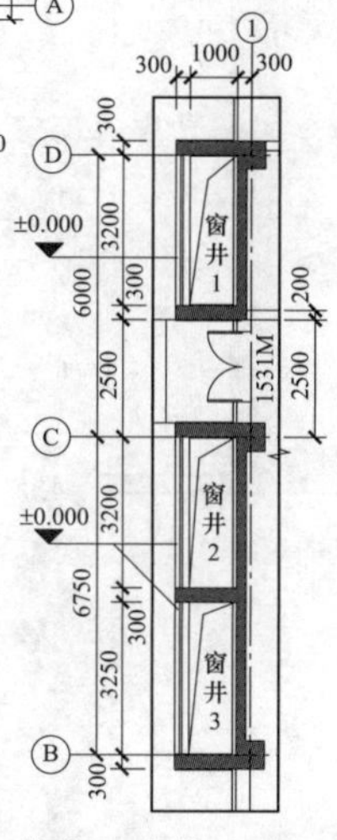

图 5-1 地下一层平面图

43

**导读**

本图为文体活动中心地下一层平面图讲解，本层建筑面积：714.72m²，层高4.5m。

主要部分组成：中水泵房、消防泵房、消防水池、热交换站、给水泵房、配电室、弱电机房、戊类库房、联通机房、走廊、楼梯间。

读图时应注意轴线分布情况、编号、轴线间尺寸及框架柱与墙体的定位关系。

注意地下室地面标高标注，地下一层的地面建筑标高为-4.500m。

消火栓的位置、距地高度、数量可以与设备施工图对照读图。

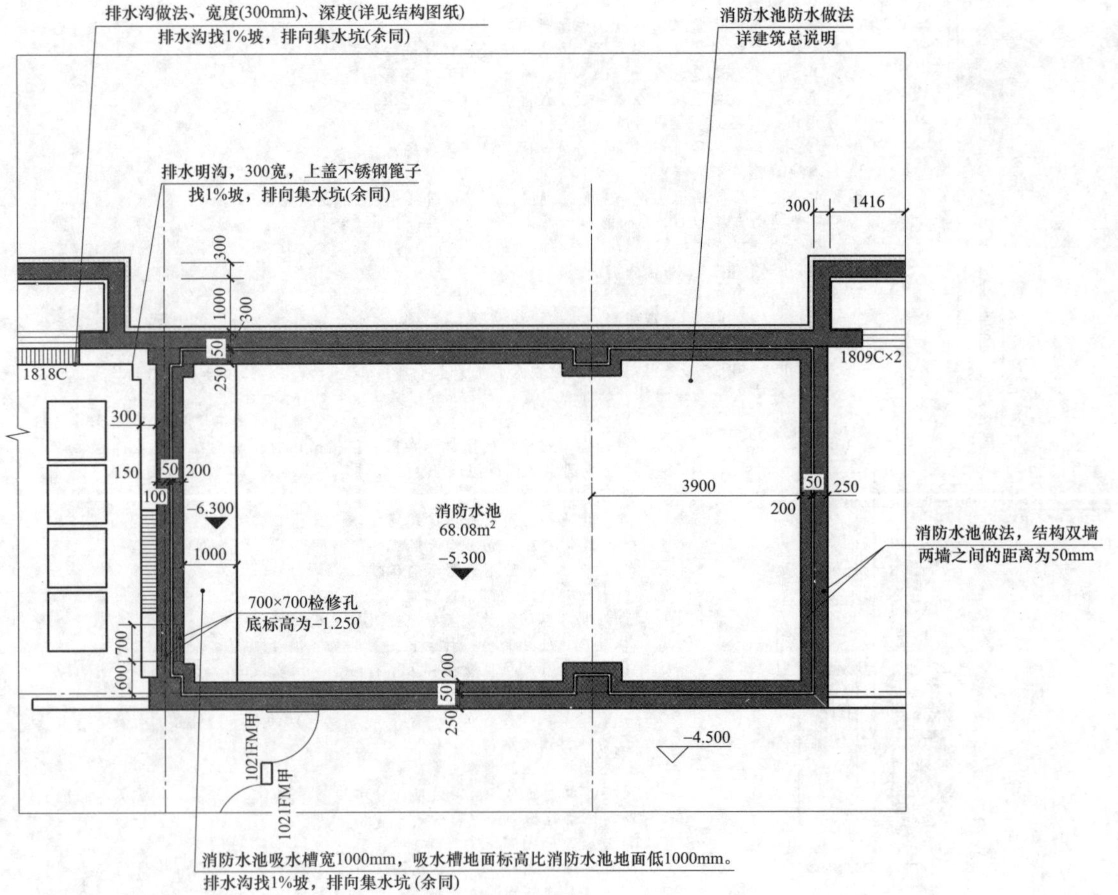

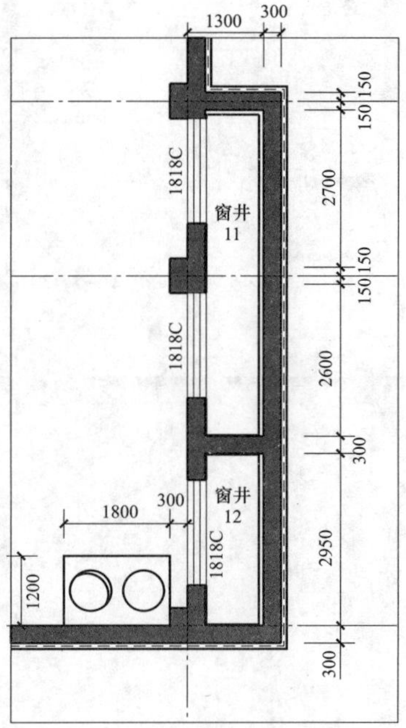

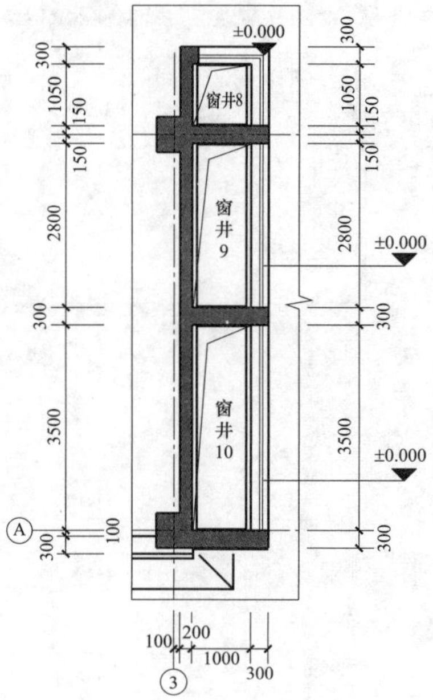

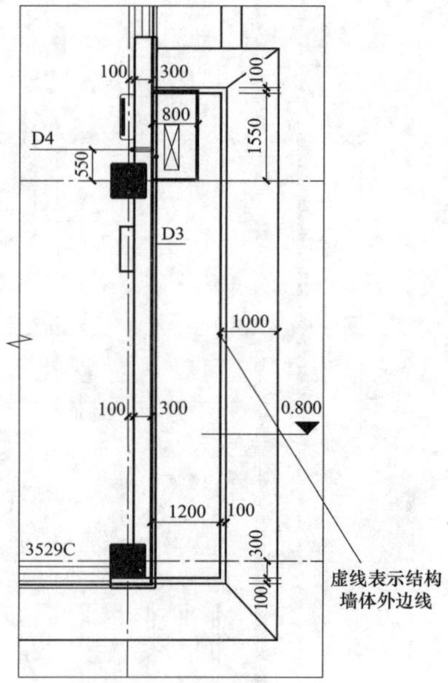

图 5-2 地下一层平面图讲解

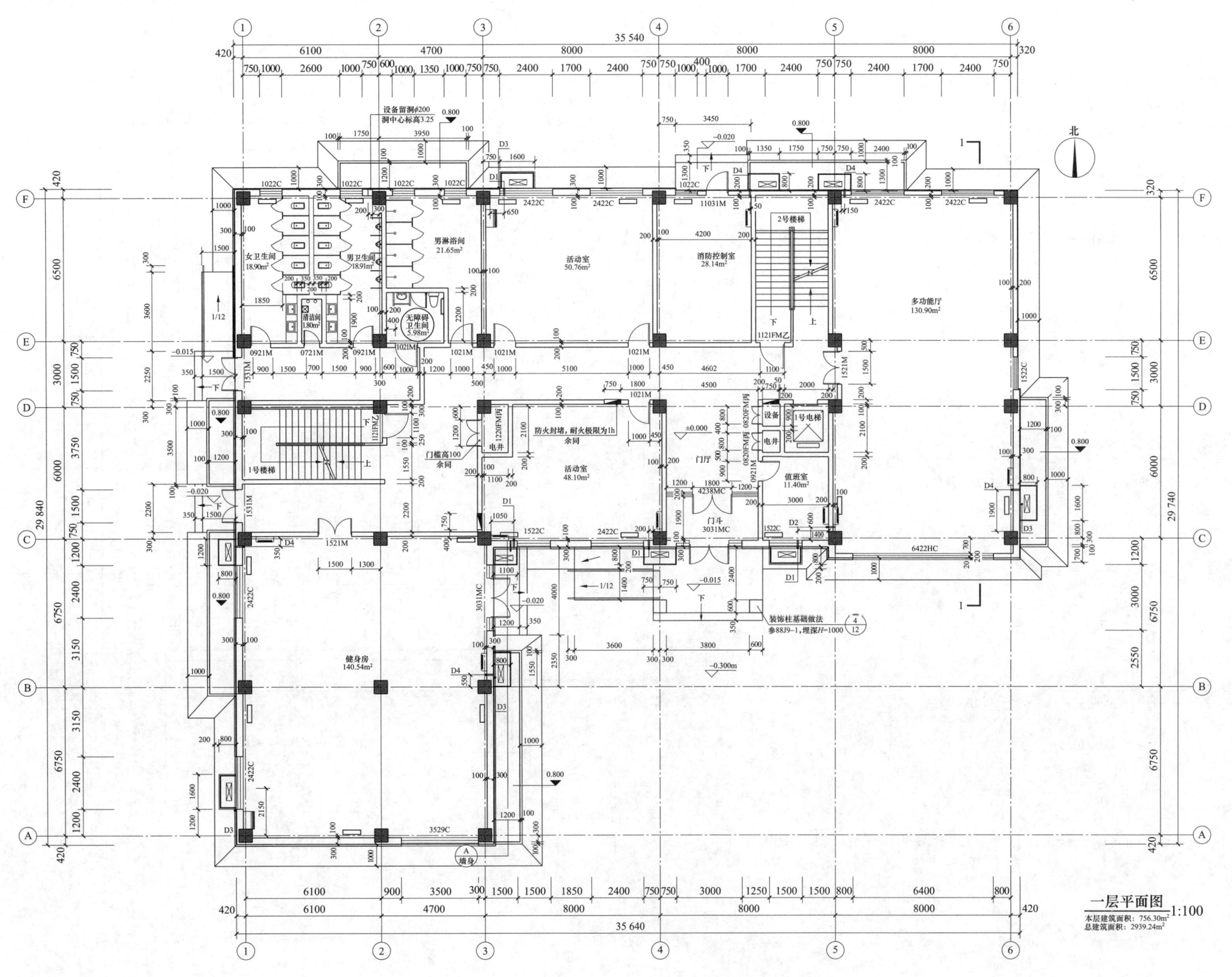

说明（适用于所有平面）

注1. 图中未标注的外墙均为200mm厚轻集料混凝土砌块，外墙均偏轴100mm。未标注的内墙均为200mm厚轻集料混凝土砌块，轴线居中。

注2. 台阶做法参 12BJ1-1 $\frac{台6A}{A18}$。

注3. 无障碍坡道做法参 12BJ1-1 $\frac{坡4A}{A18}$。

注4. 坡道栏杆做法参 10BJ12-1 $\frac{4}{A18}$。

注5. 散水向外找坡 4%，做法详 12BJ1-1 $\frac{散1}{A21}$。

注6. 空调墙体留洞 D1、D2、D4 为 $\phi70$，D1 中心距地 300mm，D2 中心距地 2100，D4 中心距地 1000。

注7. 空调 UPVC 冷凝水管 D3 为 $\phi30$。

注8. 除无障碍卫生间外卫生间地面标高比户内标高低 20mm，地面向地漏找 2% 的坡。

图例（用于所有平面图）

- ■ 钢筋混凝土柱
- □ 轻集料混凝土砌块
- ─ 20mm 厚 HIP 真空绝热板
- ▭ 空调室内机位置示意
- ▨ 空调室外机
- ▬ 空调百叶
- ▬ 消火栓
- ▭ 散热器
- ─ 线脚
- ─ 栏杆

一层平面图 1:100
本层建筑面积：756.30m²
总建筑面积：2939.24m²

图 5-3　一层平面图

**导读**

本图为文体活动中心一层平面图讲解，本层建筑面积：756.30m²，层高4.0m。

主要部分组成：健身房、活动室、消防控制室、多功能厅、门厅、淋浴间、男女卫生间。

一层平面图是最重要的建筑专业施工图，应当格外认真的阅读并熟记。

指北针及散水、台阶、坡道等构造组成应在一层平面中表示清楚。

注意一层平面中剖切号的位置、剖视方向及编号。

注意室内外地面标高标注，一层室内地面标高为±0.000。

---

说明：（适用于所有平面）

注1. 图中未标注的外墙均为200mm厚轻集料混凝土砌块，外墙均偏轴100mm。未标注的内墙均为200mm厚轻集料混凝土砌块，轴线居中。

注2. 台阶做法参12BJ1-1 (台6A/A18)。

注3. 无障碍坡道做法参12BJ1-1 (坡4A/A18)。

注4. 坡道栏杆做法参10BJ12-1 (4/A18)。

注5. 散水向外找坡4%，做法详12BJ1-1 (散1/A21)。

注6. 空调墙体留洞D1、D2、D4为φ70，D1中心距地300mm，D2中心距地2100，D4中心距地1000。

注7. 空调UPVC冷凝水管D3为φ30。

注8. 除无障碍卫生间外卫生间地面标高比户内标高低20mm，地面向地漏找2%的坡。

---

注解：首层平面图中小说明（适用于所有平面）是对工程中某些部位的具体做法，墙体定位及墙体材料。

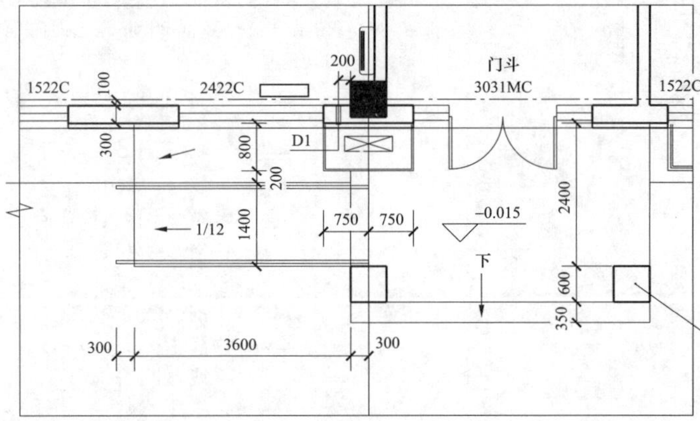

**无障碍坡道平面图**

1. 残疾人坡道

注意坡道做法（注3），坡度不大于1/12。无障碍坡道栏杆做法（注4），栏杆两端较坡道延长300。

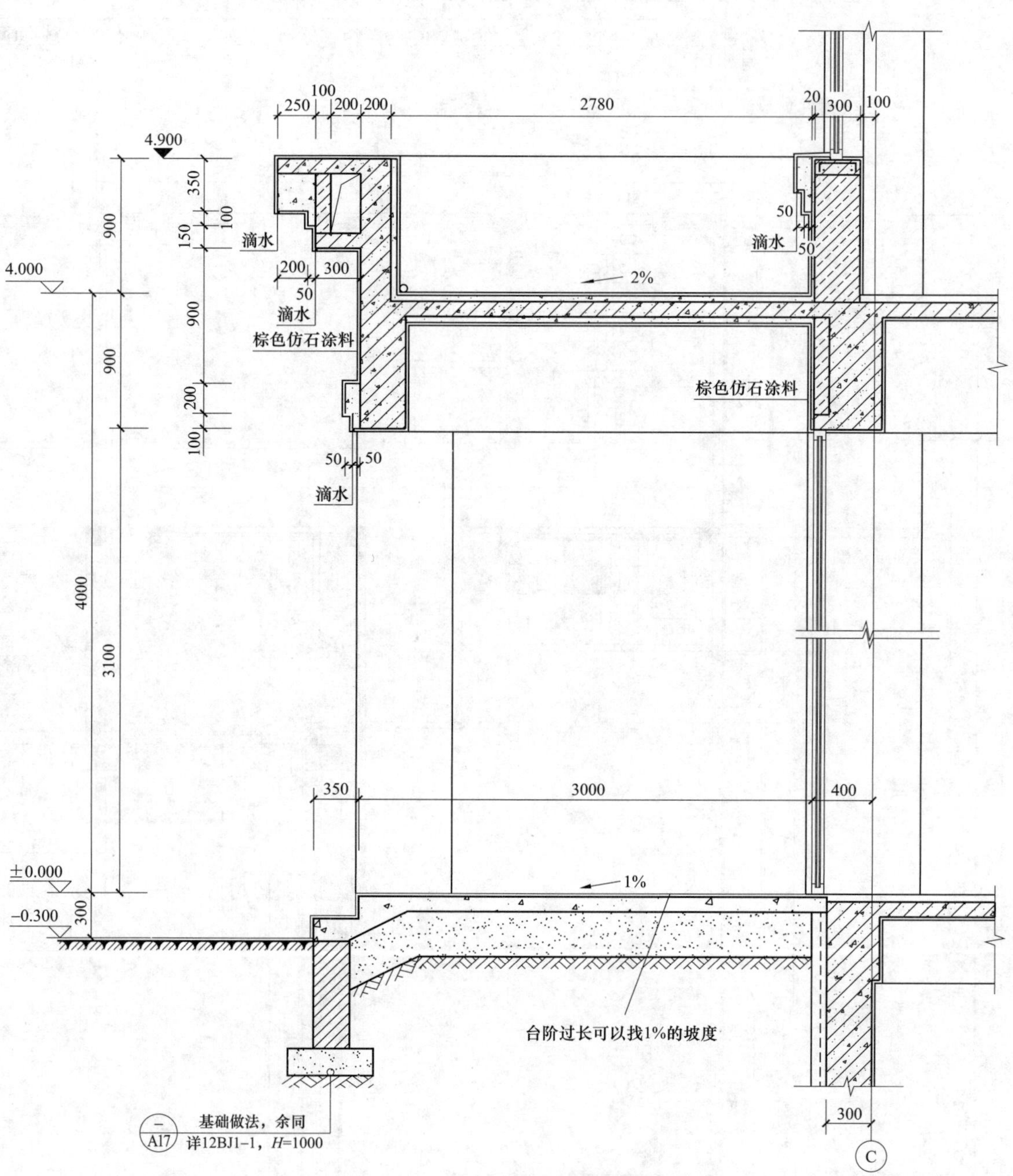

**台阶墙身附图**

图5-4 一层平面图讲解（一）

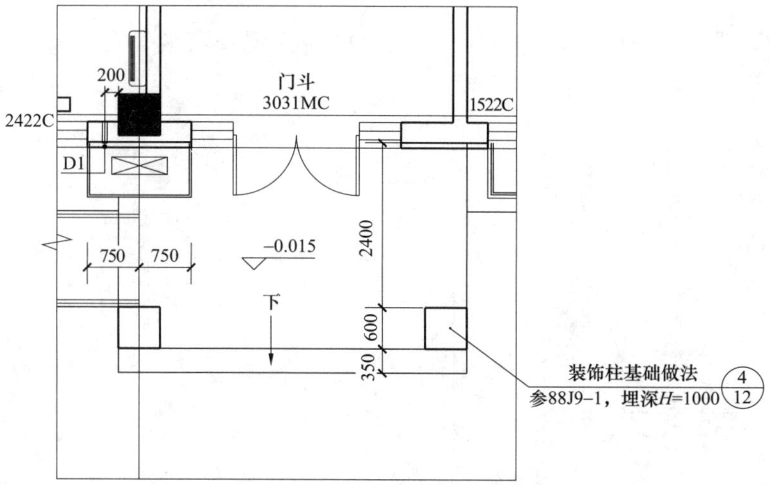

## 2. 台阶

注意台阶做法（注2），与无障碍坡道链接的台阶较室内地面降低15mm，普通台阶较室内地面降低20mm。入口处已斜坡过渡方式连接。（详见台阶墙身附图）

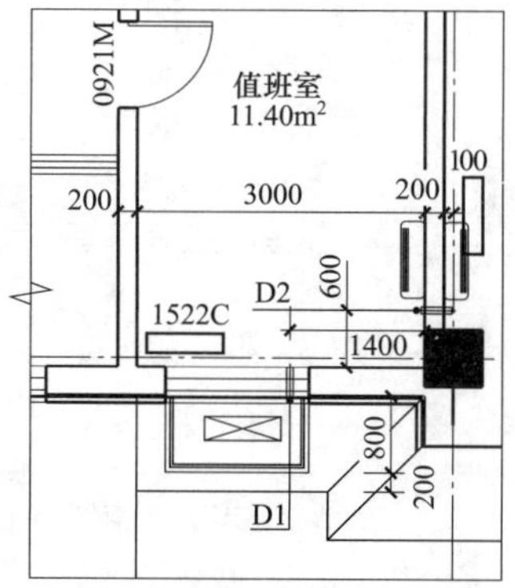

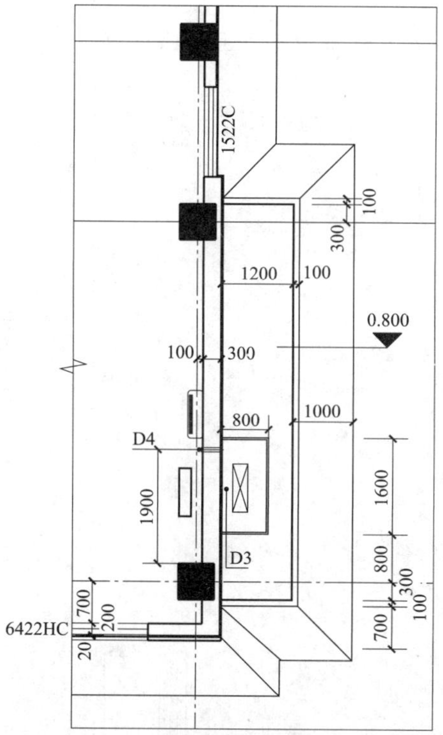

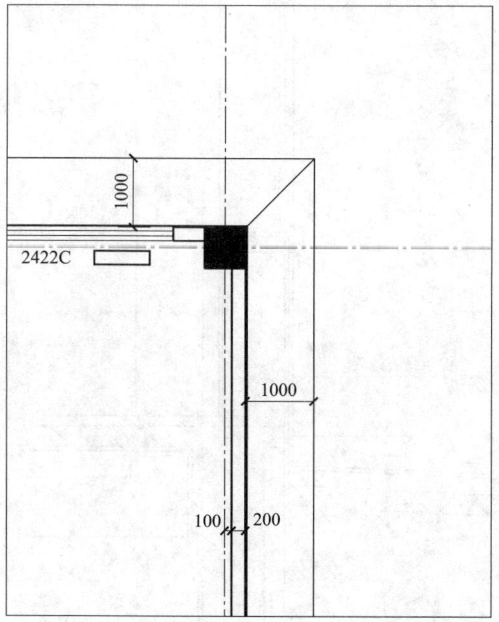

## 3. 散水

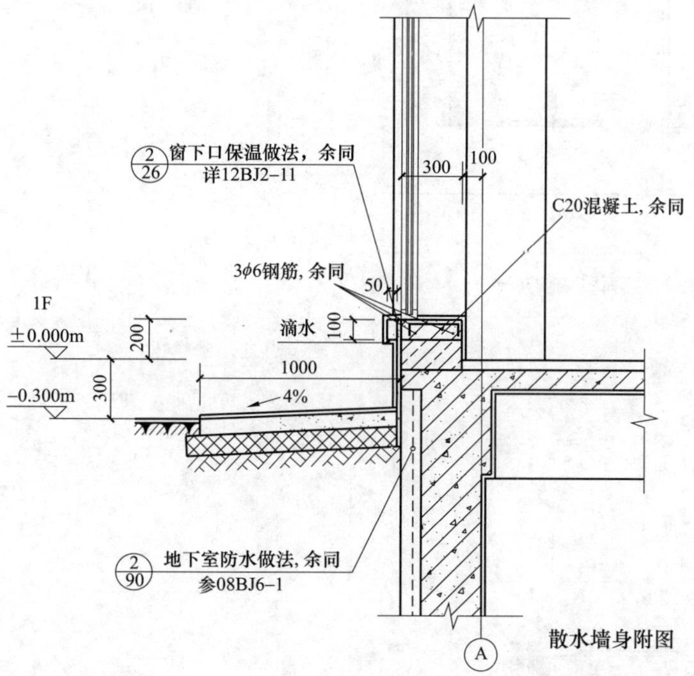

注意散水做法（注5），散水宽度一般为800mm宽，根据经验散水宽度从建筑结构面算600mm即可。散水找坡为4%。（详见散水墙身附图）

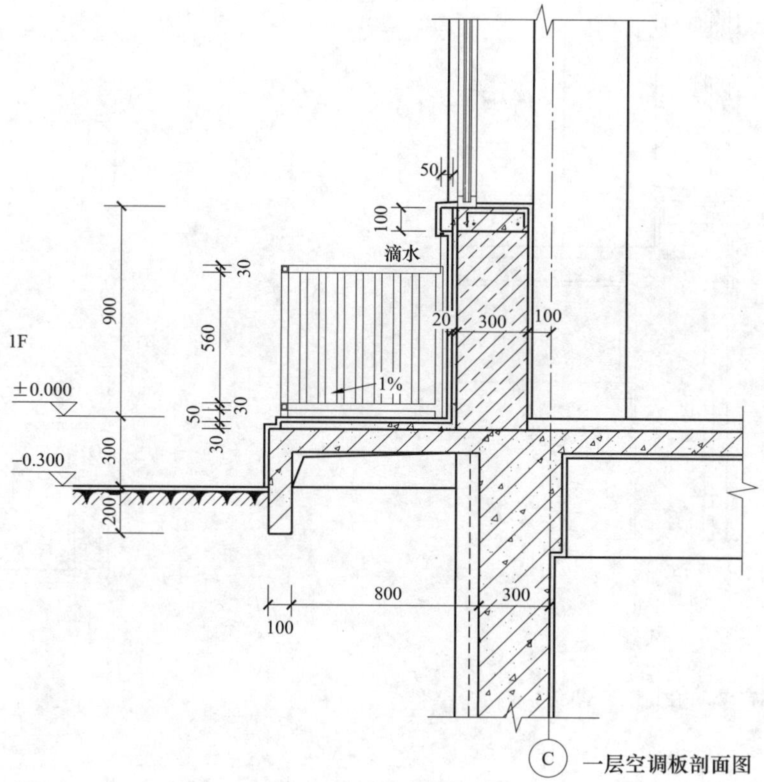

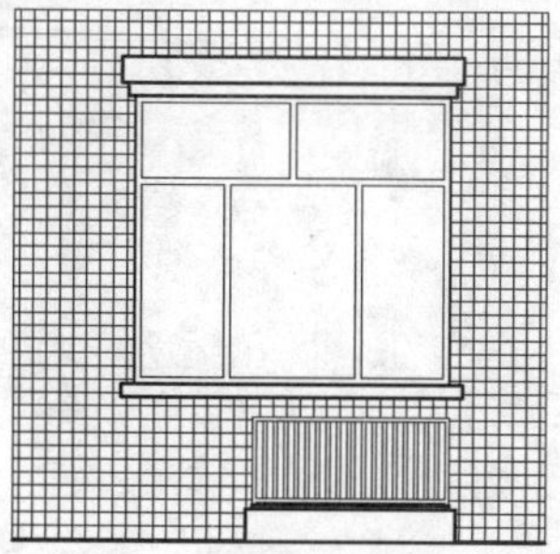

图5-5 一层平面图讲解（二）

4. 空调留洞

空调洞 D1、D2 均为 φ70，为了立面要求空调洞 D1 高度中心距地 400mm（地面为每层室内地面建筑标高）但室内空间效果差。D2 中心距地 2100mm。D3 为空调冷凝水管留洞大小为 φ30。

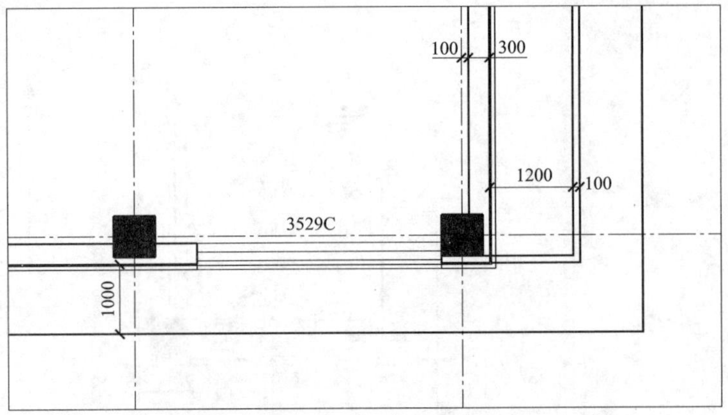

2900mm高窗户平面图(窗台高 200)

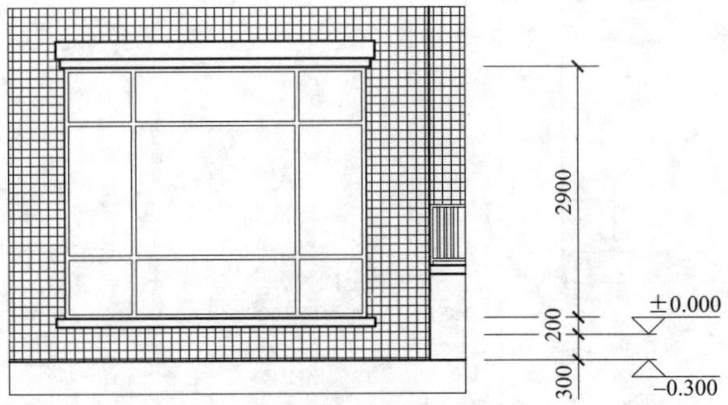

2900mm高窗户立面图(窗台高 200)

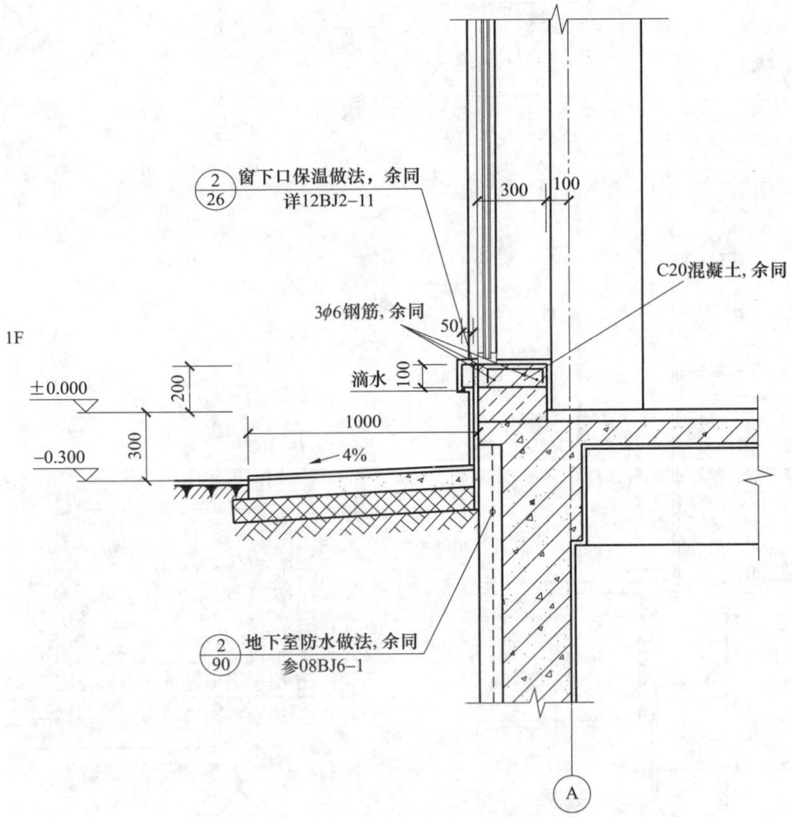

2900mm高窗户剖面图(窗台高200)

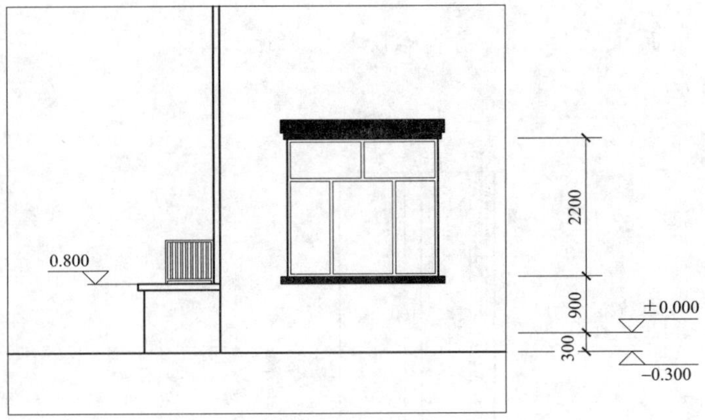

2200mm高窗户立面图(窗台高 900)

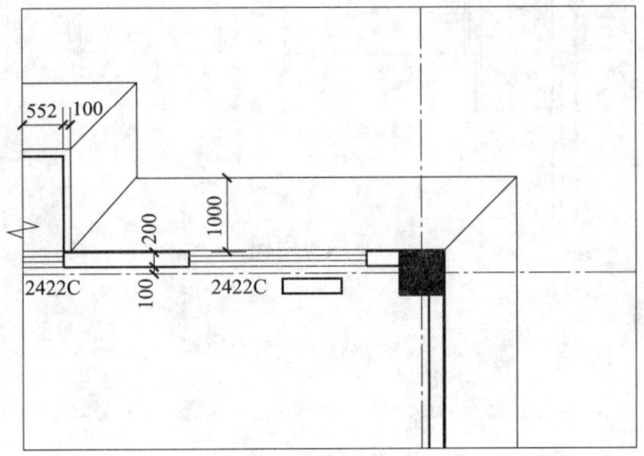

2200mm高窗户平面图(窗台高900)

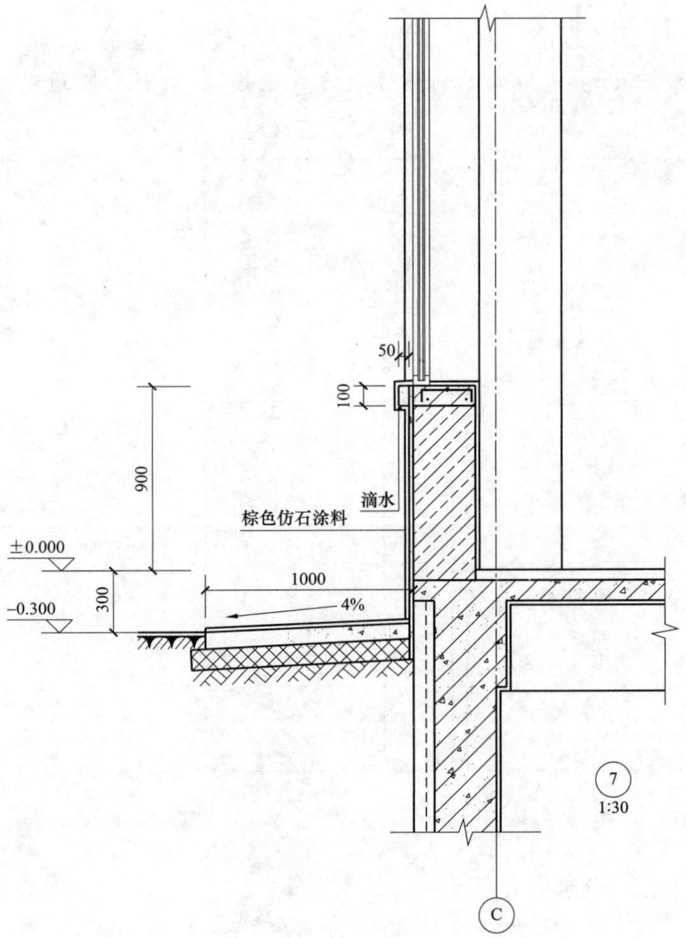

2200mm高，窗户剖面图(窗台高900)

图 5-6　一层平面图讲解（三）

图5-7 二层平面图

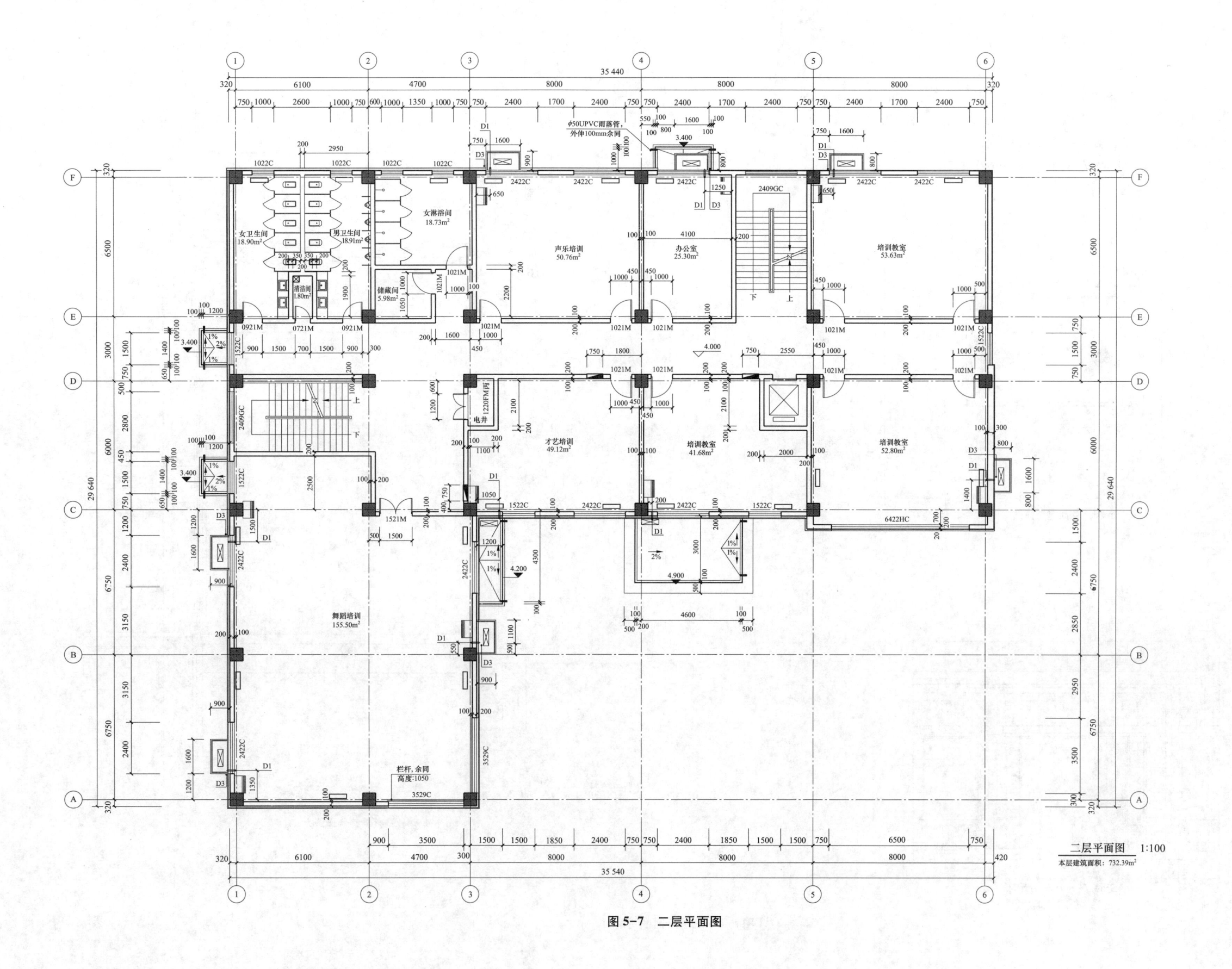

**导读**

本图为文体活动中心二层平面图讲解，本层建筑面积：732.39m²，层高4.0m。

主要部分组成：舞蹈培训室、声乐培训室、才艺培训室、培训教室、淋浴间、男女卫生间。

建筑内部的平面信息和表示方法与一层平面图相同。

由二层平面图可知，雨篷的标高为3.4m、4.9m及4.2m。

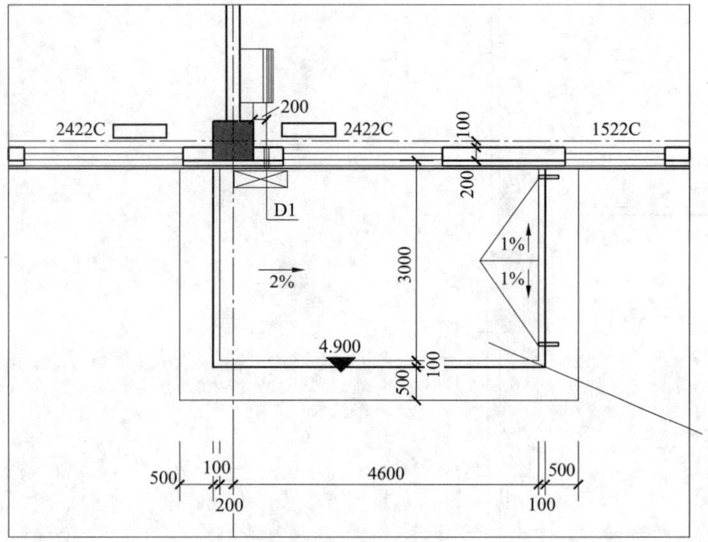

4.9m标高处雨篷平面图

4.9m标高处雨篷立面图

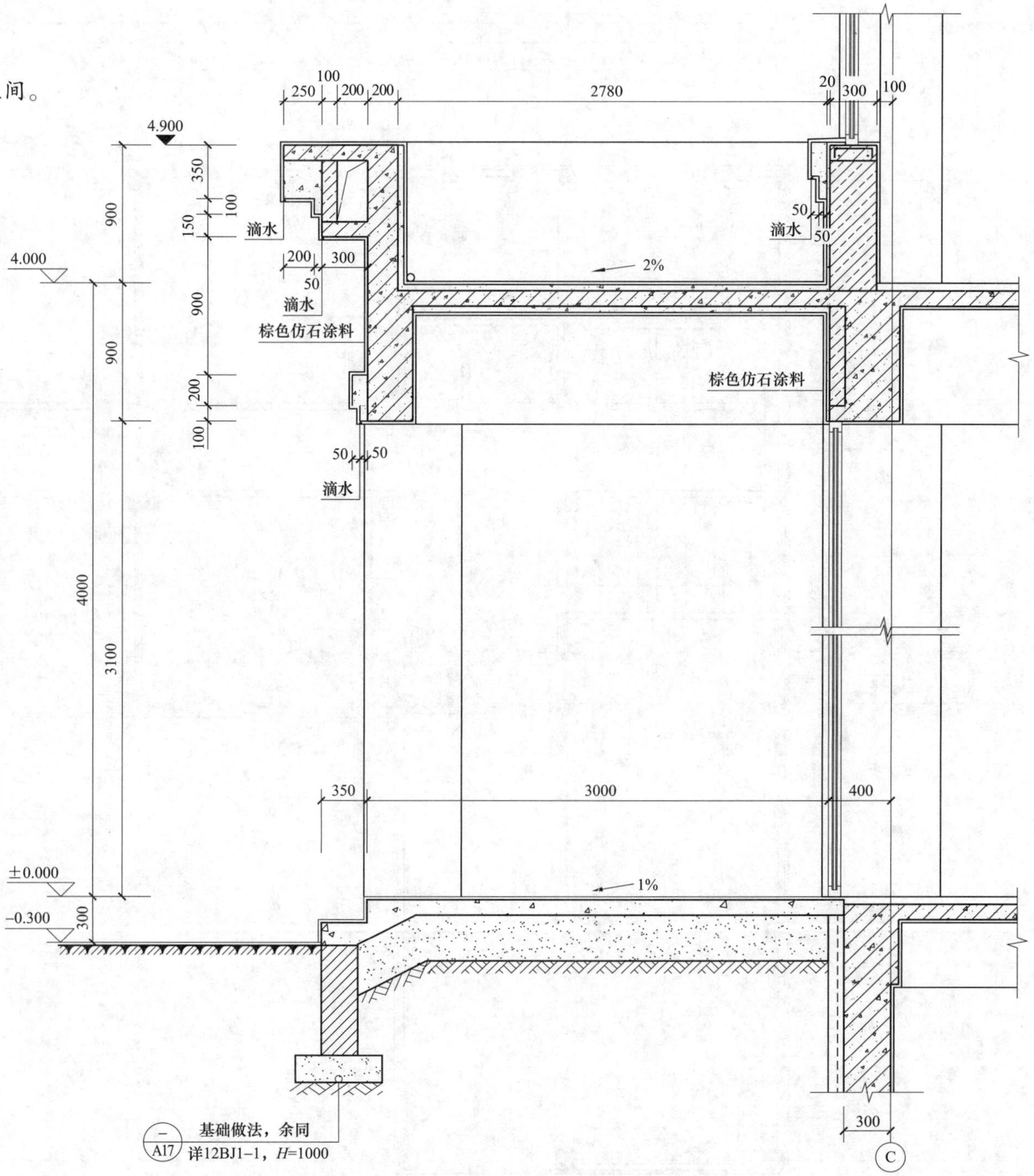

4.9m标高处雨篷剖面图

图5-8 二层平面图讲解（一）

二层空调板平面图

二层空调板立面图

空调板保温做法，余同参12BJ2-11

滴水

浅米色涂料

棕色仿石涂料

二层空调板剖面图

φ50UPVC雨落管，外伸100mm余同

3.4m标高处雨篷平面图

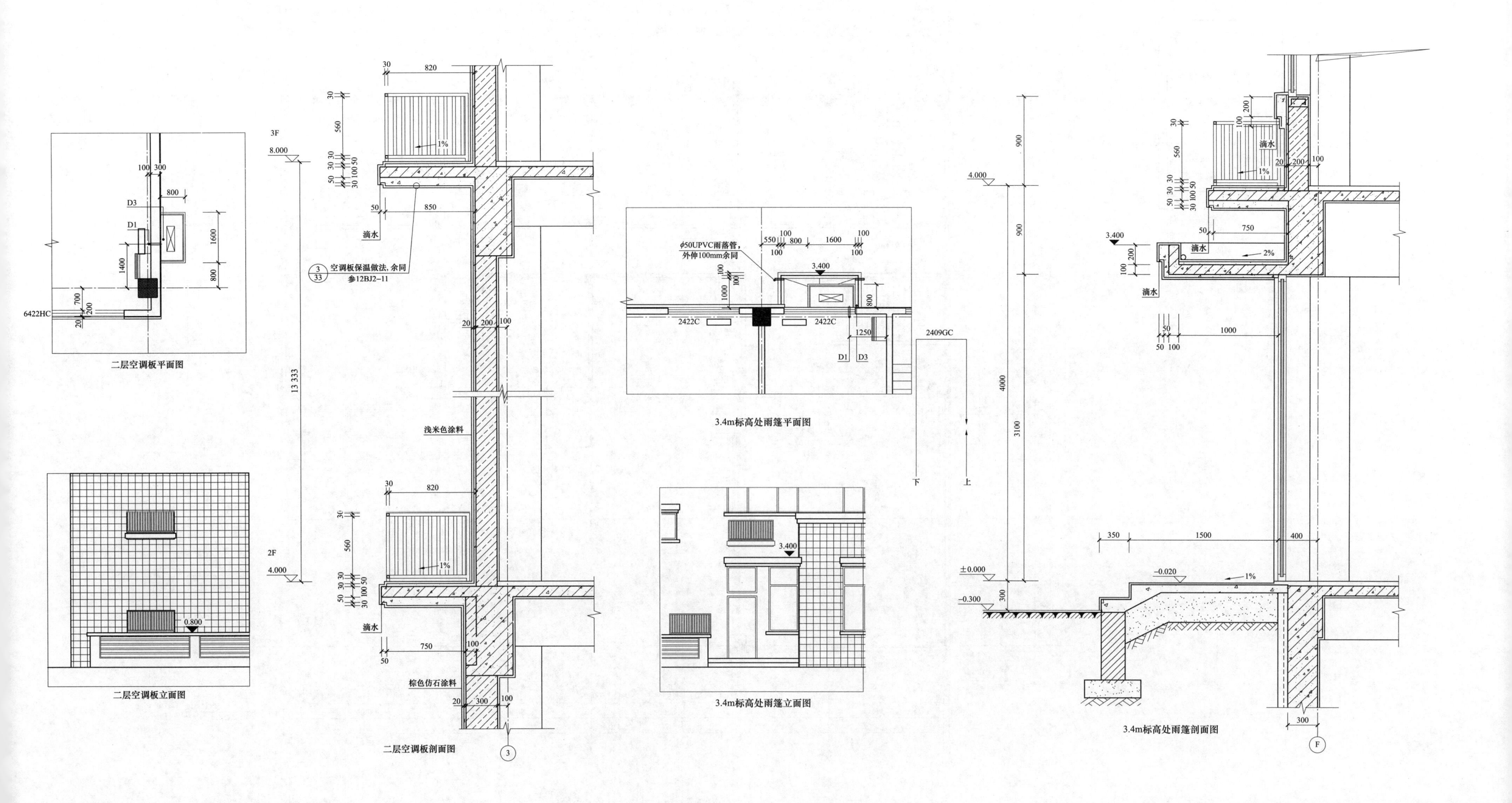

3.4m标高处雨篷立面图

滴水

滴水

3.4m标高处雨篷剖面图

图 5-9　二层平面图讲解（二）

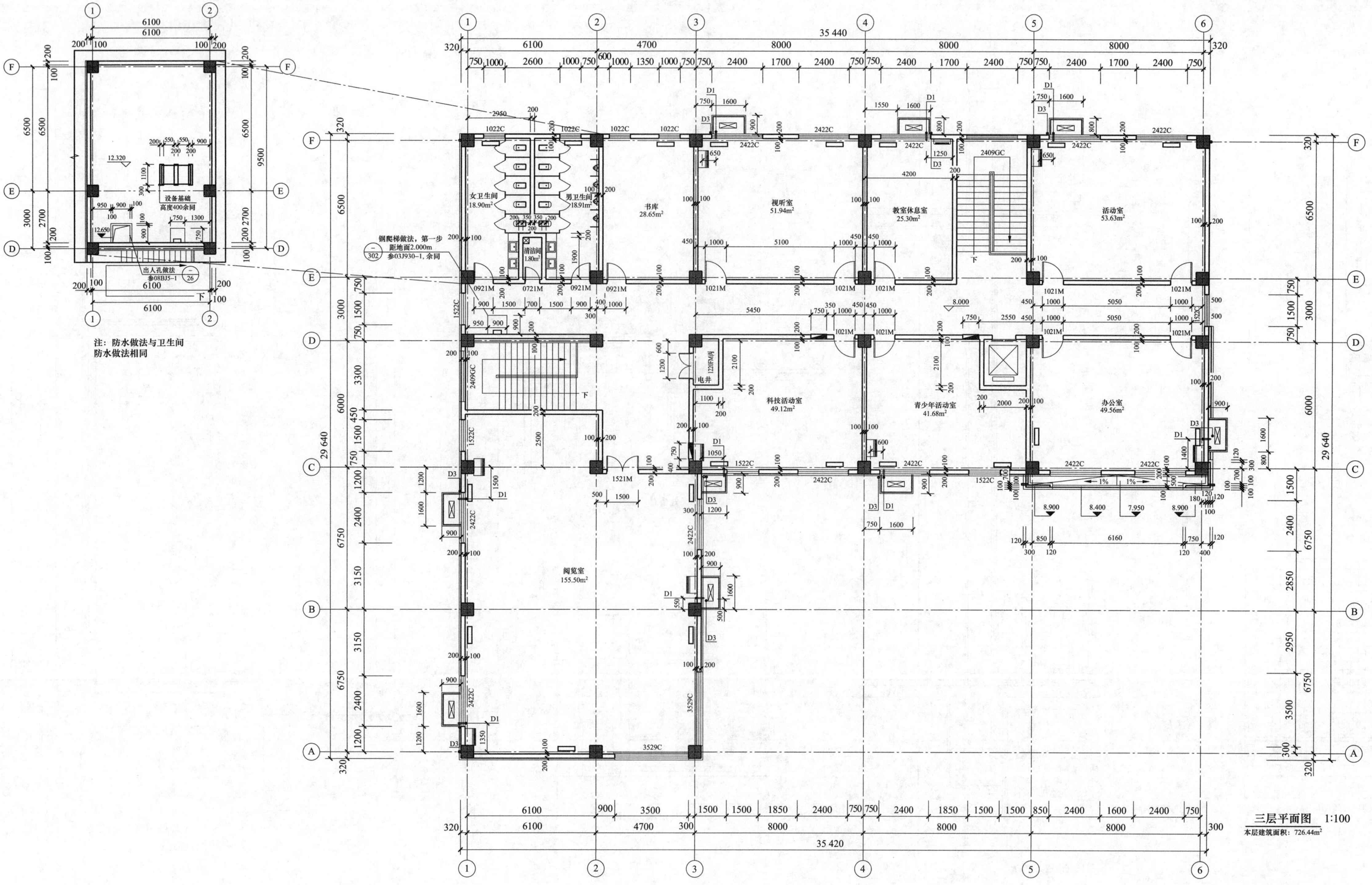

图 5-10 三层平面图

**导读**

本图为文体活动中心三层平面图讲解，本层建筑面积：726.44m²，层高4.0m。

主要部分组成：阅览室、科技活动室、青少年活动室、办公室、活动室、教师休息室、视听室、男女卫生间。

建筑内部的平面信息和表示方法与一层平面图相同。

由三层平面可知⑤-⑥轴交Ⓒ局部屋面女儿墙高度。

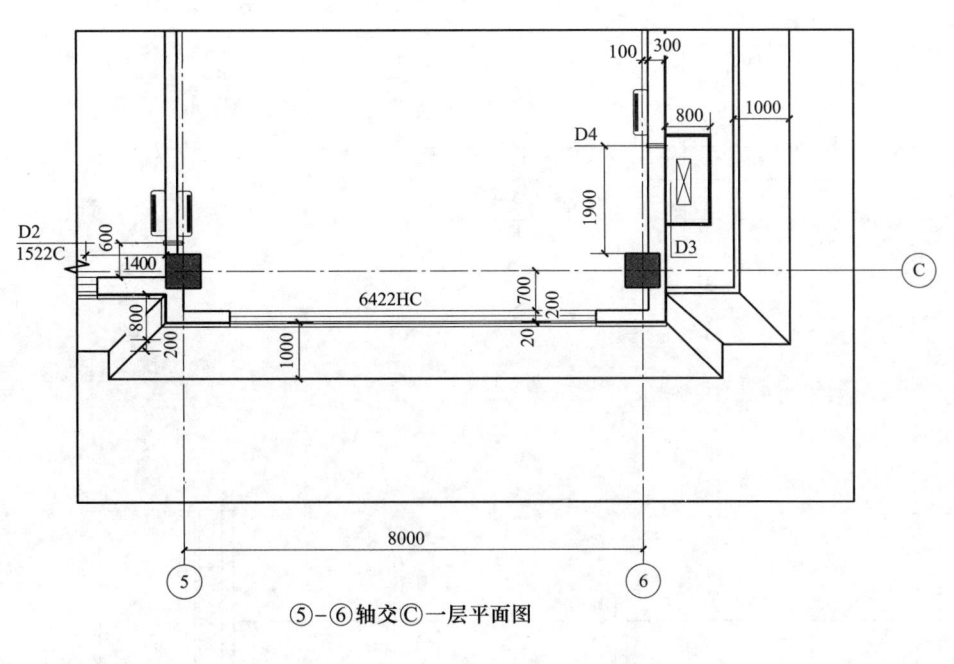

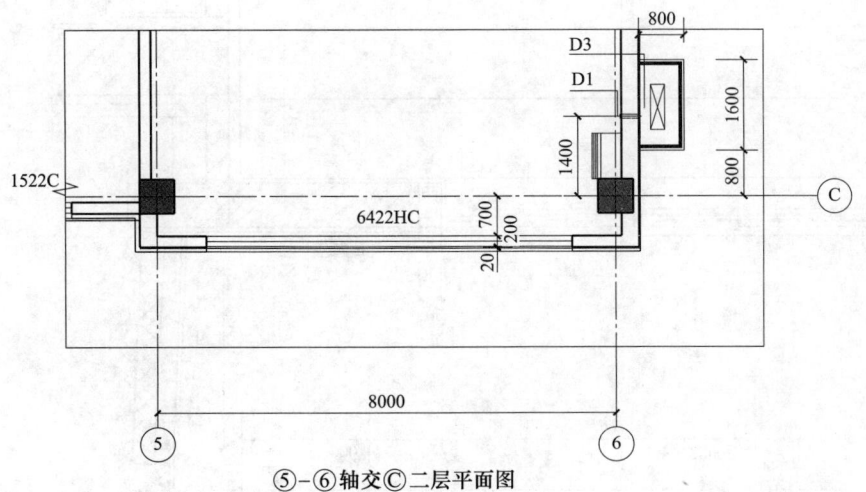

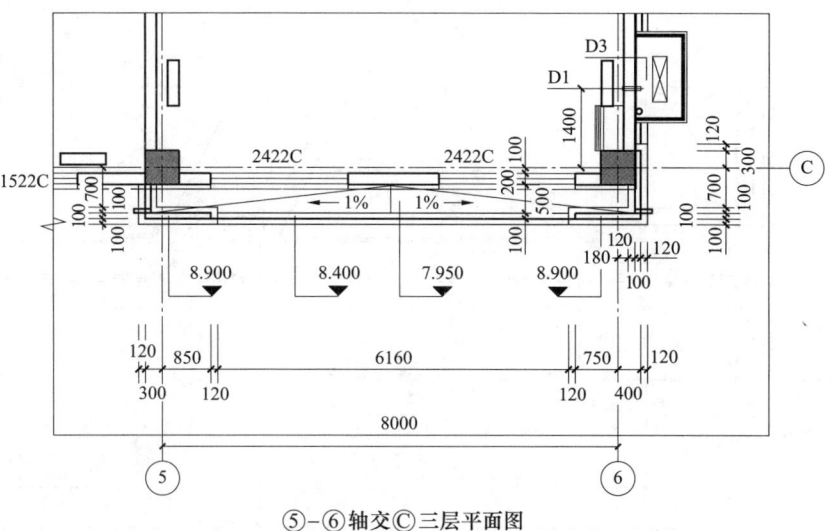

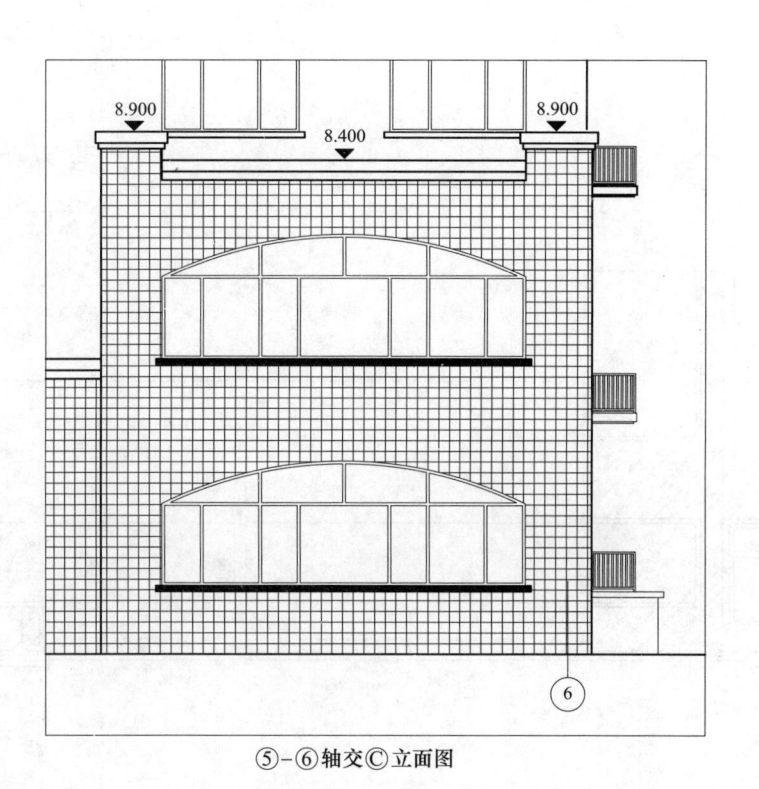

图 5-11　三层平面图讲解（一）

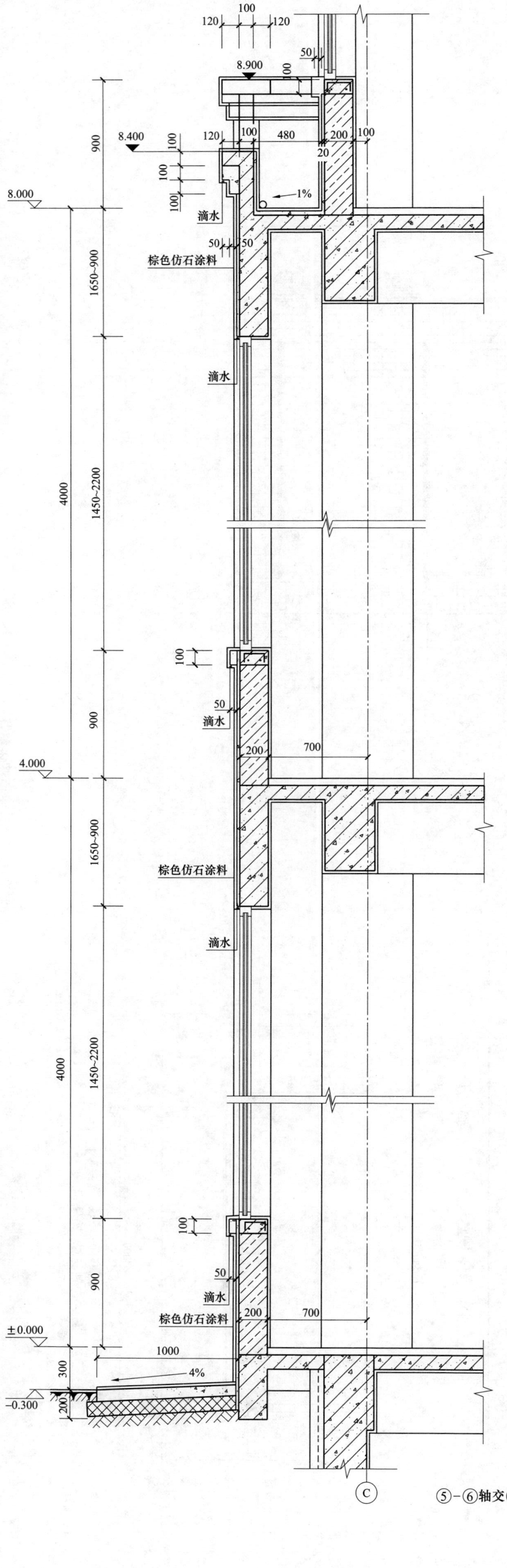

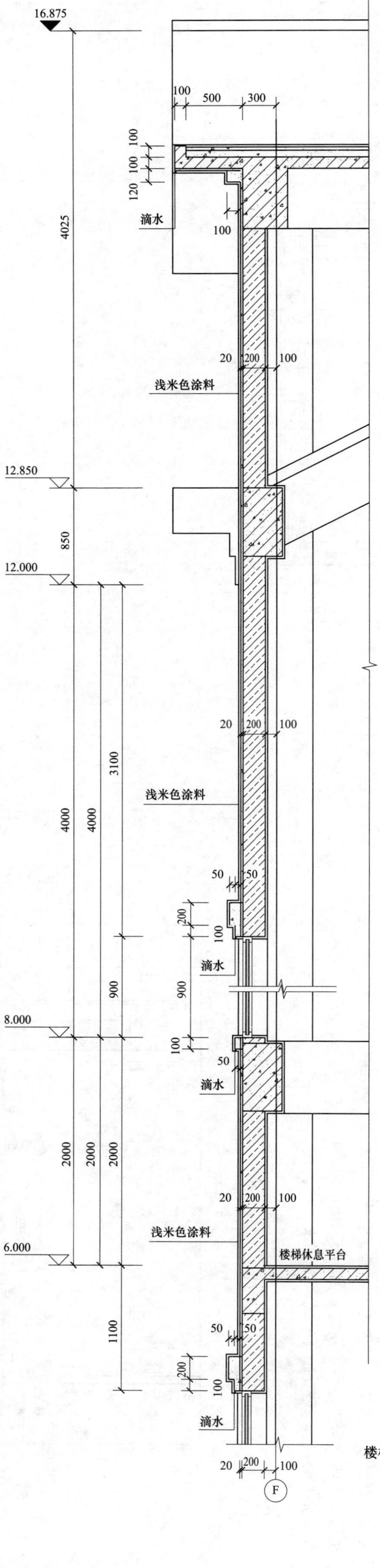

图 5-12 三层平面图讲解（二）

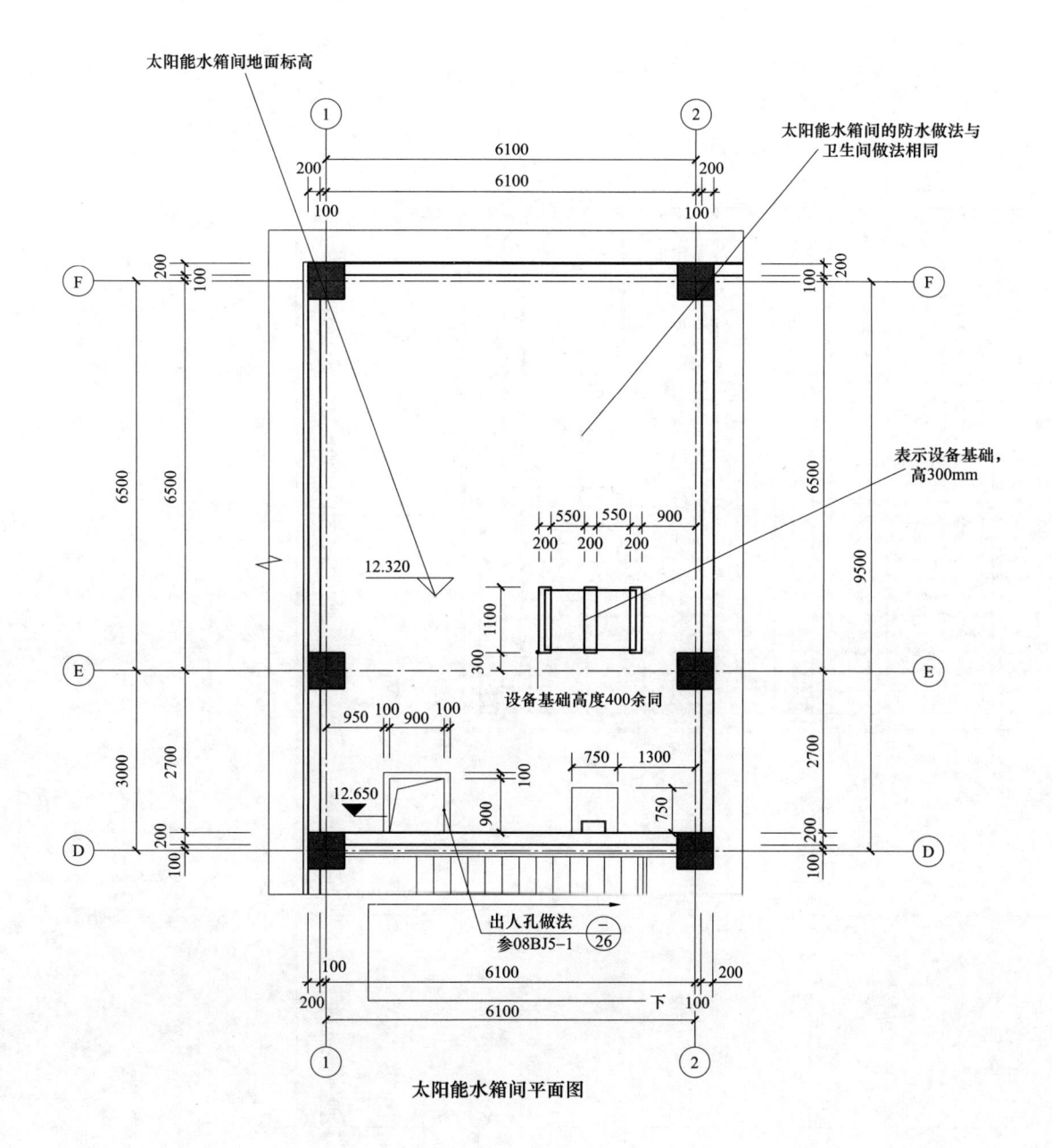

太阳能水箱间平面图

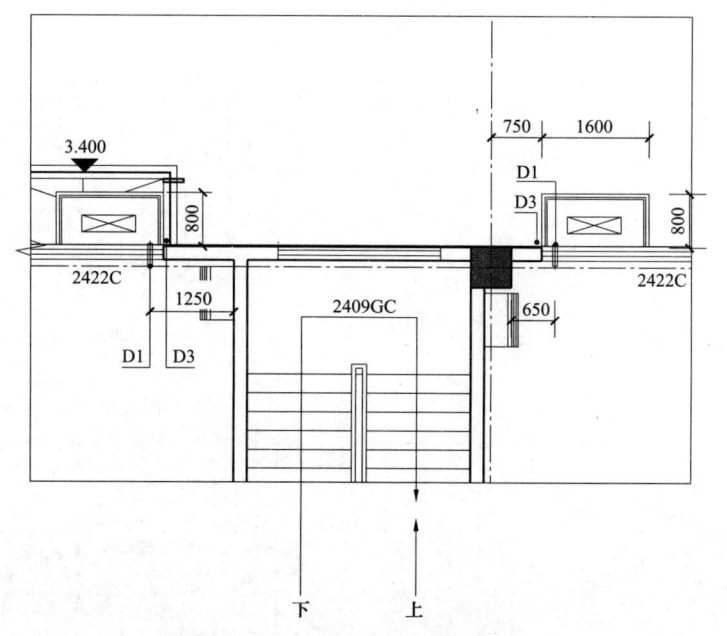

楼梯间出乎为高窗，二层楼梯平面图

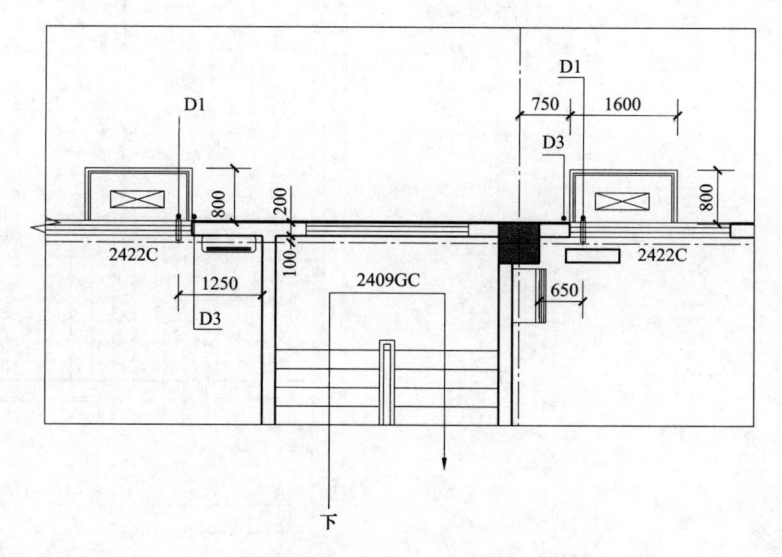

楼梯间出乎为高窗，三层楼梯平面图

图 5-13　三层平面图讲解（三）

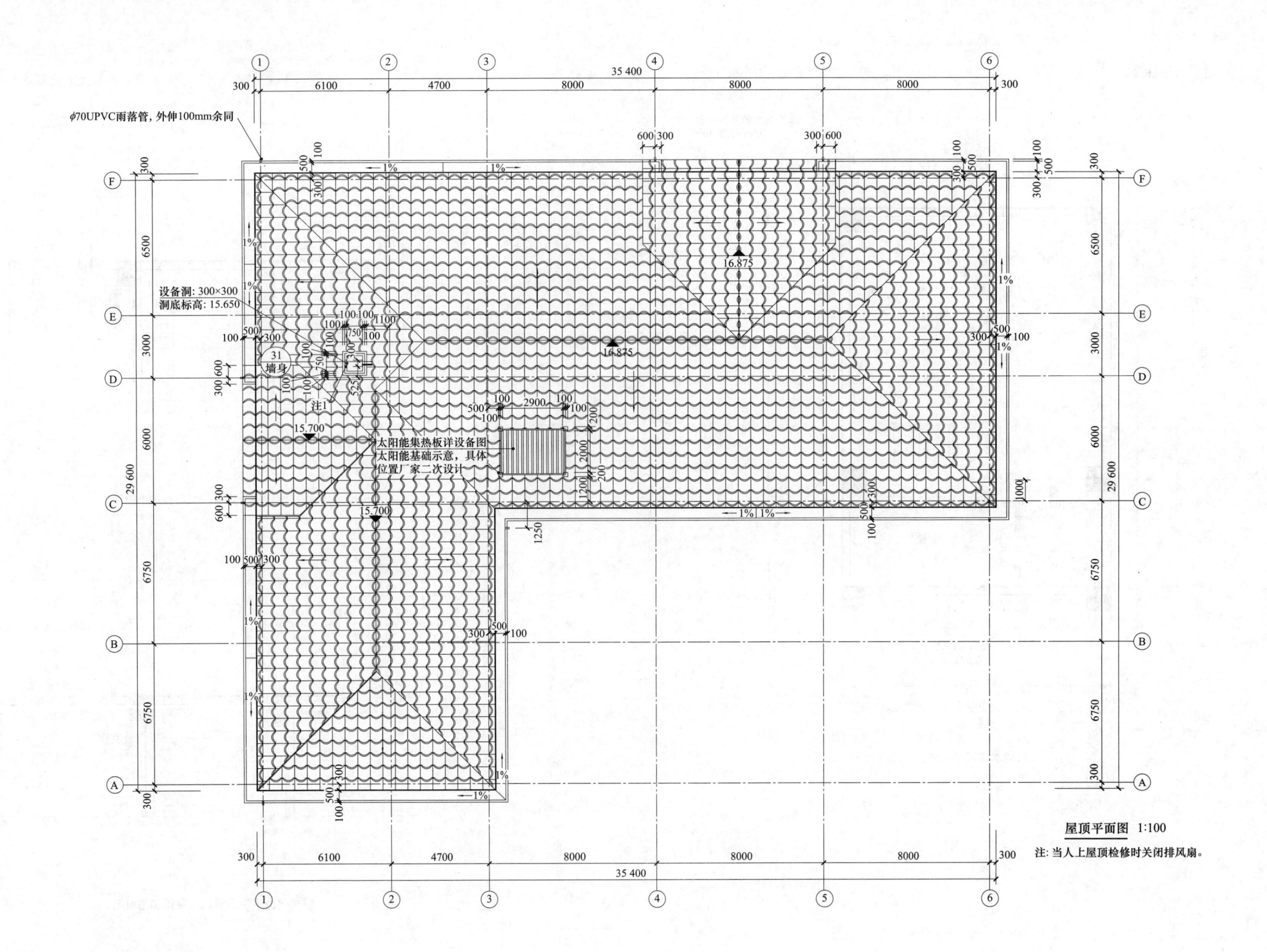

图 5-14 屋顶平面图

**导读**

本图为文体活动中心屋顶平面图讲解。

屋顶平面图表示建筑物屋面的布置情况及排水方式。如屋面的排水方向、坡度、雨水管的位置、突出屋面的屋面的物体及细部做法。

该屋面为坡屋面，应结合1—1剖面图及墙身识图，屋面具体做法详见建筑设计说明。

图中标有排水方向，檐沟的排水方向，檐沟排水找坡1%。

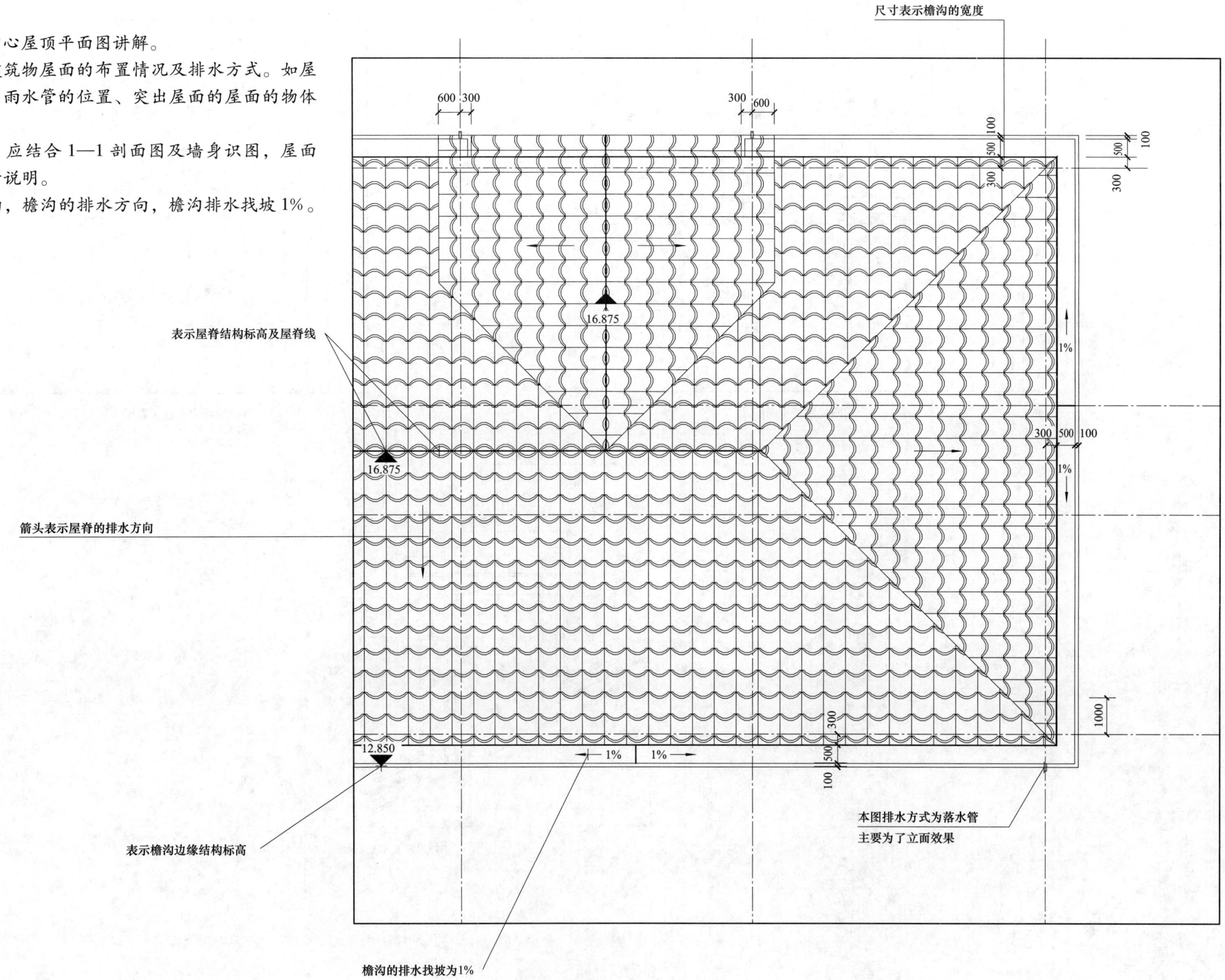

尺寸表示檐沟的宽度

表示屋脊结构标高及屋脊线

箭头表示屋脊的排水方向

表示檐沟边缘结构标高

本图排水方式为落水管
主要为了立面效果

檐沟的排水找坡为1%

图5-15 屋顶平面图讲解（一）

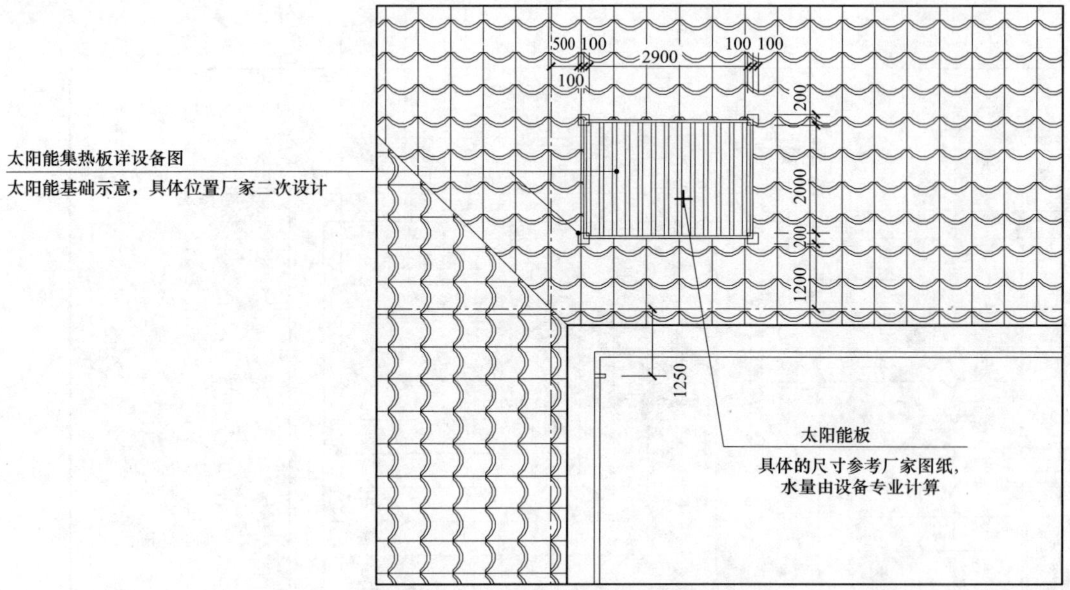

图 5-16 屋顶平面图讲解（二）

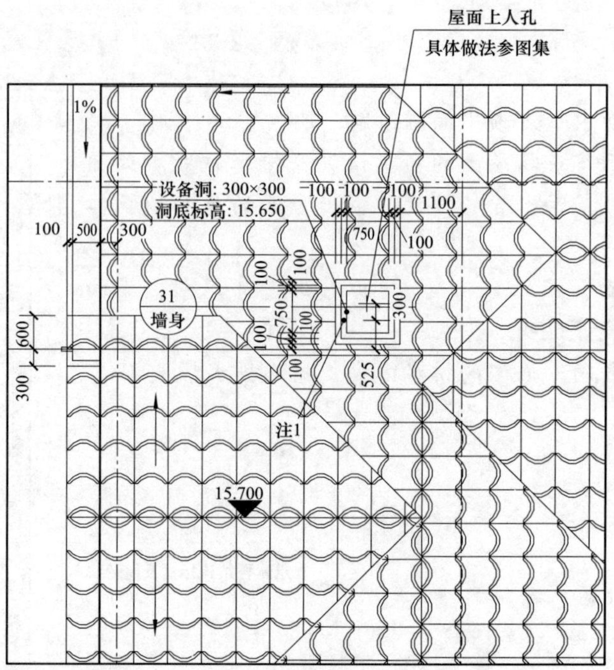

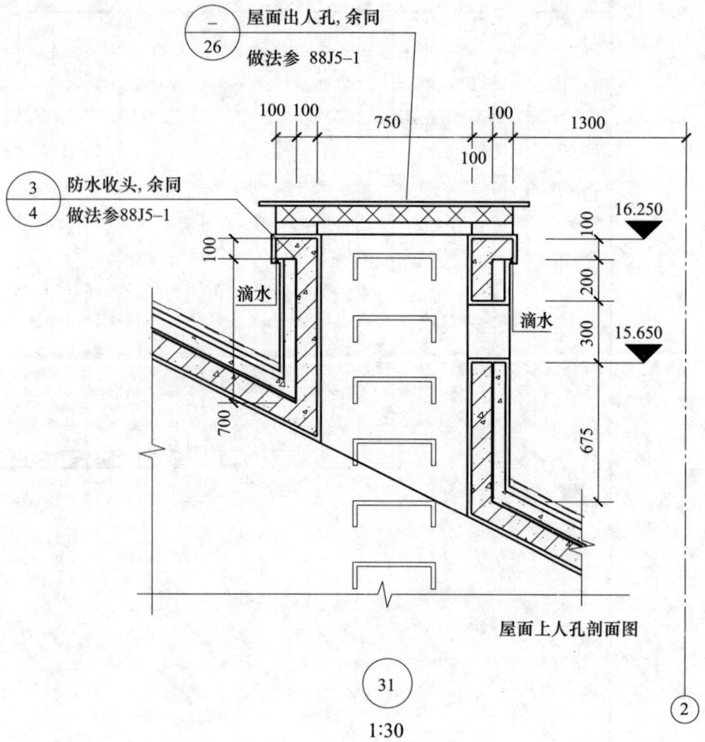

## 导读

### 一、建筑立面图的形成及用途

**1. 概念**

建筑立面图是在与房屋立面相平行的投影面上所作的正投影。h 表示房屋的体型和外貌、外墙装修、门窗的位置与形式以及遮阳板、窗台、窗套、屋顶水箱、檐口、阳台、雨水管、勒脚、平台等构造和配件各部位的标高和必要的尺寸。

**2. 形成**

用直接正投影法将建筑各侧面投影到基本投影面而成。

**3. 图名**

（1）以建筑两端的定位轴线命名，如①~⑦立面图。

（2）以建筑各墙面的朝向命名，如北立面图。

（3）以建筑墙面的特征命名，如正立面图、侧立面图、背立面图。

建筑的主要出入口所在墙面的立面图为正立面图，国标规定有定位轴线的建筑物宜根据两端轴线编号标注立面图的名称。

### 二、用途

表达建筑的外部造型、装饰，如门窗位置及形式，雨蓬、阳台、外墙面装饰及材料和做法等。

### 三、图示内容

绘出外墙面上所有的门窗、窗台、窗楣、雨蓬、檐口、阳台及底层入口处的台阶、花池等。

### 四、图示特点

**1. 比例**

比例为 1:50、1:100、1:150、1:200、1:300。一般同相应平面图。

**2. 定位轴线**

在立面图中一般只绘制两端的轴线及编号，以便和平面图对照确定立面图的观看方向。

**3. 图例相同的构件和构造**

如门窗、阳台、墙面装修等可局部详细图示，其余简化画出。如相同的门窗可只画1个代表详图，其余的只画轮廓线。

**4. 线型**

（1）粗实线：立面图的外轮廓线。

（2）中实线 0.5b：突出墙面的雨蓬、阳台、门窗洞口、窗台、窗楣、台阶、柱、花池等投影。

（3）细实线 0.25b：其余如门窗、墙面等分格线、落水管、材料符号引出线及说明引出线等。

（4）特粗实线 1.4b：地坪线两端适当超出立面图外轮廓线。新标准中无但非强制性习惯上均用。

**5. 尺寸标注**

竖直方向应标注建筑物的室内外地坪、门窗洞口上下口、台阶顶面、雨蓬、房檐下口、屋面、墙顶等处的标高，并应在竖直方向标注三道尺寸。外部三道尺寸即高度方向总尺寸、定位尺寸（两层之间楼地面的垂直距离即层高）、细部尺寸（楼地面、阳台、檐口、女儿墙、台阶、平台等部位）三道尺寸。

——水平方向立面图。水平方向一般不注尺寸，但需要标出立面图最外两端墙的轴线及编号。

——其他标注：立面图上可在适当位置用文字标出其装修。

**6. 标高标注**

楼地面、阳台、檐口、女儿墙、台阶、平台等处标高。上顶面标高应注建筑标高，包括粉刷层（如女儿墙顶面）。下底面标高应注结构标高，不包括粉刷层，如雨蓬、门窗洞口。

图例：（适用于所有立面图）

| | | | |
|---|---|---|---|
| ☐ | 浅米色涂料 | ▦ | 棕色仿石涂料 |
| ▤ | 棕色百叶 | ▦ | 棕色瓦 |
| ▤ | 棕色涂料 | | |

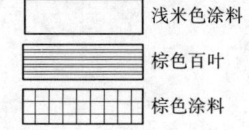

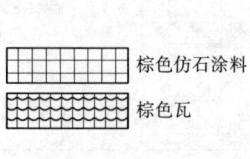

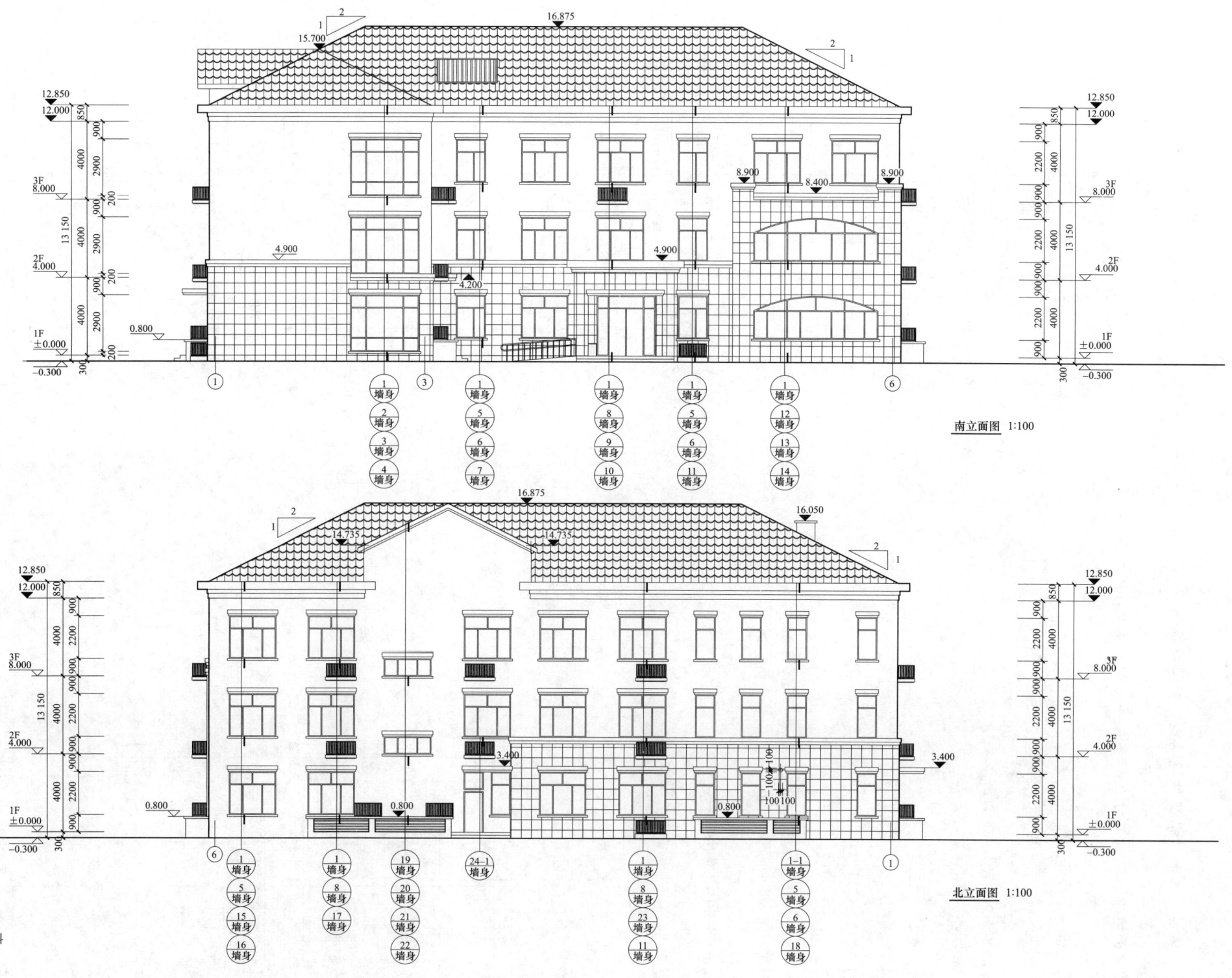

图 5-17 立面图（一）

## 导读

立面图反映该楼的立面风格及外观造型。查阅建筑说明，了解外墙面的表饰做法。

认真阅读立面图中有关的尺寸及标高，并与剖面图相互对照。

本图纸中左、右两边为标高。

本图中表示出门窗的位置及形状。

本图中表示出墙身的剖切位置及编号。

**图例：**（适用于所有立面图）

| □ 浅米色涂料 |
| ▦ 棕色仿石涂料 |
| ▨ 棕色仿百叶 |
| ▤ 棕色瓦 |
| ▦ 棕色涂料 |

图例中表示出建筑立面的颜色及材质，并且适用于所有立面图（外墙的装修做法，颜色也可直接标注在图中）。

立面图中的 ①墙身 编号对应墙身中的编号 ①。

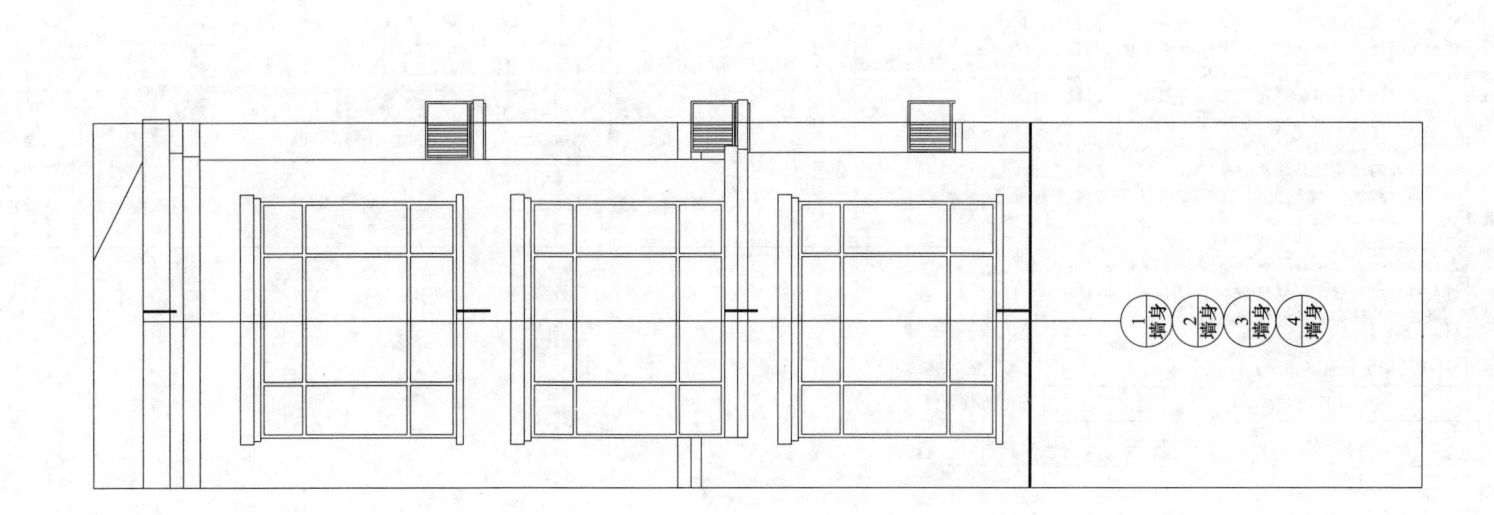

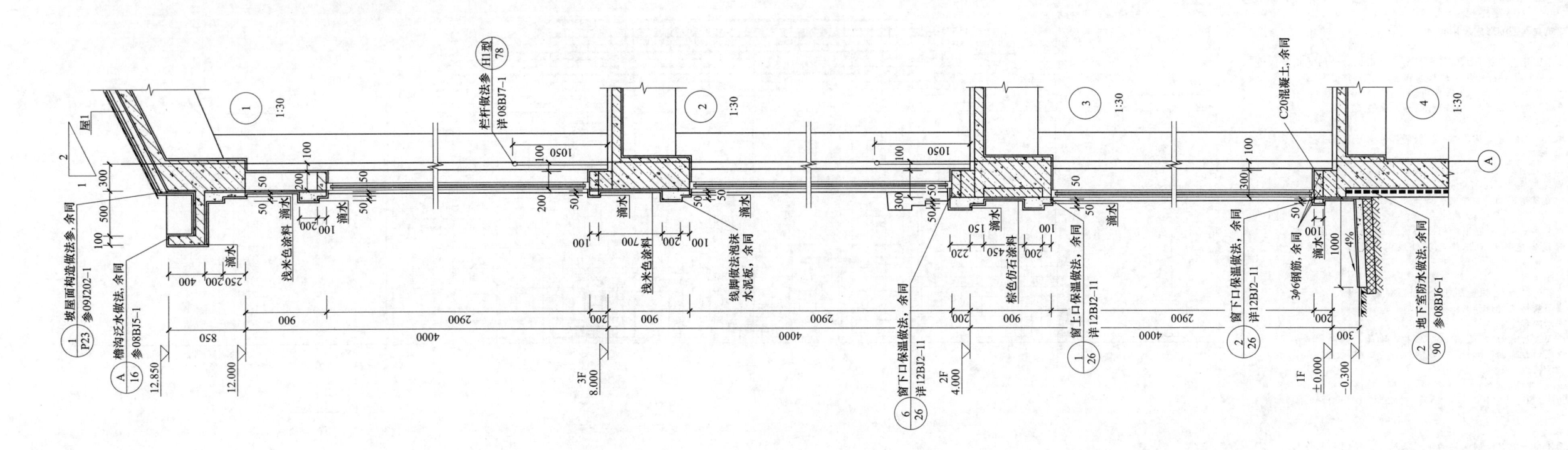

图 5-18 立面图（一）讲解

图 5-19 立面图（二）

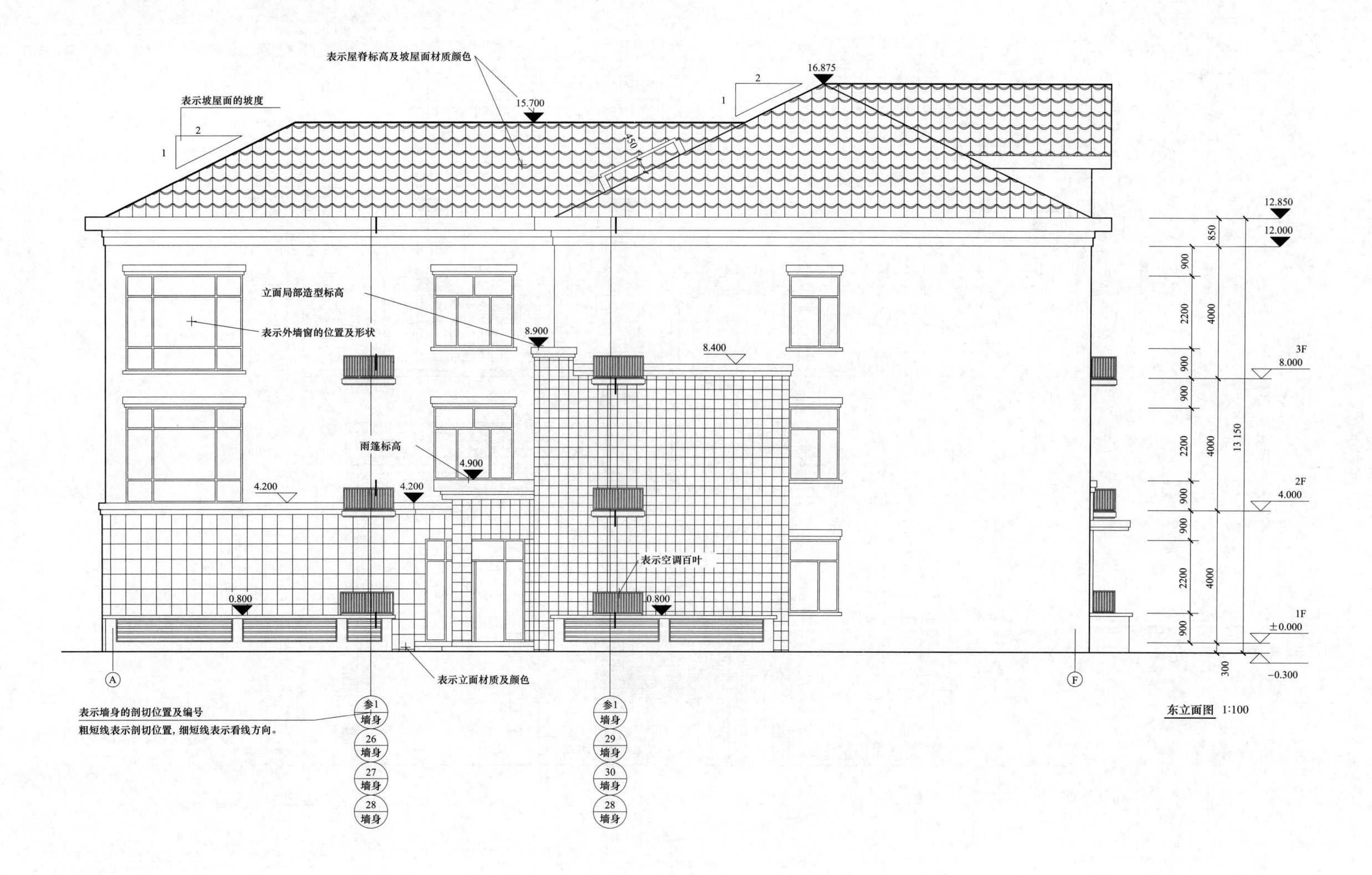

图 5-20 立面图（二）讲解

## 导读

### 一、建筑剖面图的形成及用途

假想用一个或多个垂直于外墙轴线的铅垂剖切面将房屋剖开,所得的投影图称为建筑剖面图。

剖面图用以表示房屋内部的结构或构造形式、分层情况和各部位的联系、材料及其高度等。剖面图的数量是根据房屋的具体情况和施工实际需要而决定的。其位置应选择在能反映出房屋内部构造比较复杂与典型的部位并通过门窗洞的位置。若为多层房屋,应选择在楼梯间或层高不同、层数不同的位置。剖面图的图名应与平面图上所标注剖切符号的编号一致,如1—1、2—2剖面图等。

### 二、用途

表达建筑内部的结构形式、沿高度方向的分层情况、构造做法、门窗洞口、层高等。

### 三、建筑剖面图的主要内容

——剖切到的各部位的位置、形状及图例被剖切的及沿投射方向可见的内外墙身、楼梯、屋面板、楼板、门窗、过梁及台阶等。

——未剖切到的可见部分。

——外墙的定位轴线及其间距。

——垂直方向的尺寸及标高。

——详图索引符号。

——施工说明:室外地坪、楼地面、阳台、檐口、女儿墙、台阶、平台等处的标高,被剖切到的墙、柱的轴线间距。图形外部标注高度方向的三道尺寸,即总高尺寸、定位尺寸(层高)、细部尺寸三种尺寸,以及墙段、洞口等高度尺寸。

### 四、图示特点

1. 比例 1∶50、1∶100、1∶150、1∶200、1∶300。一般同相应平面图、立面图。
2. 定位轴线。被剖切到的墙、柱及剖面图两端的定位轴线。
3. 图例要求同前。
4. 线型及抹灰层、楼地面、材料图例规定同平面图。

### 五、识读要求

了解图名、比例与底层平面图对照确定剖切位置及投影方向。

了解房屋内部构造和结构形式如各层梁板、楼板、屋面的结构形式、位置及其与墙柱相互关系。

了解可见的部分看楼地面、屋面构造。

了解剖面图上的尺寸标注看房屋各部位的高度如房屋总高、室外地坪、各层楼面及楼梯平台等标高。

了解详图索引符号的位置和编号。

看图中有关部位坡度的标注。

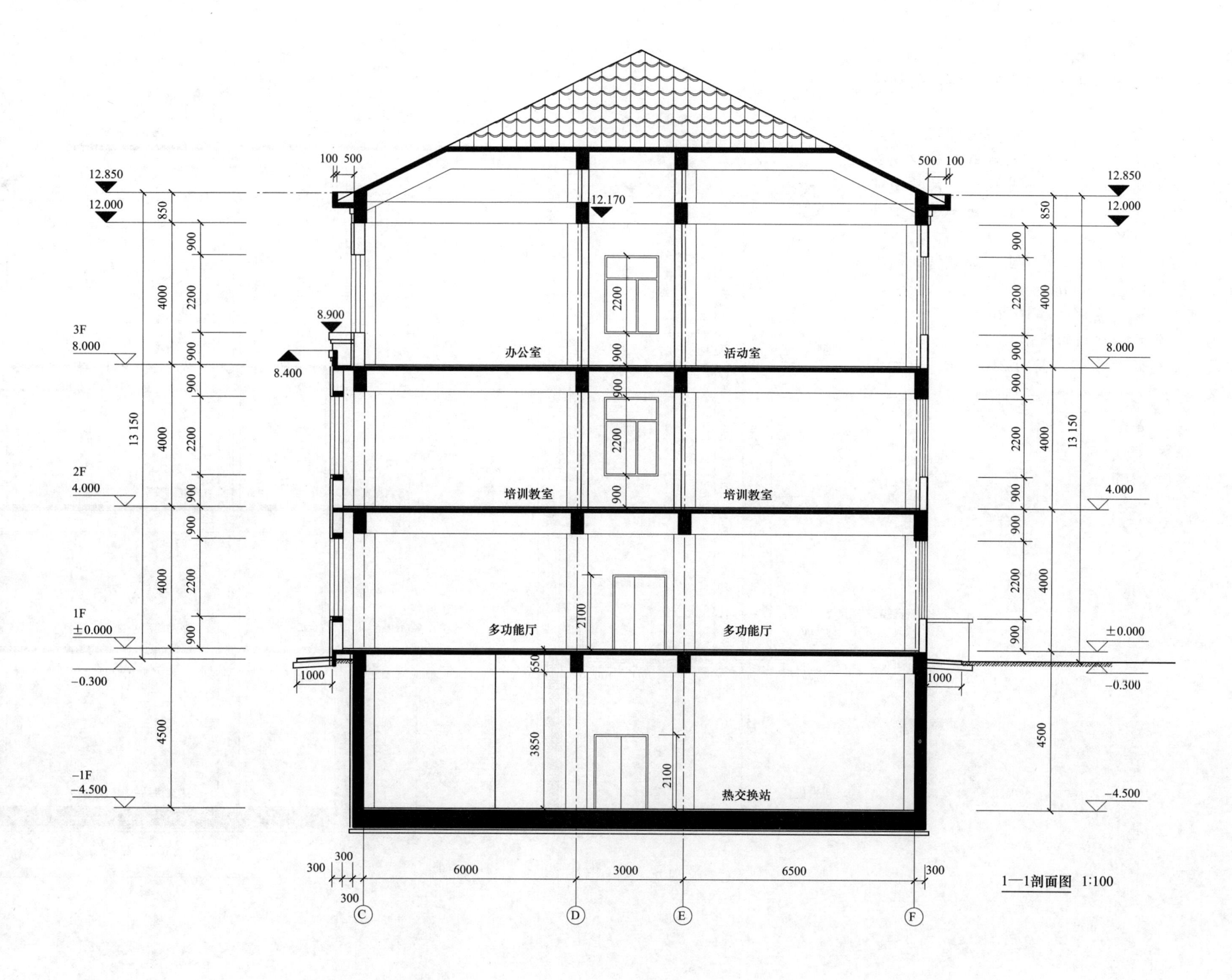

图 5-21 剖面图

**导读**

本图为文体活动中心1—1剖面图讲解。剖切位置详一层平面图。

由图可知，剖面图的竖向尺寸标准为三道，最外侧一道为建筑总高尺寸，从室外地坪起标到檐口或女儿墙顶为止。标准建筑物的总高。中间一道尺寸为建筑层高尺寸，标注建筑各层层高。最里边一道为细部尺寸标准墙段及洞口尺寸。

从本图中可知，本建筑物外墙上一部分窗的高度为2200mm，窗台高度为900mm。

从本图可知本楼建筑高度为16.2m。

剖面内部主要表示剖到的墙体及门高。

从本图可知建筑的内部门高为2100mm。门口上方要做过梁。

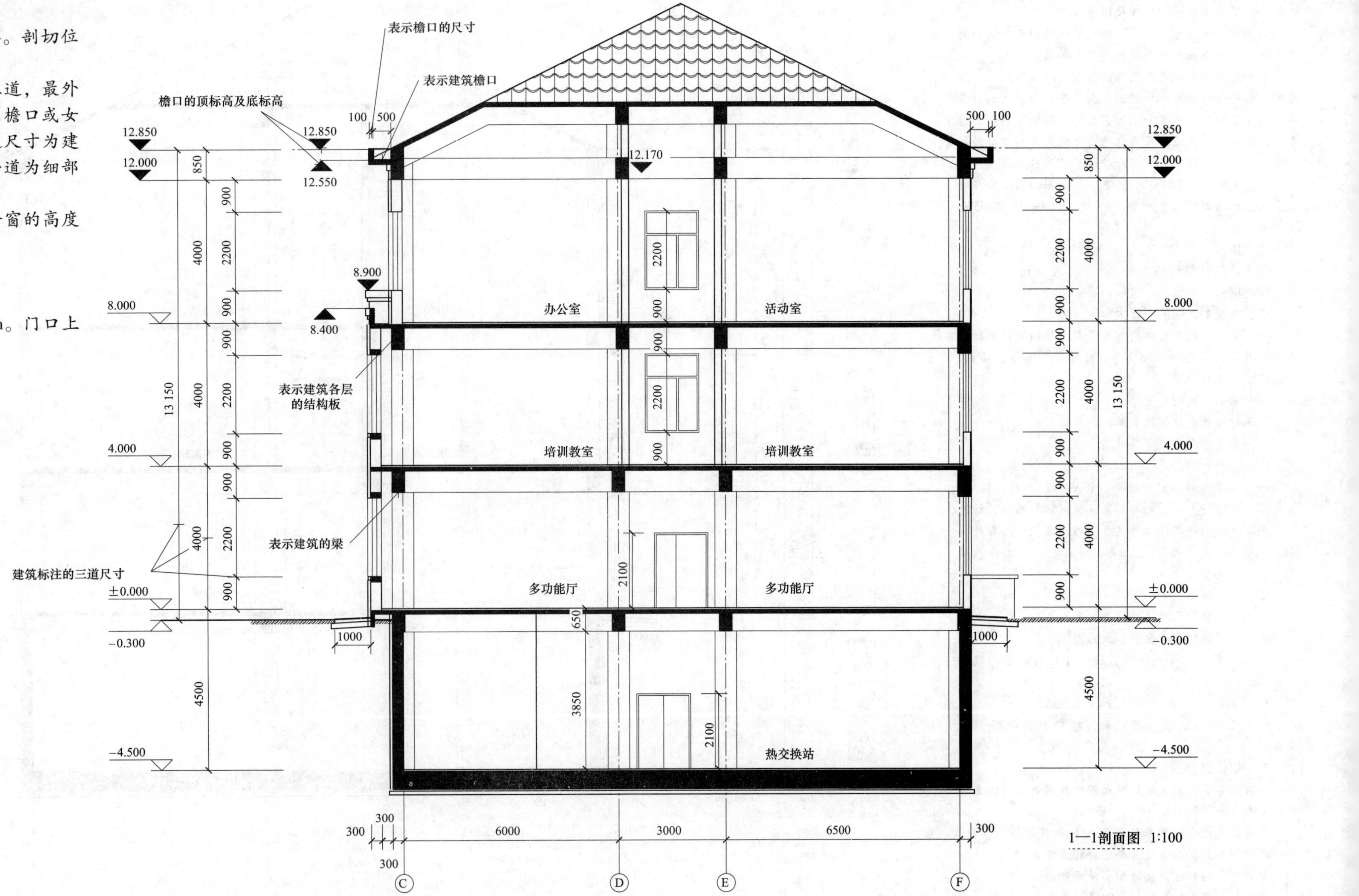

图5-22 剖面图讲解

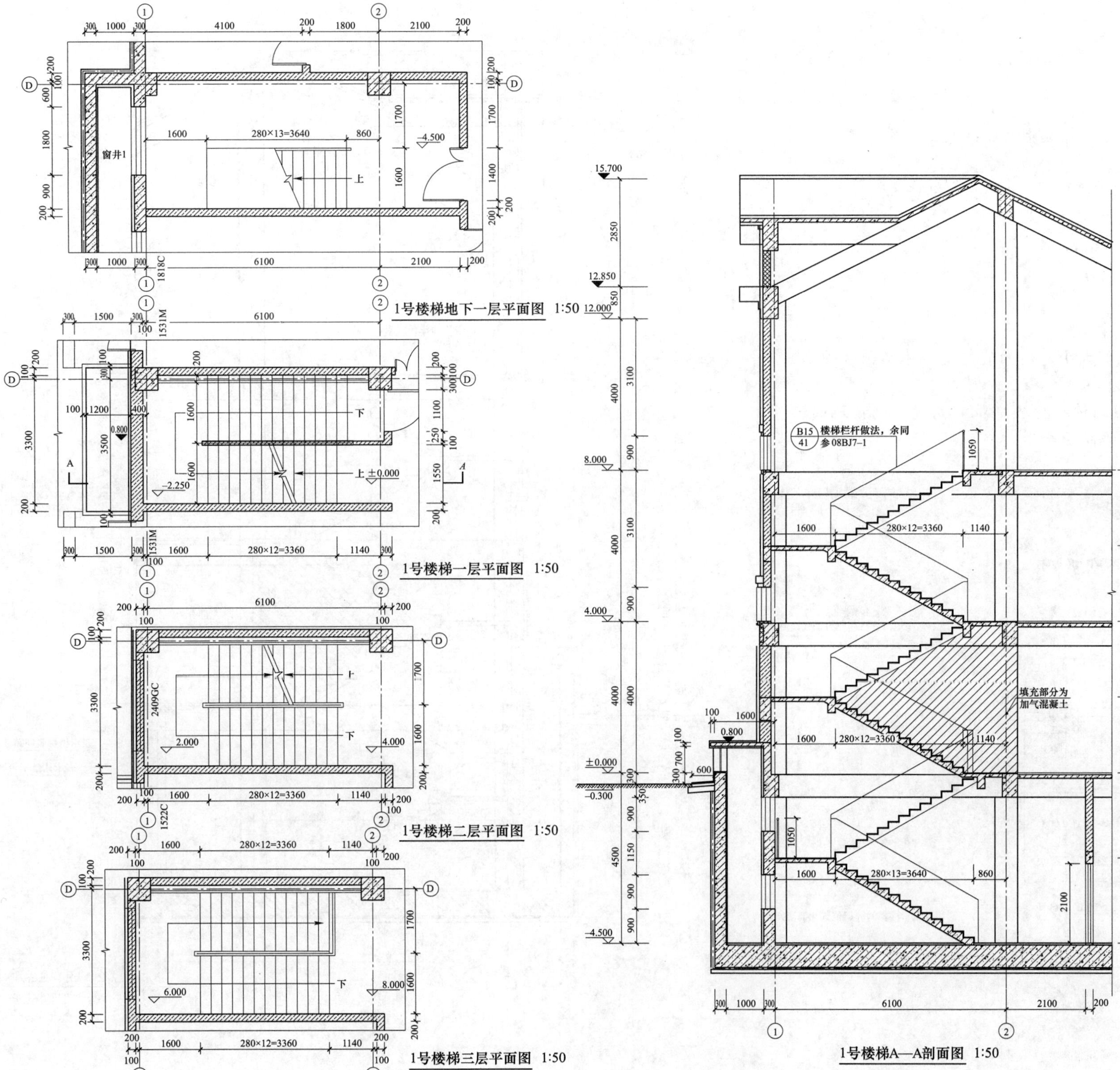

图 5-23 楼梯详图（一）

**导读**

楼梯是多层房屋上下交通的主要设施，它除了要满足行走方便和人流疏散畅通外，还应有足够的坚固耐久性。目前多采用预制或现浇钢筋混凝土的楼梯。楼梯是由楼梯段（简称梯段，包括踏步或斜梁）、平台（包括平台板和梁）和栏板（或栏杆）等组成。楼梯的构造一般较复杂，需要另画详图表示。楼梯详图主要表示楼梯的类型、结构形式、各部位的尺寸及装修做法，是楼梯施工放样的主要依据。楼梯详图一般包括平面图、剖面图及踏步、栏板详图等，并尽可能画在同一张图纸内。平、剖面图比例要一致，以便对照阅读。踏步、栏板详图比例要大些，以便表达清楚该部分的构造情况。楼梯详图一般分建筑详图与结构详图，并分别绘制，分别编入"建施"和"结施"中。但对一些构造和装修较简单的现浇钢筋混凝土楼梯，其建筑和结构详图可合并绘制，编入"建施"或"结施"均可。

## 导读

本图为文体活动中心1号楼梯详图讲解。

由2号楼梯一层平面图楼梯的相应剖切位置及投影方向可知楼梯剖面图名为1号楼梯A—A剖面图。

了解楼梯在平面图中的位置关系及轴线不知情况。

了解楼梯间、梯段、梯井、休息平台的平面形式和尺寸以及楼梯踏步的宽度和踏步数。

了解楼梯间处的墙、柱、门窗平面位置及尺寸。

了解楼梯的走向及上、下起步的位置,由各层平面图上的指示线,可看出楼梯的方向。

了解各层平台的标高。

了解楼梯中间平台宽度1700mm。梯段长度为280mm×12=3360mm。

了解楼梯的竖向尺寸及各处标高。图中标注了每个梯段的高度。

识读楼梯详图的方法与步骤:

（1）查明轴线编号,了解楼梯在建筑中的平面位置和上下方向。

（2）查明楼梯各部位的尺寸。包括楼梯间的大小、楼梯段的大小、踏面的宽度、休息平台的平面尺寸等。

（3）按照平面图上标注的剖切位置及投射方向结合剖面图阅读楼梯各部位的高度。包括地面、休息平台、楼面的标高及踢面、楼梯间门窗洞口、栏杆、扶手的高度等。

（4）弄清栏杆（板）、扶手所用的材料及连接做法。

（5）结合建筑设计说明,查明踏步（楼梯间地面）、栏杆、扶手的装修方法。包括踏步的具体做法栏杆、扶手（金属、木材等）及其油漆颜色和涂刷工艺等。

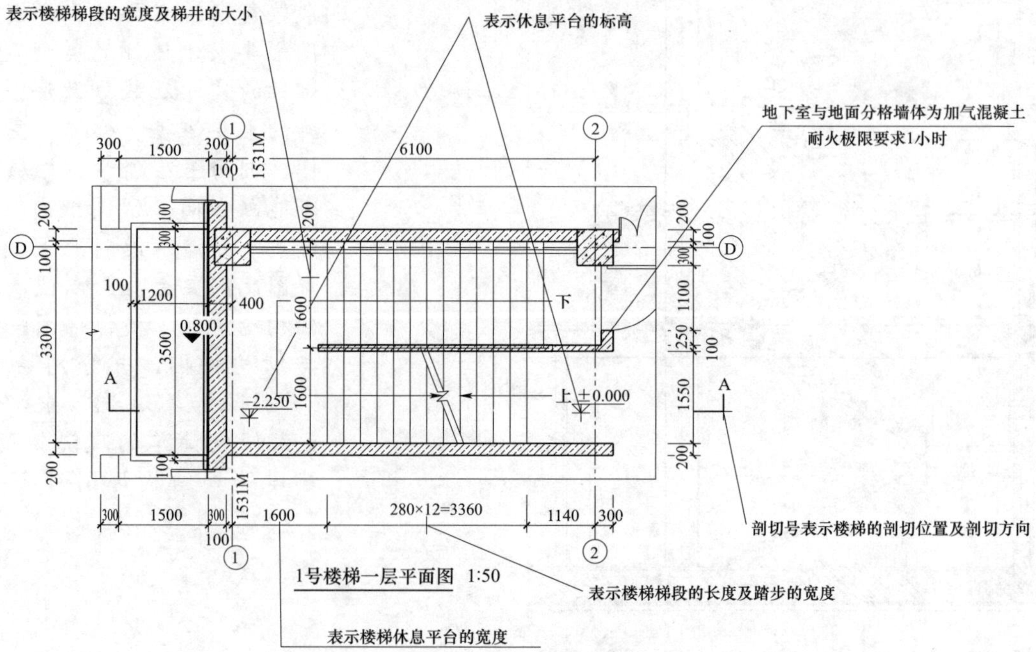

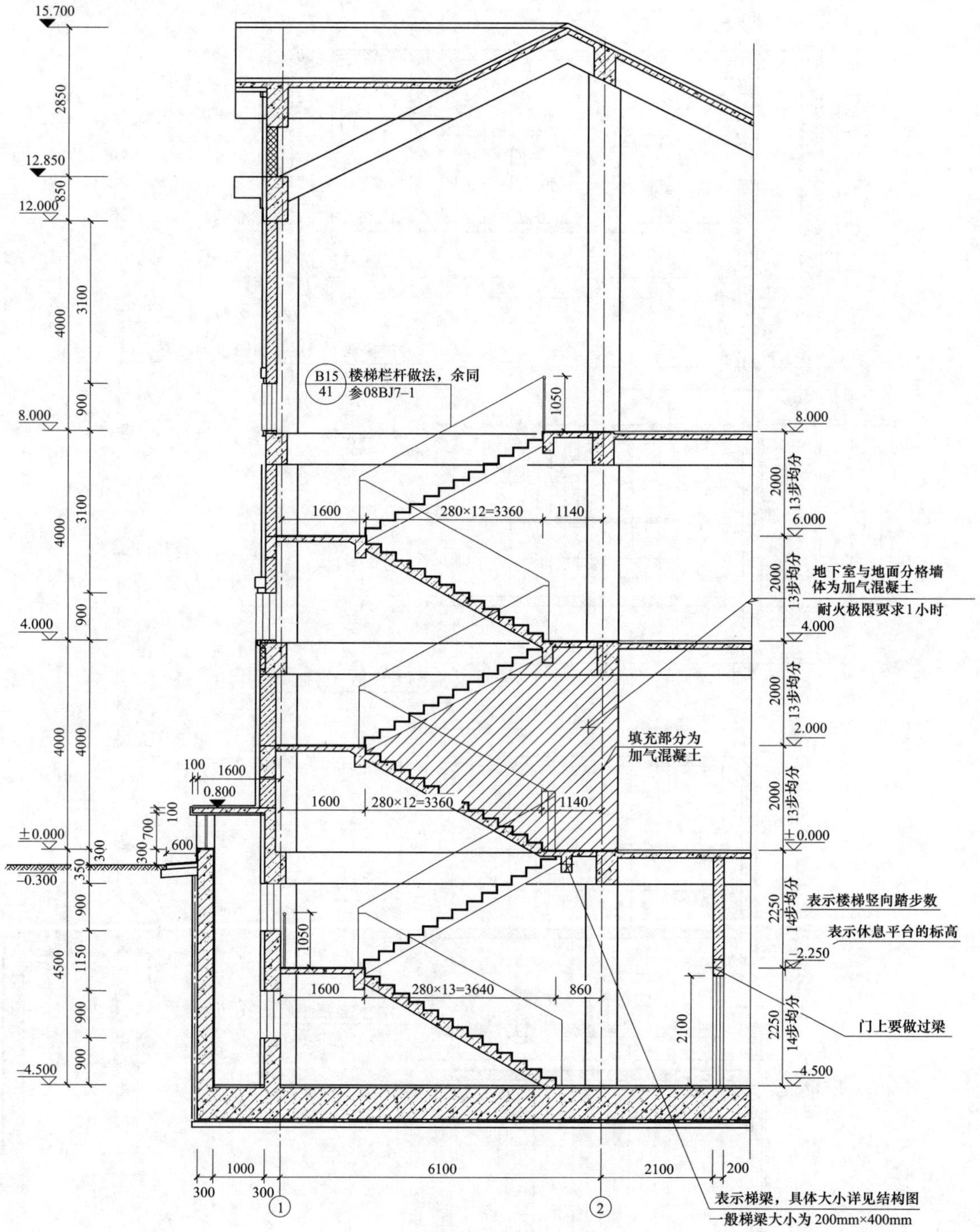

**图 5-24　楼梯详图（一）讲解**

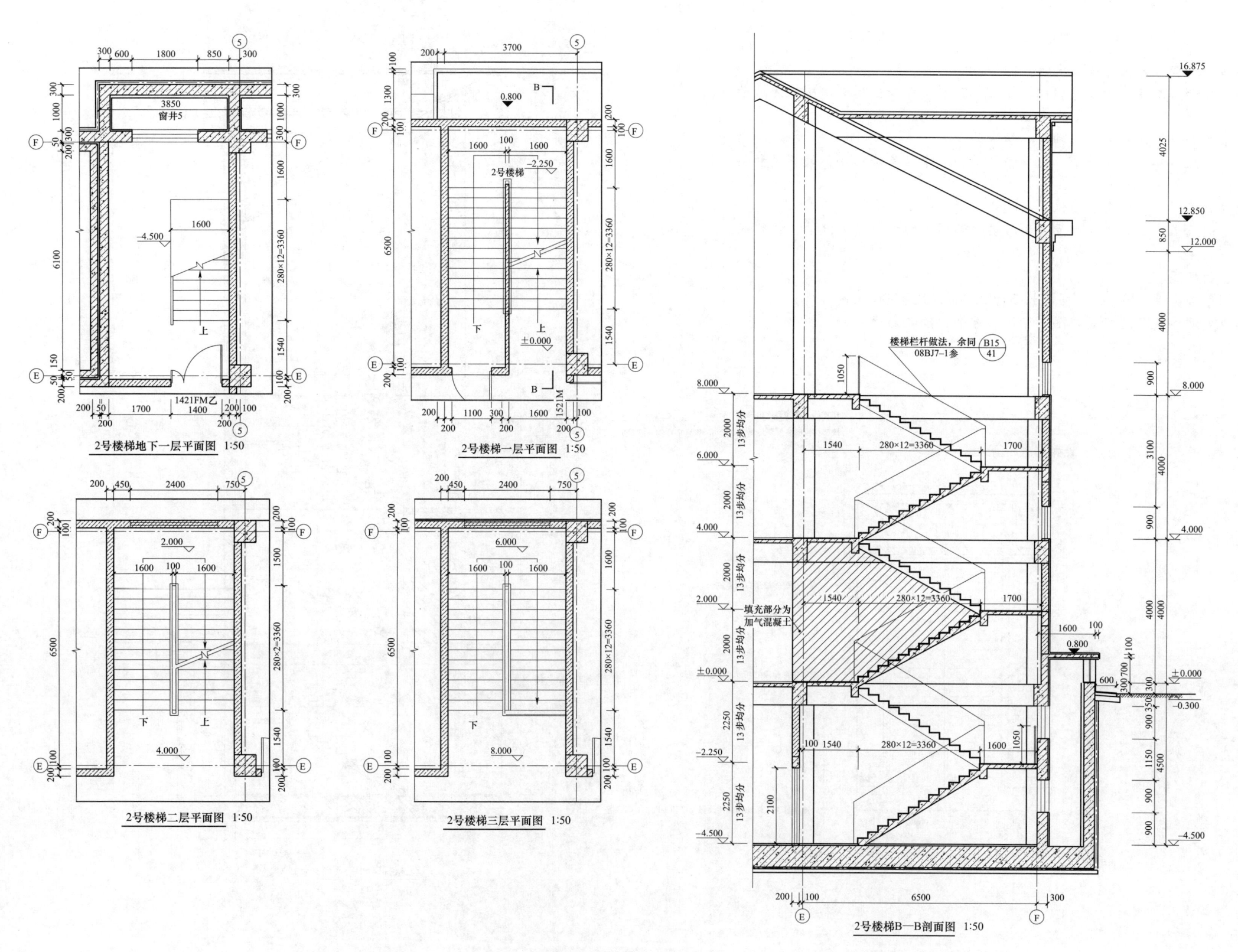

图 5-25 楼梯详图（二）

**导读**

本图为文体活动中心 2 号楼梯详图讲解。

由 2 号楼梯一层平面图楼梯的相应剖切位置及投影方向可知楼梯剖面图名为 2 号楼梯 B—B 剖面图。

了解楼梯在平面图中的位置关系及轴线不知情况。

了解楼梯间、梯段、梯井、休息平台的平面形式和尺寸以及楼梯踏步的宽度和踏步数。

了解楼梯间处的墙、柱、门窗平面位置及尺寸。

了解楼梯的走向及上、下起步的位置,由各层平面图上的指示线,可看出楼梯的方向。

了解各层平台的标高。

了解楼梯中间平台宽度 1700mm。梯段长度为 280mm×12 = 3360mm。

了解楼梯的竖向尺寸及各处标高。图中标注了每个梯段的高度。

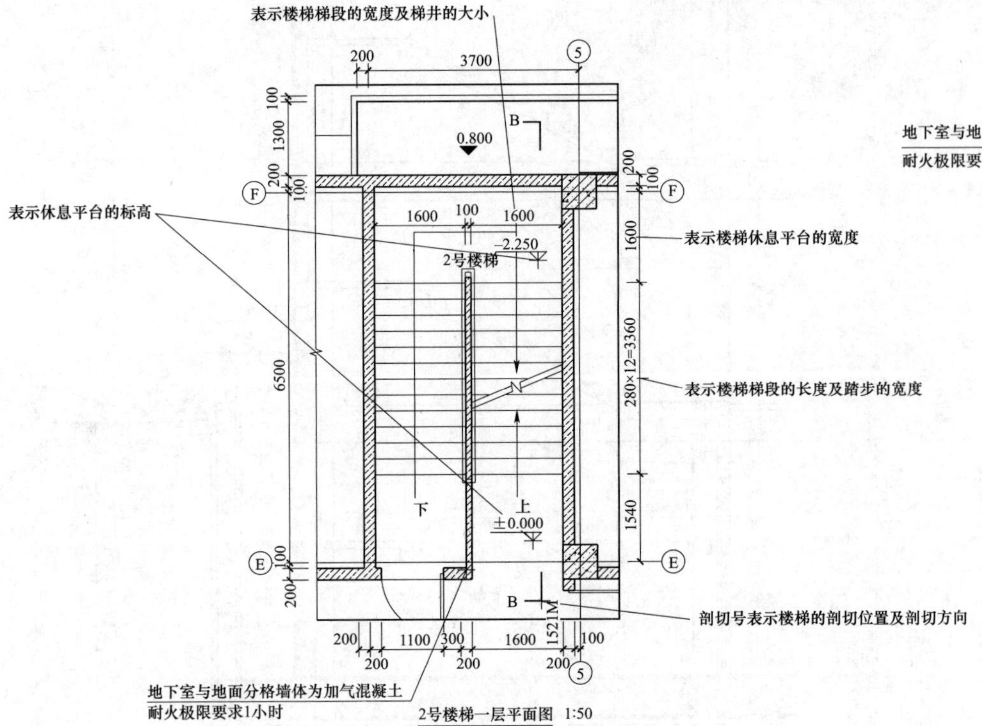

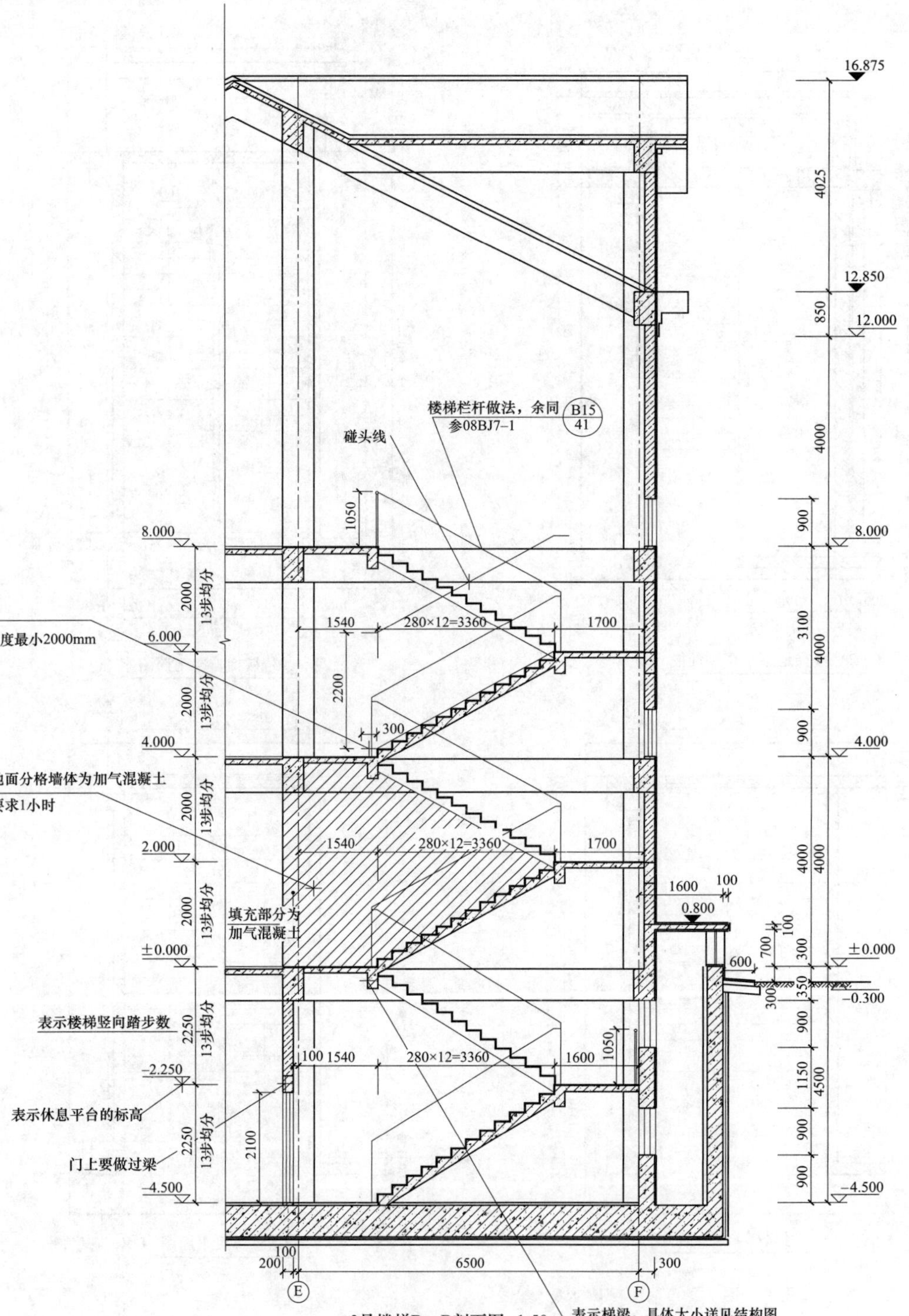

图 5-26 楼梯详图(二)讲解

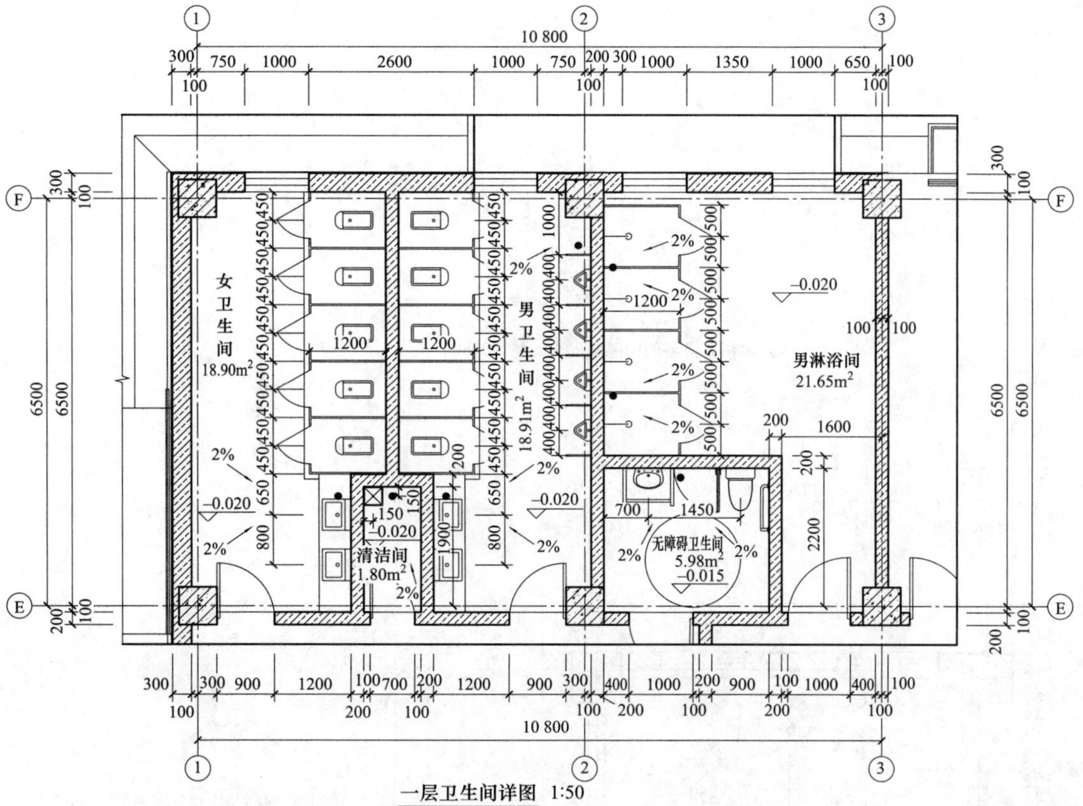

图5-27 卫生间详图

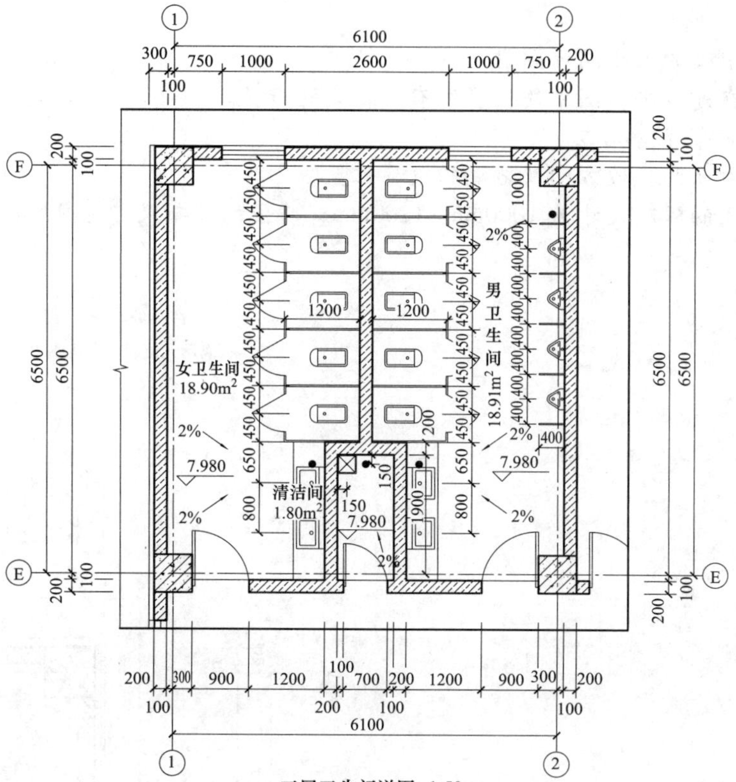

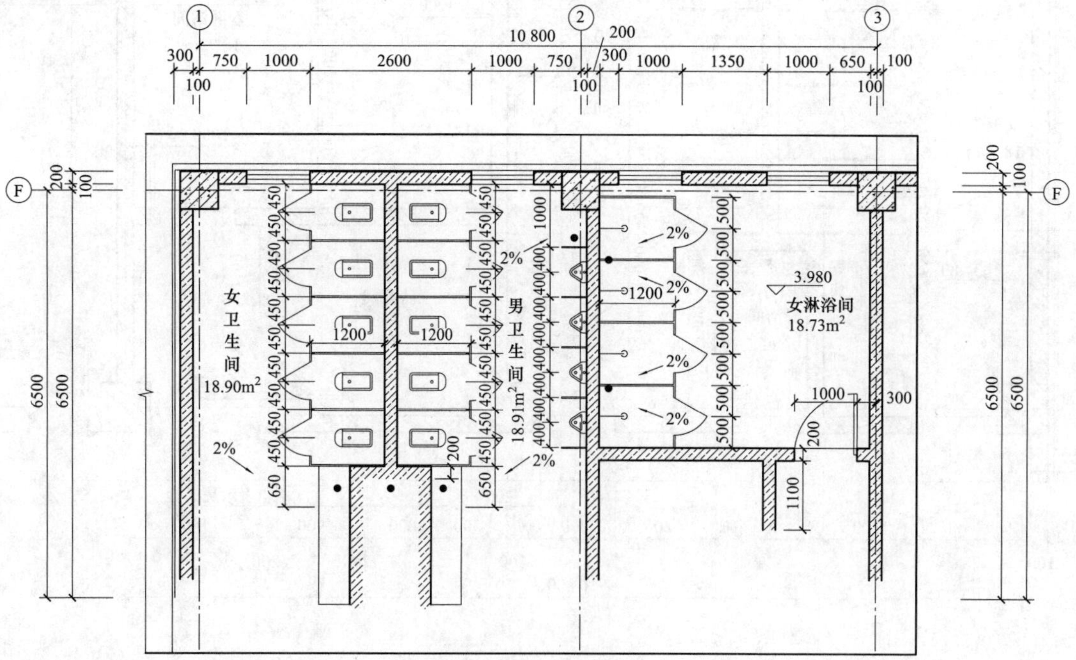

**导读**

本图是活动中心的卫生间详图讲解。

了解卫生间在建筑平面图中的位置及有关轴线的布置。

了解卫生间的布置情况。

了解卫生间地面的找坡方向及地漏的设置位置。

本图中淋浴间的隔断尺寸为 1000mm×1200mm，蹲便的隔断尺寸为 900mm×1200mm。

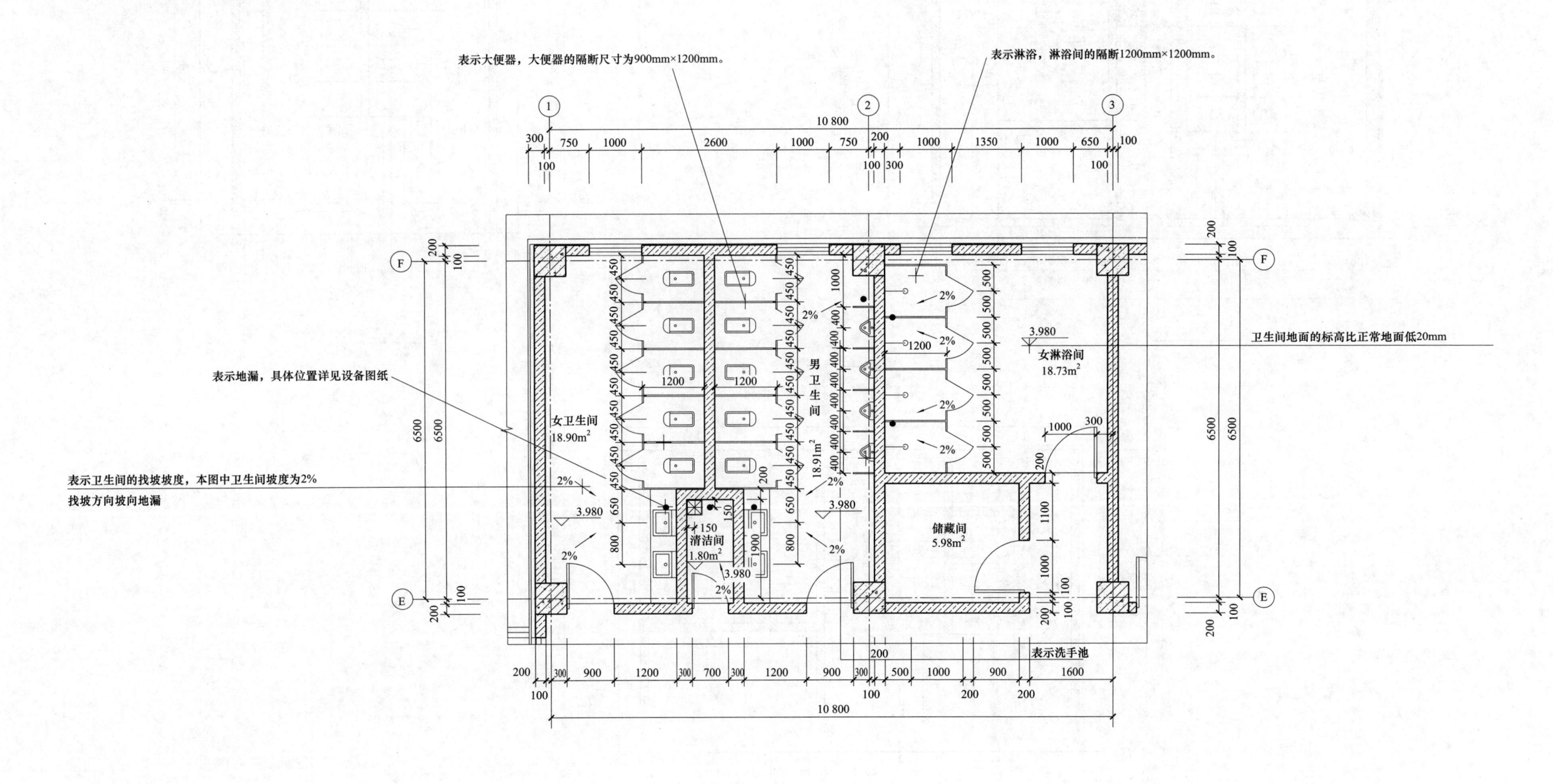

图 5-28 卫生间详图讲解

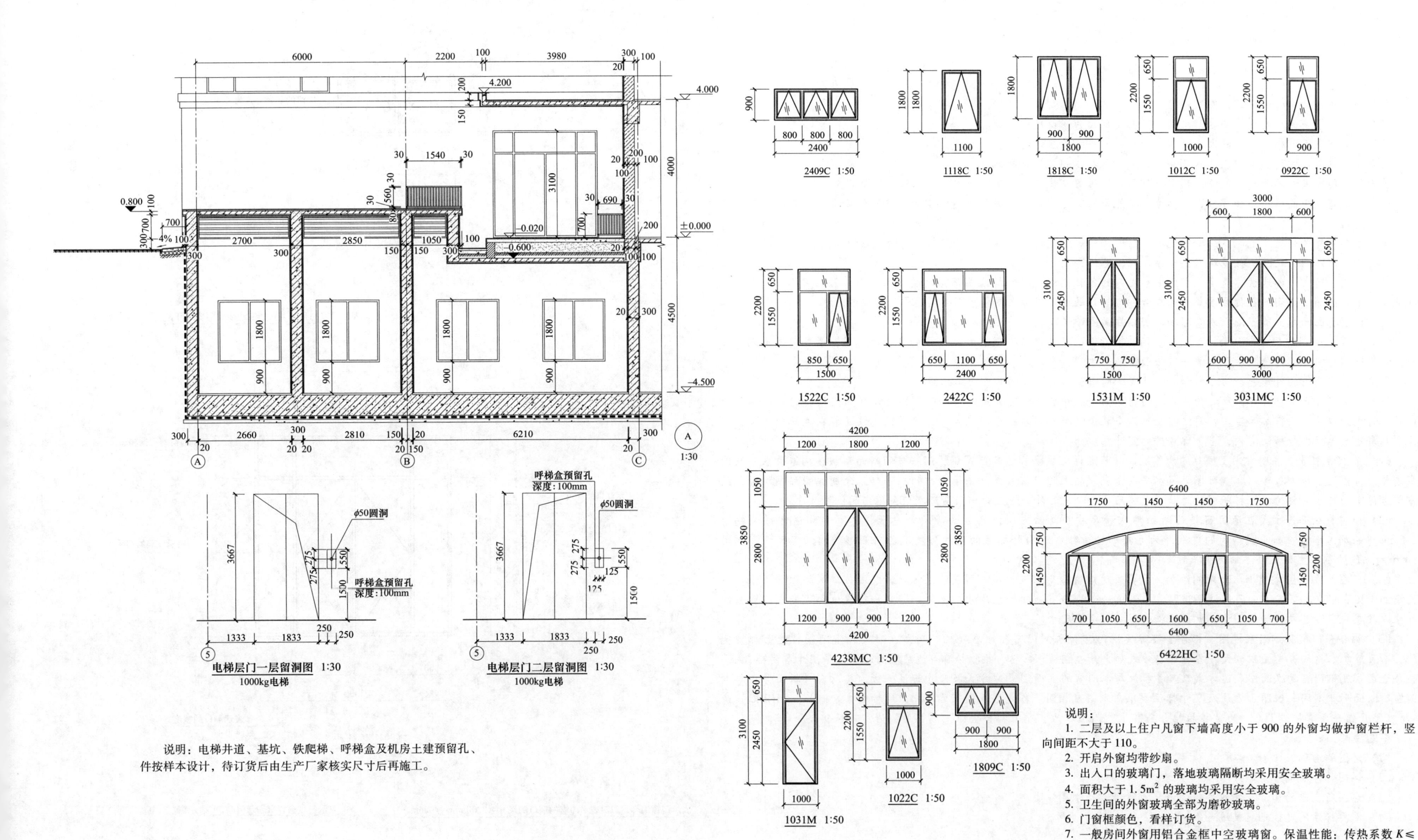

说明：电梯井道、基坑、铁爬梯、呼梯盒及机房土建预留孔、件按样本设计，待订货后由生产厂家核实尺寸后再施工。

说明：
1. 二层及以上住户凡窗下墙高度小于900的外窗均做护窗栏杆，竖向间距不大于110。
2. 开启外窗均带纱扇。
3. 出入口的玻璃门、落地玻璃隔断均采用安全玻璃。
4. 面积大于$1.5m^2$的玻璃均采用安全玻璃。
5. 卫生间的外窗玻璃全部为磨砂玻璃。
6. 门窗框颜色，看样订货。
7. 一般房间外窗用铝合金框中空玻璃窗。保温性能：传热系数$K \leq 2.8W/(m^2 \cdot K)$。
8. 平开窗开启方向见详图图例。
9. 有双侧门口线的防火门均做100高门槛。
10. 本说明中未尽事宜均应满足国家玻璃安全规范的要求。

图 5-29　门窗详图

### 导读

本图为文体活动中心的门窗详图及门窗表。

了解立面图上窗洞口尺寸应与建筑平面、里面、剖面的洞口尺寸一致。

了解立面图表示窗框、窗扇的大小及组成形式，窗扇的开启方向。

门窗立面分隔尺寸均满足（全国民用建筑工程设计技术措施）的要求。

图中所注门窗尺寸均为洞口尺寸，厂家制作门窗时另留安装尺寸，其节点构造由厂家自行设定。

门和窗是建筑中的两个围护部件，门的主要功能是供交通出入，分隔联系建筑空间，建筑外墙上的门有时也兼起采光、通风作用。

窗的主要功能是采光、通风、观察及递物。在民用建筑中，制造门窗的材料有木材、钢、铝合金、塑料及玻璃。

建筑中使用的门窗尺寸、数量及需要文字说明，见门窗表。

门窗详图，通常由各地区建筑主管部门批准发行的各种不同规格的标准图集，供设计者选用。若采用标准图集，则在施工图中只说明该详图所在标准图集中的编号即可。如果未采用标准图集，则必须画出门窗详图。

门窗详图有立面图、节点图、断面图和门窗立面图等组成。

（1）门窗立面图常用1:20的比例绘制。门窗立面图的尺寸一般在竖直和水平方向各标注三道，最外一道为洞口尺寸，中间一道为门窗框外包尺寸，里边一道为门窗扇尺寸。

它主要表达门窗的外形、开启方式和分扇情况，以门窗向着室外的面作为正立面。

门窗扇向室外开者称外开，反之为内开。门窗立面图上开启方向外开用两条细斜实线表示，如用细斜虚线表示则为内开。斜线开口端为门窗扇开启端，斜线相交端为安装铰链端。如右图中门扇为外开平开门，铰链装在左端上，亮子为中悬窗窗的上半部分转向室内，下半部分转向室外。

（2）节点详图节点详图常用1:10的比例绘制。节点详图主要表达各门窗框、门窗扇的断面形状、构造关系以及门窗扇与门窗框的连接关系等内容。习惯上将水平或竖直方向上的门窗节点详图依次排列在一起，分别注明详图编号，门窗节点详图的尺寸主要为门窗料断面的总长、总宽尺寸。除此之外，还应标出门窗料在门窗框内的位置尺寸。

（3）门窗料断面图主要表示门窗料的断面形状和尺寸。断面内所注尺寸为净料的总长，总宽尺寸通常每边要留2.5mm厚的加工裕量。断面图四周的虚线即为毛料的轮廓线，断面外标注的尺寸为决定其断面形状的细部尺寸，常用1:5的比例绘制，主要用以详细说明各种不同。

（4）门窗扇立面图常用1:20比例绘制，主要表达门窗扇形状及边梃、冒头、芯板、纱芯或玻璃板的位置关系。门窗扇立面图在水平或竖直方向各标注两道尺寸，外边一道为门窗扇的外包尺寸，里边一道为扣除裁口的边梃或各冒头的尺寸以及芯板、纱芯或玻璃的尺寸，也是边梃或冒头的定位尺寸。

（5）铝合金门窗及钢门窗详图。铝合金门窗及钢门窗和木制门窗相比在坚固、耐久、耐火和密闭等性能上都较优越，而且节约木材，透光面积较大，各种开启方式如平开、翻转、立转、推拉等都可适应。因此已大量用于各种建筑上。铝合金门窗及钢门窗的立面图表达方式及尺寸标注与木门窗的立面图表达方式及尺寸标注一致，其门窗料断面形状与木门窗料断面形状不同。但图示方法及尺寸标注要求与木门窗相同。各地区及国家已有相应的标图集。例如，"HPLC"为"滑轴平开铝合金窗"，"TLC"为"推拉铝合金窗"，"PLM"为"平开铝合金门"，"TLM"为"推拉铝合金门"等。

**识图注意：**

(1) 详图的名称、比例。

(2) 详图符号及编号。

(3) 详图所表示的构、配件各部位的形状、材料、尺寸及作法。

(4) 需要标注的定位轴线及编号。

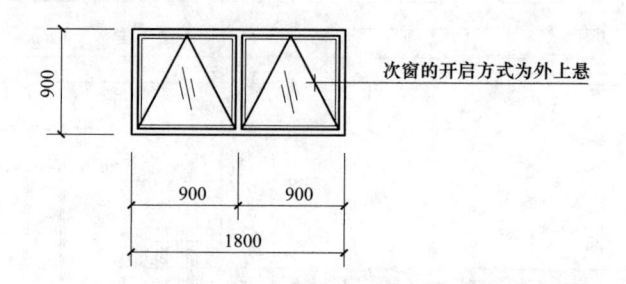

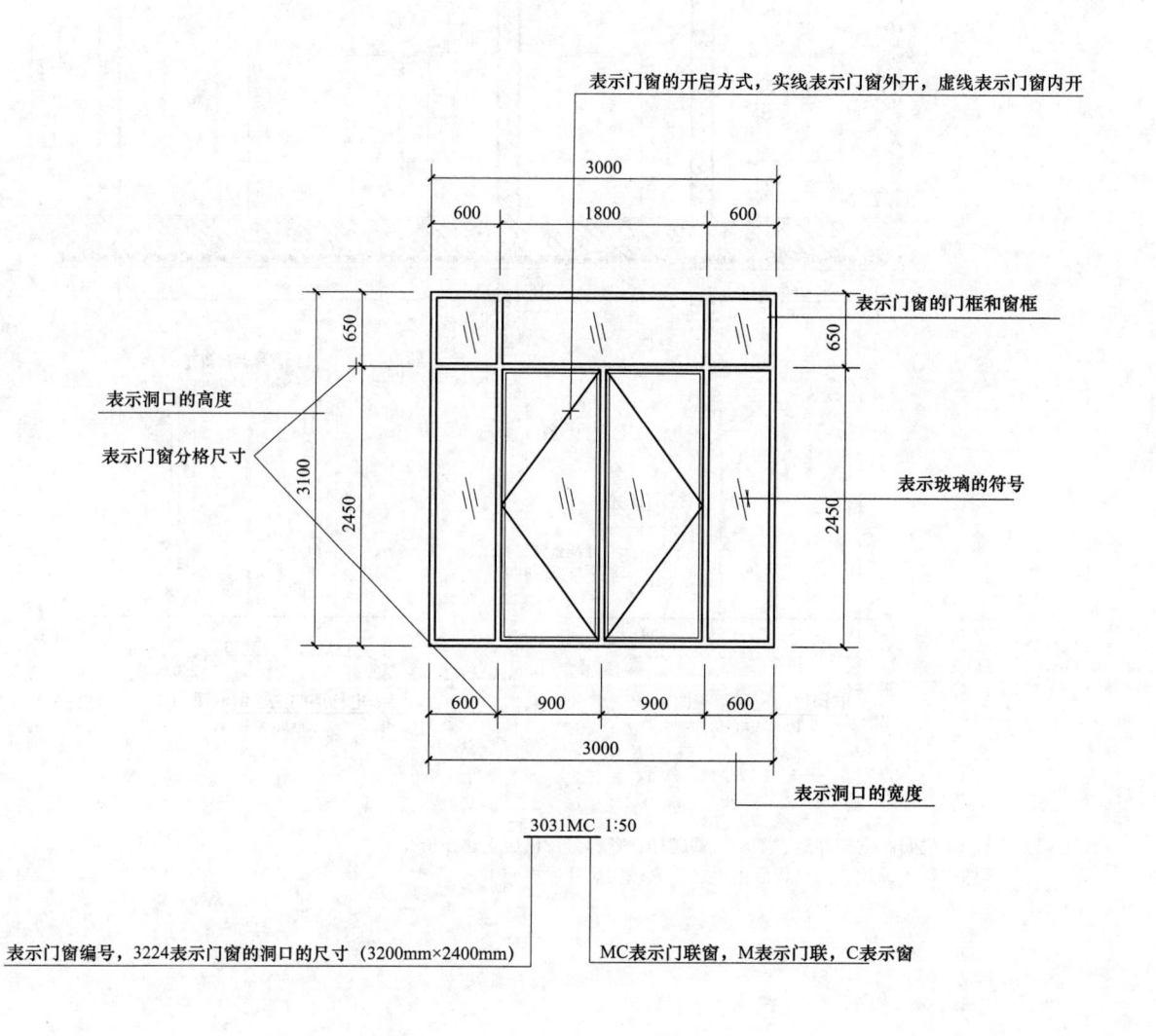

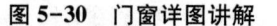

图 5-30 门窗详图讲解

(适用于所有墙身)

1. 散水做法详：12BJ1-1 散1/A21，宽度1000，找4%坡。
2. 台阶做法：12BJ1-1 台1B/A17。
3. 所有窗上口均做滴水，做法详12BJ2-11 A/29。
4. 窗台及窗下预留埋件，窗护栏做法参08BJ7-1 A7型/28。竖向栏杆间距均不大于110，护栏高1100。
5. 室外金属护栏油漆做法详12BJ1-1 B17。
6. 室内外高差详见总平面竖向施工图。
7. 吊顶、窗台做法见二次装修图。
8. 图中所有引注做法适用于所有墙身。

图例：（适用于所有墙身）
- 钢筋混凝土
- 轻集料混凝土
- 轻集料混凝土砌块
- HIP 真空绝热板

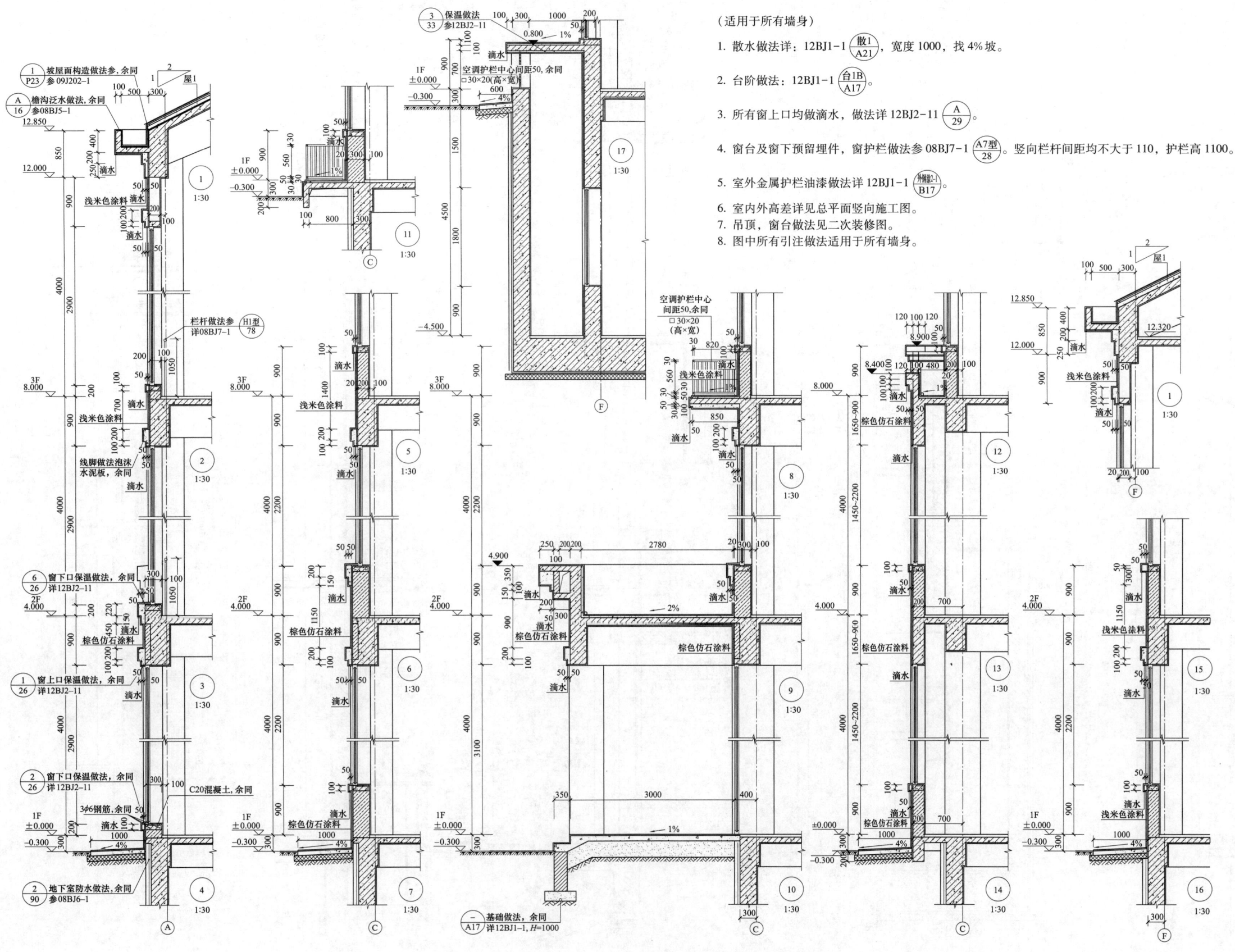

图 5-31 墙身详图（一）

图 5-32 墙身详图（二）

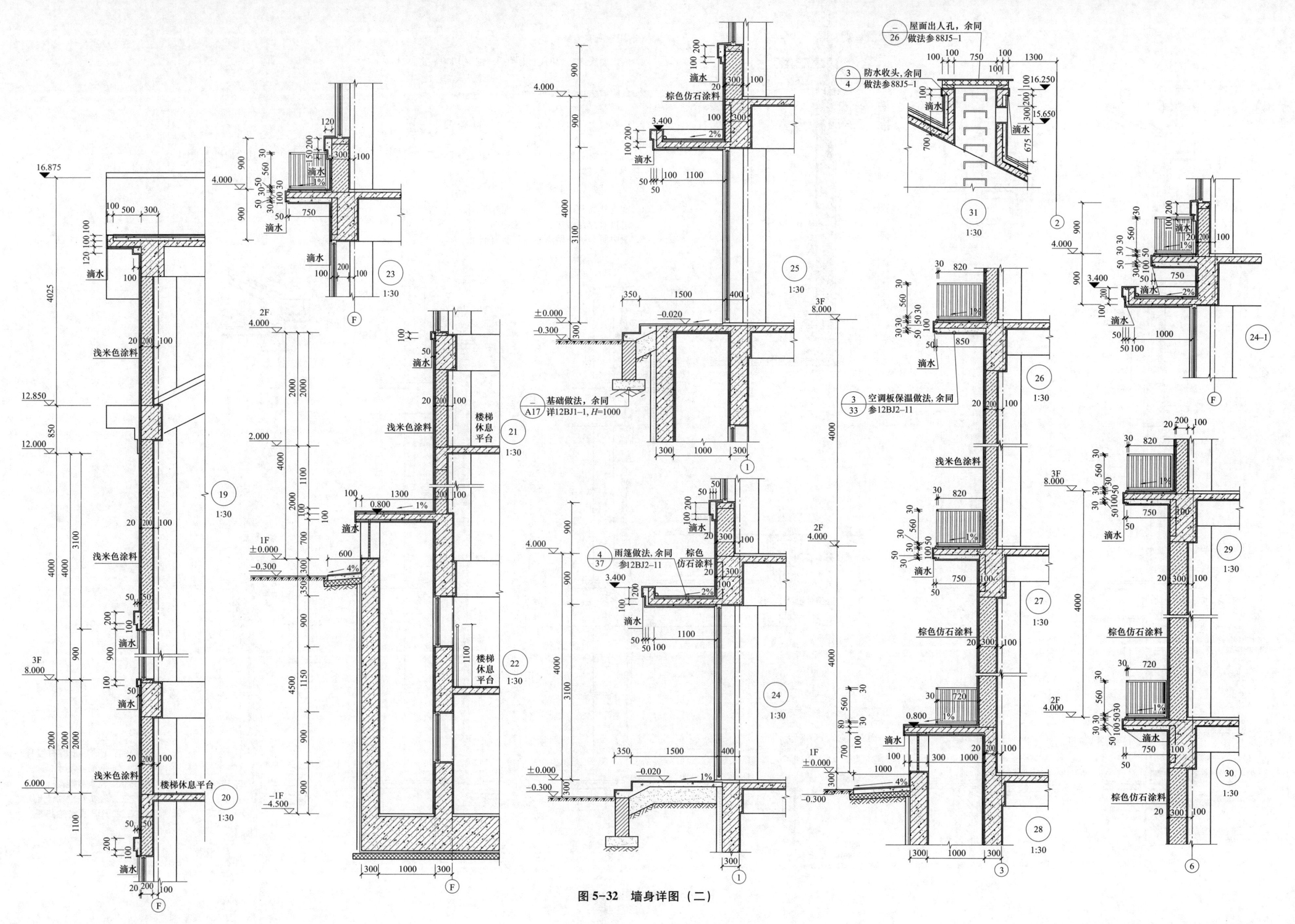

**导读**

本图为文体活动中心的墙身详图讲解。
了解建筑各部位的建筑做法。
了解门窗的洞口尺寸及窗口做法。
了解建筑外墙的装饰做法。
了解建筑立面造型。

**一、概述**

墙身剖面详图实际上是墙身的局部放大图，详尽地表达了墙身从基础到屋顶的各主要节点的构造和做法。画图时常将各节点剖面图连在一起，中间用折断线断开。各节点详图都分别注明详图符号和比例。

**二、墙身剖面详图的内容**

墙身剖面详图一般包括檐口节点、窗台节点、窗顶节点、勒脚和明沟节点、屋面雨水口节点、散水节点等。

（1）檐口节点剖面详图：檐口节点剖面详图主要表达顶层窗过梁、屋顶的构造与构配件，或屋面梁、屋面板、室内顶棚、天沟、雨水口、雨水管和水斗、架空隔热层、女儿墙等的构造和做法。

（2）窗台节点剖面详图：主要表达窗台的构造以及外墙面的做法。

（3）窗顶节点剖面详图：主要表达窗顶过梁处的构造，内、外墙面的做法以及楼面层的构造情况。

（4）勒脚和明沟节点剖面详图：主要表达外墙脚处的勒脚和明沟的做法以及室内底层地面的构造情况。

（5）屋面雨水口节点剖面详图：主要表达屋面上流入天沟板槽内雨水穿过女儿墙流到墙外雨水管的构造和做法。

（6）散水、节点剖面详图：散水也称防水坡，其作用是将墙脚附近的雨水排泄到离墙脚一定距离的室外地坪的自然土壤中去，以保护外墙的墙基免受雨水的侵蚀。

散水节点剖面详图主要表达散水在外墙墙脚处的构造和做法以及室内地面的构造情况。

**三、读图方法及步骤**

（1）掌握墙身剖面图所表示的范围。读图时应结合首层平面图所标注的索引符号，了解该墙身剖面图是哪条轴上的墙。

（2）掌握图中的分层表示方法。如图中地面的做法是采用分层表示方法，画图时文字注写的顺序是与图形的顺序对应的。这种表示方法常用于地面、楼面、屋面和墙面等装修做法。

（3）掌握构件与墙体的关系。楼板与墙体的关系一般有靠墙和压墙两种。

（4）结合建筑设计说明或材料做法表，阅读掌握细部的构造做法。

（5）表明门窗立口与墙身的关系。在建筑工程中门窗框的立口有三种方式，即平内墙面、居墙中、平外墙面。

（6）表明各部位的细部装修及防水防潮做法。如图中的排水沟、散水、防潮层、窗台、窗檐、天沟等的细部做法。

**四、注意事项**

（1）在±0.000m或防潮层以下的墙称为基础墙，施工做法应以基础图为准。在±0.000m或防潮层以上的墙施工做法以建筑施工图为准，并注意连接关系及防潮层的做法。

（2）地面、楼面、屋面、散水、勒脚、女儿墙、天沟等的细部做法应结合建筑设计说明或材料做法表阅读。

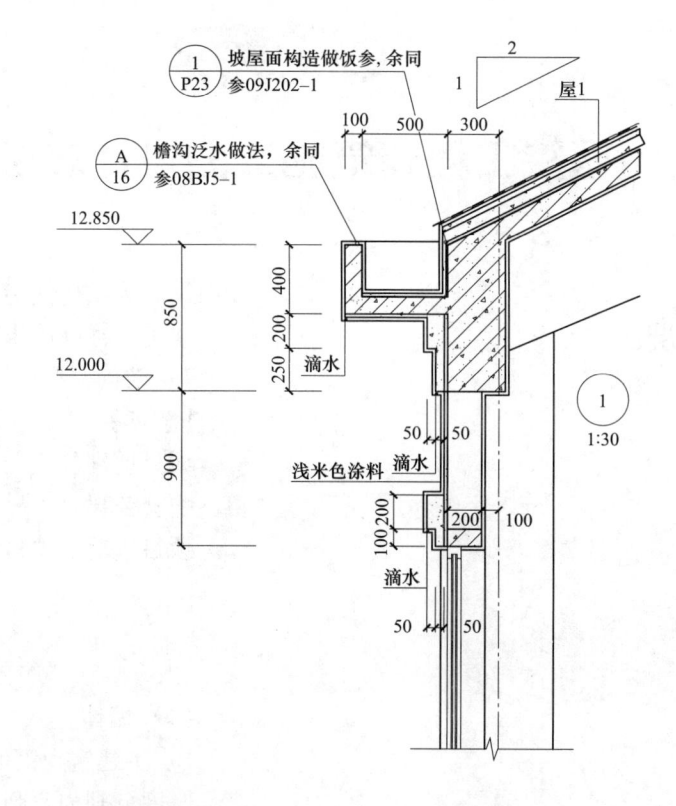

坡屋面防水做法详建筑总说明及图集，泛水做法详图集。
（适用于所有墙身）

1. 散水做法详：12BJ1-1 散1/A21，宽度1000，找4%坡。

2. 台阶做法：12BJ1-1 台1B/A17。

3. 所有窗上口均做滴水，做法详12BJ2-11 A/29。

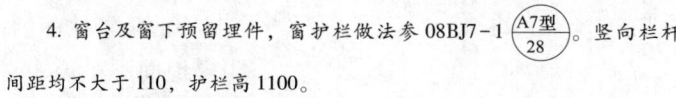

4. 窗台及窗下预留埋件，窗护栏做法参08BJ7-1 A7型/28。竖向栏杆间距均不大于110，护栏高1100。

5. 室外金属护栏油漆做法详12BJ1-1 外围2-1/B17。

6. 室内外高差详见总平面竖向施工图。

7. 吊顶、窗台做法见二次装修图。

8. 图中所有引注做法适用于所有墙身。

本图中列出了一些建筑部位的基本做法。

图例：（适用于所有墙身）
▨ 钢筋混凝土　▨ 轻集料混凝土
▨ 轻集料混凝土砌块　▨ HIP 真空绝热板

图中的图例表示不同建筑材料，根据填充图案的不同进行区分。

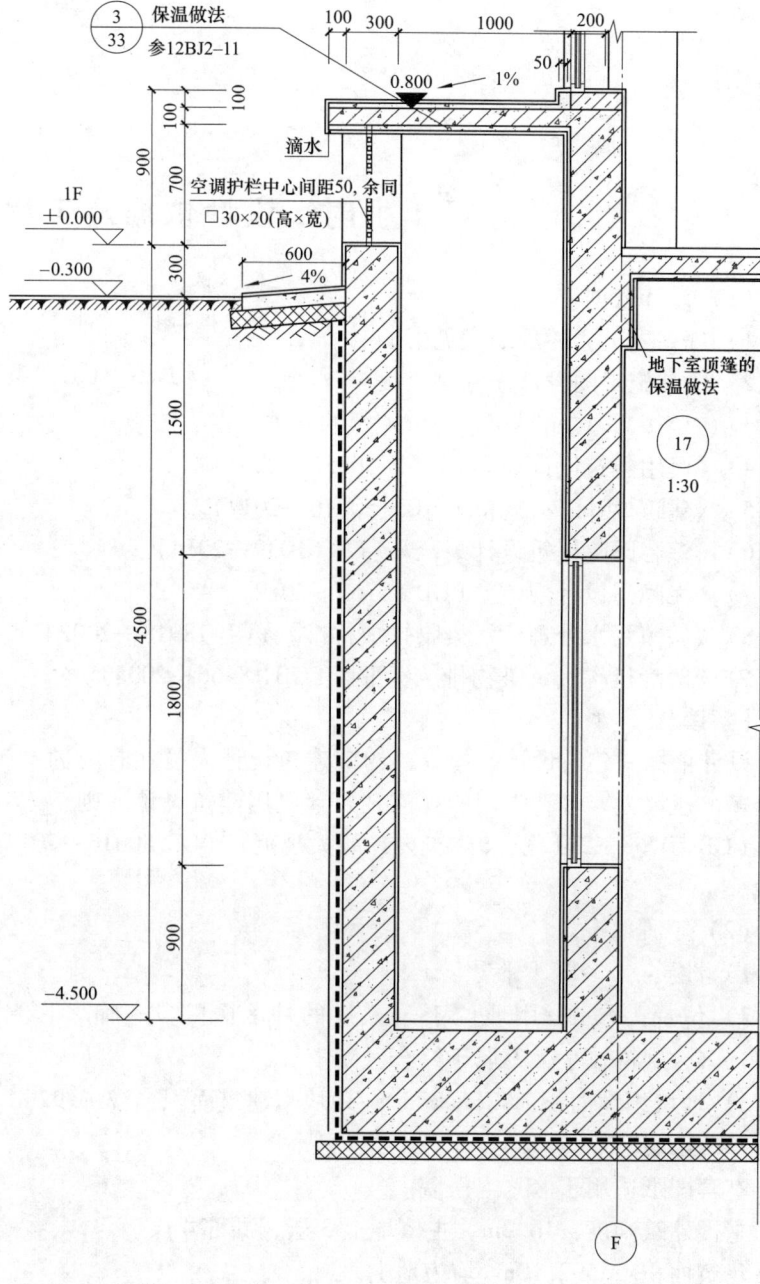

地下室外墙防水做法详见图集及建筑总说明，注意窗井板保温及防水做法。

**图 5-33　墙身详图讲解**

# 第6天

# 医院工程建筑施工图设计总说明

## 第1小时 设计依据及工程概况

（1）设计依据。
1）规划委员会的规划意见书。
2）医院施工图设计任务书。
3）中华人民共和国和××市现行的有关法律、法规。
4）《民用建筑设计通则》（GB 50352—2005）。
5）《建筑设计防火规范》（GB 50016—2014）。
6）《综合医院建筑设计规范》（GB 51039—2014）。
7）《无障碍设计规范》（GB 50763—2012）。
8）《城镇污水处理厂污染物排放标准》（GB 18918—2002）。
9）《医疗机构水污染物排放标准》（GB 18466—2005）。

【解读】
设计依据是建筑设计的根本，约束建筑设计人员在有限的空间内发挥最大的想象。由于建筑类型繁多，建议大家多看常用的规范，如《民用建筑设计通则》（GB 50352—2005）、《无障碍设计规范》（GB 50763—2012）、《建筑设计防火规范》（GB 50016—2014），专业性强的规范大家可以翻阅熟悉。

（2）工程概况。
1）性质：×××医院。
2）位置：本工程用地位于×××的社区医院。东临×××，西临×××，北临×××，南临×××，规模较小，不属于综合医院。
3）地块用地面积：4265.00m²。地块总建筑面积：3716.92m²。
4）建筑层数、高度：
本套图纸适用于×××医院。
主楼建筑高度：16.2m，主体地上3层，局部4层。
建筑面积：3592.10m² 均为地上。
附属用房建筑高度：3.9m，地上1层。
建筑面积：124.82m²。
5）本工程为多层建筑，耐火等级二级，抗震烈度8度，结构设计使用年限50年。
6）本工程设计高度±0.000相当于绝对标高数值详见施工图总平面图。各层标高为完成面标高，屋面标高为结构面标高。
本工程标高以米（m）为单位，尺寸以毫米（mm）为单位。
7）结构类型：框架结构。

【解读】
项目地理位置、周边四至、建筑高度、建筑面积、结构类型等的陈述。本项目是×××医院项目，配套公建。
项目概况是项目规划设计的主要条件。

## 第2小时 墙体、门窗、屋面做法

（1）墙体。
1）本建筑为钢筋混凝土框架结构。非承重外墙、部分填充墙等采用轻集料混凝土空心砌块填充，厚度分别为200mm、300mm，部位详见图纸。
内隔墙采用轻集料混凝土空心砌块，厚度详平面图。轻集料混凝土砌块墙构造柱设置见结构设计说明，做法详见结构专业图纸。
2）不同墙基面交界处均加铺通长玻纤布防止裂缝，宽度为500mm。加气混凝土砌块墙内外抹灰均应加玻纤布。
3）当主管沿墙或柱敷设时，待管线安装完毕后用轻质墙包封隐蔽，做法参见二次装修，竖井墙（除钢筋混凝土墙外）壁砌筑灰缝应饱满并随砌随抹光。
4）所有隔墙上大于300mm×300mm的洞口需设过梁，过梁大小参见结施过梁表。
5）凡需抹面的门窗洞口及内墙阳角处均应用1：2.5水泥砂浆包角，每边宽度80mm，包角高度距楼地面不小于2m。
6）施工与装修均应采用干拌砂浆。

【解读】
墙体工程是对项目内墙、外墙的陈述，外墙一般常用为200mm厚轻集料混凝土砌块，200mm厚加气混凝土砌块（由于加气混凝土砌块荷载比较小，通常会用轻集料混凝土砌块），在选择墙体的时候，要注意选材的耐火极限、保温、隔声性能。在两种材料交接处，要注意做材料收缩产生的裂缝处理。

（2）门窗。
1）外窗选用断桥铝合金中空玻璃窗，门窗立面形式、颜色看样订货、开启方式、门窗用料详见门窗大样图，门窗数量见门窗表。

2）门窗立樘位置：外门窗立樘平结构墙中心，内门窗立樘位置除注明外，双向平开门立樘居墙中，单向平开门立樘与开启方向墙面平。

外门窗气密性应不低于国家标准《建筑外门窗气密、水密、抗风压性能分级及检测方法》（GB/T 7106—2008）规定的6级，传热系数详见"十、保温、节能"。

3）门窗加工尺寸要按门窗洞口尺寸减去相关外饰面的厚度。

4）具有疏散功能的防火门均装闭门器，双扇防火门均装顺序器；常开防火门须有自行关闭和信号反馈装置。

5）内门为木夹板门，一次装修安装到位。

6）门窗玻璃应符合《铝合金门窗工程技术规范》（JGJ 214—2010）的要求。

【解读】

门窗工程中根据节能计算中窗户传热系数、遮阳系数选择门窗立樘材质，确定玻璃的厚度、层数、颜色。

外门窗气密性应不低于国家标准《建筑外门窗气密、水密、抗风压性能分级及检测方法》（GB/T 7106—2008）6级。常用门窗立樘材料为塑钢、铝合金、断桥铝合金。

（3）屋面。

1）平屋面做法：

屋1上人屋面：3平屋，防水等级为Ⅱ级，保温采用60mm厚挤塑聚苯板保温，防水层采用3mm厚高聚物改性沥青防水卷材，泛水等相应做法见该图集相关部分。

屋2不上人屋面：8平屋，防水等级为Ⅱ级，保温采用60mm厚挤塑聚苯板保温，防水层4采用自粘型橡胶沥青聚酯胎防水卷材，泛水等相应做法见该图集。

2）坡屋面做法：

屋3坡屋面：防水等级为Ⅱ级保温采用60mm厚挤塑聚苯板保温，防水层3采用80mm厚高聚物改性沥青防水卷材，泛水等相应做法见该图集相关部分。

【解读】

在选择屋面做法的时候，要选择工艺成熟的施工做法。根据各地区的工程做法选择，要注意上人屋面与不上人屋面的区别。泛水做法：主要屋面女儿墙高度为600mm高（个人经验），次要屋面女儿墙高度最小为400mm。屋面防水根据工程的级别选择防水等级，防水材料选择常用材料，如自粘型橡胶沥青聚酯胎防水卷材。

## 第3小时 装饰装修做法

（1）外装修。

本工程外装修为涂料饰面。其设计详见立面图，材料做法详见材料做法表，规格及排列方式见详图，材质、颜色要求须提供样板，由建设单位和设计单位认可。

【解读】

外装饰工程主要选择建筑外立面的材质做法，由于实际尺寸与设计阶段有感官误差，所以针对外立面材质、颜色、规格及排列方式，必须要求厂家提供样本并由建设单位和设计单位认可后方可施工。在施工阶段，设计人员要到现场再次确认。

（2）内装修。

一般装修按房间用料表。根据房间用料表预留面层做法一次装修到位。

1）本工程设计室内装修部分详见材料做法表所选用的材料和装修材料必须符合《民用建筑工程室内环境污染控制规范（2013版）》（GB 50325—2010）及《建筑内部装修设计防火规范》（GB 50222—1995）。

2）房间在装修前，楼地面做至找平层，墙面至砂浆打底，顶棚至板面脱模计。

3）凡设吊顶的房间墙面抹灰高度均至吊顶以上200mm。

4）凡设有地漏房间应做防水层，图中未注明整个房间做坡度者，均在地漏周围1m范围内做1%坡度坡向地漏；卫生间、设备间等有水房间的楼地面应低于相邻房间不小于20mm或做挡水门槛。

5）除注明外，不同材料楼面分界线均设于门框厚度中心；不同标高地面分界线，应与低标高房间的内墙面平。

6）所有外露钢构件在涂漆前需做除锈和防锈处理，所有铁制及木制预埋件均需做防锈和防腐处理。

7）设备基础、留洞均应待货到后核实无误方可施工，且设备基础完工后再施工楼面。

8）所有栏杆及百叶的样式及与墙体固定方法均与厂家商定。所有护窗栏杆处，高度为0.8m。室内楼梯扶手高度0.9m，水平段长度大于0.5m时，栏杆高度1.05m。所有楼梯栏杆及踏步防滑做法均采用相关图集做法。坡道栏杆为不锈钢管，做法参见相关图集。

9）垃圾收集：成品垃圾箱，由卫生服务中心统一管理。

10）本工程夏季采用分体空调制冷空调冷凝水管集中设置，具体位置详见建筑及暖通专业图纸。

11）凡穿透墙体的暗装设备箱背后挂钢板网抹灰，然后按房间用料表做饰面层。留洞位置详平面图或详图。凡需暗包消火栓箱，封包做法由室内装修设计确定。

12）设备箱体留洞表详见平面图。

【解读】

内装修工程中要注意本项目是一次装修到位还是粗装修。所选用的材料和装修材料必须符合《民用建筑工程室内环境污染控制规范（2013版）》（GB 50325—2010）及《建筑内部装修设计防火规范》（GB 50222—1995）。具体做法参考图集成熟、常用做法。所有设备留洞、设备基础待设备到货后无误方可施工，如有误差与设计人员联系及时修改。所有房间装修做法参照材料做法表。

## 第4小时 无障碍设计说明

（1）首层入口设无障碍坡道，见平面图；建筑无障碍入口处的门设置视线观察玻璃、横执把手、关门拉手，门下方安装0.35m高的护门板。

（2）建筑入口坡道、公共卫生间等处，均按无障碍标准设置无障碍标志。

（3）候梯厅、电梯需符合无障碍要求，电梯轿厢为无障碍轿厢，内设残疾人使用设施。

【解读】

无障碍工程要仔细阅读无障碍规范，明确需要做无障碍的建筑部位，无障碍坡道主要坡度及栏杆扶手的做法及要求，无障碍卫生间的具体尺寸及要求。有的工程没有条件设电梯，则要根据无障碍设计规范设置无障碍楼梯。

## 第 5 小时　保温、节能设计

（1）本建筑为节能建筑，依据《公共建筑节能设计标准》（GB 50189—2015）。

（2）设计建筑，朝向南北向。卫生服务中心为乙类建筑，附属用房为丙类建筑。体形系数见表 6-1。

表 6-1　　　　各朝向外门窗窗墙比、体形系数、层数

| 项目楼号 | 窗墙比 | | | | 体形系数 | 层数 |
| --- | --- | --- | --- | --- | --- | --- |
| | 南向 | 北向 | 东向 | 西向 | | |
| 卫生服务中心 | 0.324 | 0.155 | 0.34 | 0.21 | 0.228 | 4 |
| 附属用房 | 0.13 | — | 0.06 | 0.17 | 0.756 | 1 |

（3）建筑为框架结构，采用外墙外保温体系，墙身细部、女儿墙、勒脚及窗井等部位均应采取保温措施，做法见相关图集。

（4）屋顶、外墙等部位围护结构节能设计，见表 6-2。

表 6-2　　　　屋顶、外墙等部位围护结构节能设计表

| 序号 | 部位 | | 保温材料 | 保温材料厚度（mm） | 构造做法 | 传热系数 W/($m^2 \cdot K$) |
| --- | --- | --- | --- | --- | --- | --- |
| 1 | 屋顶 | 平屋面 | 挤塑聚苯板 | 60 | ×××—平屋 3 | 0.50 |
| | | 坡屋面 | 挤塑聚苯板 | 60 | 相关图集 | 0.50 |
| 2 | 外墙 | | 岩棉复合板 | 80 | 相关图集 | 0.48 |

注：设计建筑保温部位补充说明：
1. 平屋顶保温包括屋顶层上人平台及封闭阳台顶板。
2. 外墙为轻集料混凝土空心砌块外墙保温构造。
3. 岩棉复合板的物理性能参见相关图集。

（5）外门窗及屋顶天窗节能设计。

各朝向外门窗窗墙比见表 6-1。

外门窗、屋顶天窗构造做法及性能指标，见表 6-3。

表 6-3　　　　外门窗、屋顶天窗构造做法及性能指标

| 部位 | 框料选型 | 玻璃种类 | 间隔层厚度（mm） | 传热系数 W/($m^2 \cdot K$) |
| --- | --- | --- | --- | --- |
| 外门窗、屋顶天窗 | PA 断桥铝合金 | LOW-E 中空 | 9 | 2.20 |

外窗气密性能不应低于《建筑外门窗气密、水密、抗风压性能分级及检测方法》（GB/T 7107—2008）的 6 级水平，外门窗立口外墙中心，框料与墙体之间缝隙填堵和密封材料做法见相关图集。

【解读】

节能工程主要注意各部位保温做法、保温材质、厚度、传热系数。

## 第 6 小时　防水、防潮、防火

（1）防水、防潮。

1）室内防水。

①卫生间等需要防水的楼地面采用 1.5mm 厚聚合物水泥基防水涂料，做法见房间用料表。

②卫生间等需要防水的楼地面的防水涂料应沿四周墙面高起 250mm。

③有防水要求的房间穿楼板立管均应预埋防水套管，防止水渗漏，做法见给水工程 91SB3。

2）屋面防水等级为Ⅱ级，合理使用年限 15 年。外排水方式，雨水管内径为 100mm。

3）防水构造要求：屋面、外墙、卫生间、水池等防水做法详见相关的节点大样图，图中未注明的部分应参见相关图集。

4）工程中所用防水材料，必须经过有关部门认证合格。

5）管道穿过有防水要求的楼地面须做防水套管。突出建筑面 30mm，管道与套管间采用麻油灰填塞密实。

6）防水施工应严格执行《屋面工程技术规范》（GB 50345—2012）、《屋面工程质量验收规范》（GB 50207—2012）及其他有关施工验收规范。

7）屋面防水层和卫生间防水做完后，应按规定要求做渗水试验，经有关部门检查合格后，方可进行下一道工序，并在后续作业和安装过程中，确保防水层不被破坏。

8）所有集水坑内壁均抹 20mm 厚 1∶2.5 水泥砂浆（内掺水泥用量 5% 的防水剂）。

【解读】

防水、防潮工程主要注意：

卫生间及室内有防水要求的房间地面、墙面防水，以及有立管穿过楼面、地面时均应预埋防水套管防止水渗漏做法参见图集。

屋面防水等级、防水材料、防水使用年限，以及屋面排水方式、雨水管做法、管径及材质。

其他部位防水要求要根据当地法律、法规及规范的规定完成每一道工序。

（2）防火。

1）本建筑周边有 4m 宽消防通道或距市政道路小于 15m，满足消防要求。

2）本工程防火设计的耐火等级地上部分为二级。

3）本工程为一个单体建筑：地上部分为一个防火分区，面积小于 5000$m^2$，设喷洒。

4）疏散宽度：最大每层人数为 522 人需要的最大疏散宽度为 3.90m，实际疏散宽度为 4.10m，设 3 部疏散楼梯，两部疏散楼梯间距离小于 50m 满足疏散要求。

5）防火墙均应砌至梁板底，穿过防火墙的管道处，应采用不燃烧材料将空隙填塞密实。

6）疏散楼梯装修材料防火性能按《建筑内部装修设计防火规范》（GB 50222—1995）选材和施工。

7）水暖专业预埋穿楼板钢套管竖向每层楼板处，用相当于楼板耐火等级的非燃烧体在管道四周做防火分隔。其他各专业竖井在管线安装完毕后，在每层楼板处补浇混凝土封堵，详见结构专业图纸。

8）其他有关消防措施见各专业图。

9）本工程建筑外保温及外墙装饰设计执行《民用建筑外保温系统及外墙装饰防火暂行规定》公通字〔2009 46号〕的相关规定。

10）屋顶与外墙交界处、屋顶开口部位四周的保温层采用宽度不小于500mm的A级保温材料设置水平防火隔离带。

**【解读】**

防火工程是建筑的重中之重。首先，在总平面设计中要满足《建筑设计防火规范》（GB 50016—2014）的要求本建筑周边有4m宽消防通道或距市政道路小于15m。其次，应明确单体建筑防火耐火极限，设不设置自动灭火系统，本工程防火设计的耐火等级地上部分为二级防火分区，本工程为一个单体建筑：地上部分为一个防火分区，面积小于5000m²，设喷洒（多层建筑地上防火分区面积为2500m²，设置自动灭火系统面积翻倍）。最后，确定疏散宽度及疏散距离。疏散宽度根据人数计算，具体计算详见《建筑设计防火规范》（GB 50016—2014），疏散距离根据建筑物功能不同确定，《建筑设计防火规范》（GB 50016—2014）中有明确规定。

各部位建筑材料一定要满足规范中要求的最小耐火极限。室内各部位装修材料一定要满足规范中要求的材料燃烧性能级别。

## 第7小时 室内环境污染控制

（1）所使用的砂、石、砌块、水泥、混凝土、混凝土预制构件等无机非金属建材的放射性限量要求，符合《民用建筑工程室内环境污染控制规范（2013版）》（GB 50325—2010）的规定。

（2）非金属装修材料（石材、建筑卫生陶瓷、石膏板、吊顶材料、无机瓷质砖黏结材料等）放射性限量要求，符合《民用建筑工程室内环境污染控制规范（2013版）》（GB 50325—2010）的规定。

（3）所使用的能释放氨的阻燃剂、混凝土外加剂，氨的释放量不应大于0.10%。

（4）甲方提供建筑场地土壤氡浓度或土壤氡析出率检测报告，根据其结果确定是否采取防氡措施。如需采取措施，应符合《民用建筑工程室内环境污染控制规范（2013版）》（GB 50325—2010）第4.2.4、4.2.5、4.2.6条的规定。

**【解读】**

室内环境污染控制工程中最重要的一点是，要满足规范中规定的材料放射性及有毒气体释放等的最小要求。

## 第8小时 其 他

（1）本施工图应与各专业设计图密切配合施工，注意预留孔洞、预埋件，不得随意剔凿。

（2）预埋木砖均做防腐处理；露明铁件均做防锈处理。

（3）两种材料的墙体交接处，在做饰面前均须加钉金属网，防止裂缝。

（4）凡涉及颜色、规格等的材料，均应在施工前提供样品或样板，经建设单位和设计单位认可后，方可订货、施工。

（5）本说明未尽事宜，均按国家有关施工及验收规范执行。

（6）电梯选型见表6-4。

表6-4　　　　　　　　　　　电 梯 选 型 表

| 编号 | 电梯选型 | | | | | 数量 | 停站层 | 备注 |
|---|---|---|---|---|---|---|---|---|
| | 类型 | 型号 | 乘客人数 | 载重（kg） | 速度（m/s） | | | |
| 1 | 乘客电梯 | KONE 3000 | 13 | 1000 | 1.0 | 1 | 4 | 符合无障碍要求 |
| 2 | 医用电梯 | KONE 3000S | 18 | 1350 | 1.0 | 1 | 4 | 符合无障碍要求 |

（7）图例。

| | 比例≥1:100时 | 比例<1:100时 |
|---|---|---|
| 钢筋混凝土墙、柱 | （斜线填充） | （实心填充） |
| 轻骨料混凝土砌块 | （空白） | （空白）或（斜线填充） |
| 砖砌体（非黏土、非页岩） | （斜线填充） | （斜线填充） |

（8）房间用料表，见表6-5。

表6-5　　　　　　　　　　　房 间 用 料 表

| 楼层 | 房间名称 | 楼地面 | 墙面 | 踢脚 | 顶棚 | 备注 |
|---|---|---|---|---|---|---|
| 首层 | 门厅 | 地16（花岗岩地面）燃烧性能A级 | 内墙3A 内涂3（乳胶漆涂料）燃烧性能A级 | 踢4C2（花岗岩）100高 | 棚20B（铝方板吊顶）燃烧性能A级 | 大厅局部地面做法详见地33A（单层地毯地面）浮铺 |
| | 卫生间、淋浴间、更衣室、缓冲室、化验室、污物间 | 地12F（铺地砖防水地面）燃烧性能A级 | 内墙9（薄型面砖墙面） | | 棚8A（铝条板吊顶）燃烧性能A级 | 卫生间的踢脚为阴圆角 |
| | 值班室、消防控制室、药房、洗片室、照相室、医生值班室、观察室、挂号缴费室 | 地12（铺地砖地面）燃烧性能A级 | 内墙3A 内涂3（乳胶漆涂料）燃烧性能A级 | 踢3E（地砖踢脚）100高 | 棚14A（纸面石膏板吊顶）燃烧性能A级 | |
| | 全科门诊、输液室、透视室、治疗室、护士站、急诊、抢救室、处置室 | 地32A（橡胶铺地板地面）B1级燃烧性能 | 内墙3A 内涂3（乳胶漆涂料）燃烧性能A级 | 踢10E（橡胶踢脚）100高 | 棚14A（纸面石膏板吊顶）燃烧性能A级 | 诊室的踢脚为阴圆角 |
| | 透视室 | 透视室墙面、地面、屋顶均做铅板防护 | | | | 土建及设备要求由专业厂家配合二次设计 |
| | 楼梯间、走廊 | 地13（石塑卷材防滑地砖地面）燃烧性能B1级 | 内墙3A 内涂3（乳胶漆涂料）燃烧性能A级 | 踢3E（地砖踢脚）100高 | 棚14A（纸面石膏板吊顶）燃烧性能A级 | |

续表

| 楼层 | 房间名称 | 楼地面 | 墙面 | 踢脚 | 顶棚 | 备注 |
|---|---|---|---|---|---|---|
| | 门厅 | 地 16A（花岗岩楼面无垫层）50mm 厚燃烧性能 A 级 | 内墙 3A 内涂 3（乳胶漆涂料）燃烧性能 A 级 | 踢 4C2（地砖踢脚）100 高 | | |
| 二至四层 | 中医诊室、口腔科、眼科、耳鼻喉科、检验室、心电图室、B 超室、全科诊室、妇科诊室、手术室、妇科体检室、接种室、儿童体检室、精防保健室、冷链室、物理训练室、康复室、专家诊室、诊室 | 楼 32A-1（橡胶地板楼面）50mm 厚燃烧性能 B1 级 | 内墙 3A 内涂 3（乳胶漆涂料）燃烧性能 A 级 | 踢 10E（地砖踢脚）100 高 | 棚 14A（纸面石膏板吊顶）燃烧性能 A 级 | 诊室的踢脚为阴圆角 |
| | 妇科咨询室、接种观察室、库房、休息室、办公健康教育室、餐厅、行政用房、会议室、多功能厅、走廊 | 楼 12B（铺地砖楼面）50mm 厚燃烧性能 A 级 | 内墙 3A 内涂 3（乳胶漆涂料）燃烧性能 A 级 | 踢 3E（地砖踢脚）100 高 | 棚 14A（纸面石膏板吊顶）燃烧性能 A 级 | |
| | 厨房、备餐间 | 楼 12F-1（铺地砖防水楼面）燃烧性能 A 级 | 内墙 10-f2（薄型面砖墙面）燃烧性能 A 级 | | | |
| | 卫生间 | 楼 12F-1（铺地砖防水楼面）燃烧性能 A 级 | 内墙 9A（薄型面砖墙面）燃烧性能 A 级 | | 棚 8A（铝条板吊顶）燃烧性能 A 级 | 卫生间踢脚为阴圆角 |
| | 楼梯间 | 楼 13B（石塑卷材防滑地砖楼面）30mm 厚燃烧性能 B1 级 | 内墙 3A 内涂 3（乳胶漆涂料）燃烧性能 A 级 | 踢 3E（地砖踢脚）100 高 | 棚 14A（纸面石膏板吊顶）燃烧性能 A 级 | 顶层楼梯间吊顶 |

**【解读】**

由于现在建筑的设计过程中电梯厂家未确定，所以设计中选用电梯为参考样本，待项目施工前确定厂家后，由厂家确认提供电梯井道尺寸等数据后，再由设计院配合厂家修改确认图纸，之后方可施工。

# 第7天

## 医院工程建筑施工图识读详解

### 第1~2小时 详解医院工程平面图

医院一层平面图及其讲解，如图7-1~图7-8所示；医院二层平面图及其讲解，如图7-9~图7-12所示；医院三层平面图及其讲解，如图7-13~图7-15所示；医院四层平面图及其讲解，如图7-16~图7-18所示。

医院屋顶平面图及其讲解，如图7-19~图7-21所示。

### 第3小时 详解医院工程立面图

医院立面图及其讲解，如图7-22~图7-25所示。

### 第4小时 详解医院工程剖面图

医院剖面图及其讲解，如图7-26和图7-27所示。

### 第5小时 详解医院工程楼梯详图

医院楼梯详图及其讲解，如图7-28~图7-33所示。

### 第6小时 详解医院工程卫生间详图

医院卫生间详图及其讲解，如图7-34和图7-35所示。

### 第7小时 详解医院工程门窗详图

医院门窗详图及其讲解，如图7-36、图7-37所示。

### 第8小时 详解医院工程墙身详图

医院墙身详图及其讲解，如图7-38~图7-46所示。

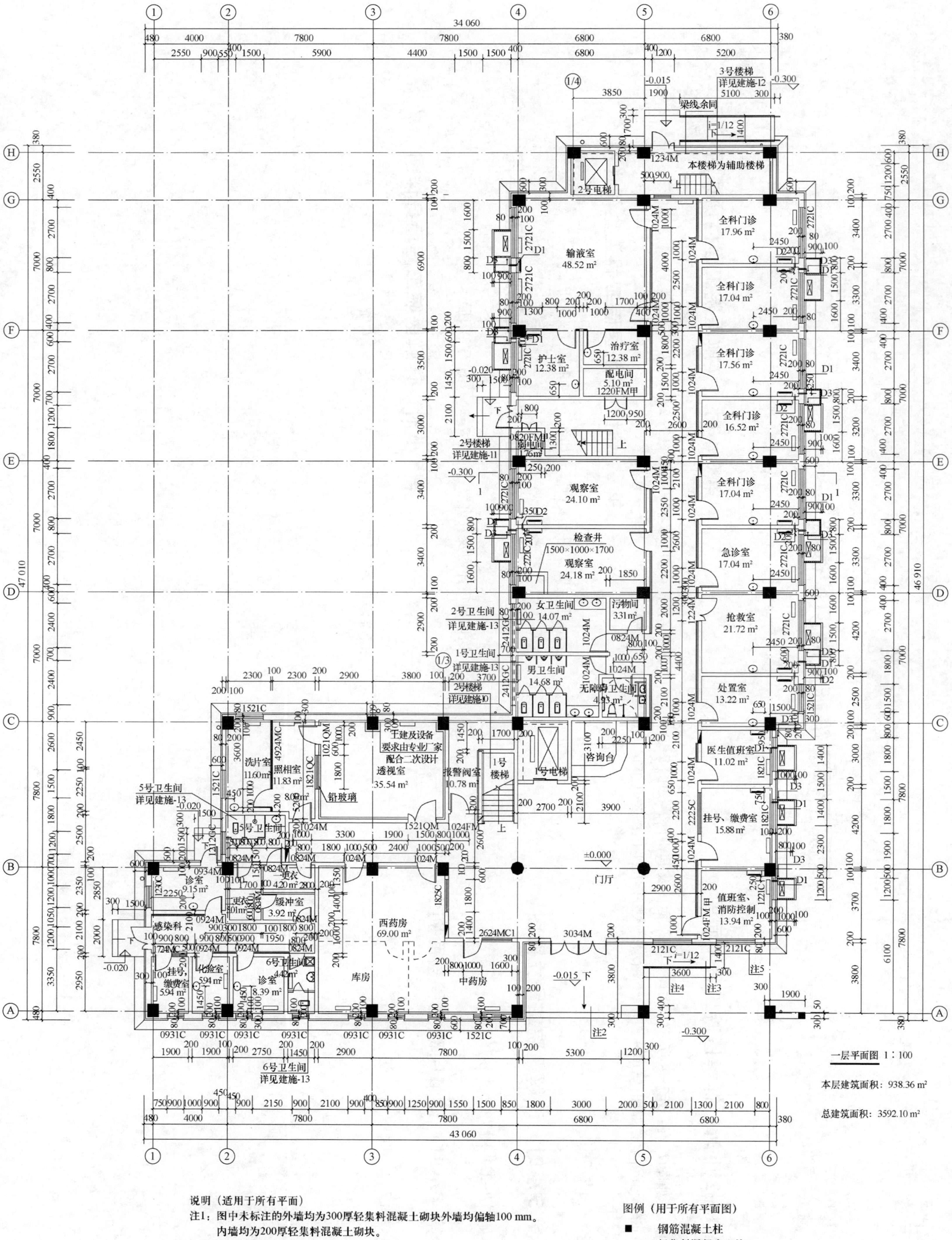


一层平面图 1∶100

本层建筑面积：938.36 m²

总建筑面积：3592.10 m²

说明（适用于所有平面）

注1：图中未标注的外墙均为300厚轻集料混凝土砌块外墙均偏轴100 mm。
内墙均为200厚轻集料混凝土砌块。

注2：台阶做法参见相关图集。

注3：无障碍坡道做法参见相关图集。

注4：坡道栏杆做法参见相关图集。

注5：散水宽度为600 mm，找坡4%，做法详见相关图集。

注6：空调墙体留洞D1、D2均为$\phi$70,D1中心距地400 mm，D2中心距2100 mm。

注7：空调墙冷凝水管为D3$\phi$30。

注8：卫生间地面标高比户内标高低20 mm，地面向地漏找0.5的坡。

图例（用于所有平面图）

- ■ 钢筋混凝土柱
- 轻集料混凝土砌块
- 80 mm厚岩棉复合板
- 空调室内机位置示意
- 空调室外机
- 空调百叶
- 消火栓
- 散热器

**图7-1 一层平面图**

**导读：**

本图为医院一层平面图讲解，本层建筑面积为938.36m²，层高为4.2m。

主要部分组成如下：

感染科室（挂号、缴费室，化验室，诊室，缓冲室，一更衣，二更衣，卫生间）：本科室主要为传染性疾病患者，因此要与其他科室分开，形成独立。与其他科室相连时要经过一更衣、二更衣、缓冲室，依次相连。

放射科室（透视室、照相室、洗片室）：本科室是要注意透视室具有放射性，因此地面、楼面及周围墙面必须由专业厂家配合设计，方可施工。

公共空间（药房，大厅，咨询，值班室，卫生间，挂号、缴费室）：本空间要注意各功能链接，有机组合在一起。药房分为中药房、西药房及库房。

抢救科室（医生值班室、处置室、抢救室、急诊室、观察室）：本科室要注意功能的连续性，一定要设置在距离建筑主入口不太远的位置。

全科诊室（全科诊室、输液室、治疗室、护士站）。

注：首层平面图中的"说明（适用于所有平面）"是对工程中某些部位的具体做法、墙体定位及墙体材料的解释说明。

**台阶：**

注意台阶做法（注2），与无障碍坡道链接的台阶较室内地面降低15mm，普通台阶较室内地面降低20mm，入口处以斜坡过度方式连接，详见台阶墙身附图。

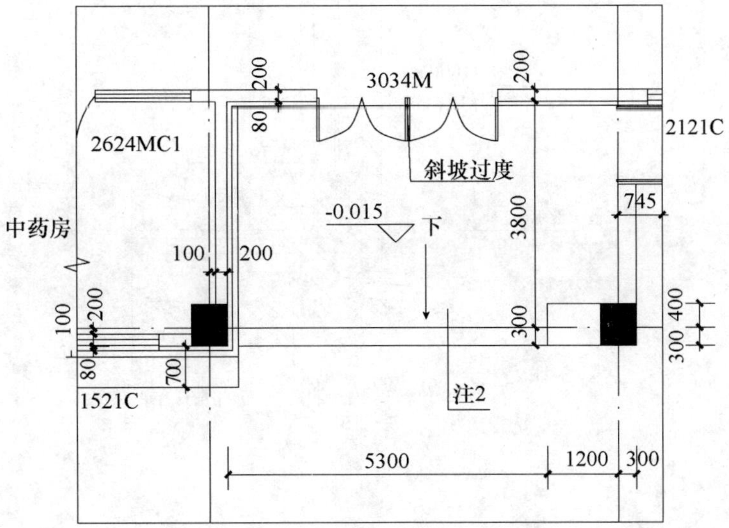

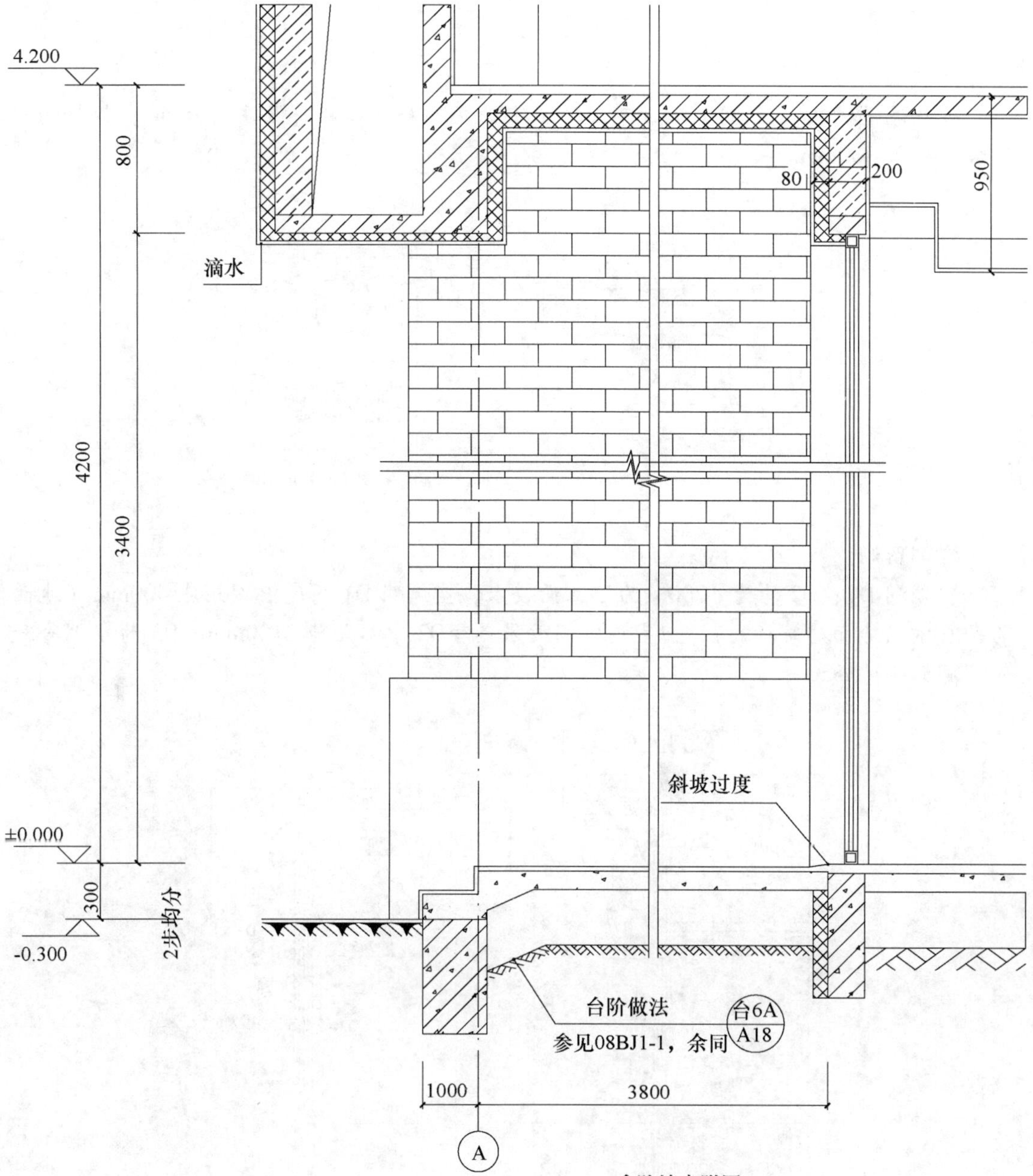

图7-2 一层平面图讲解（一）

无障碍坡道：

注意坡道做法（注3），坡度不大于1/12。无障碍坡道栏杆做法（注4），栏杆两端较坡道延长300mm。

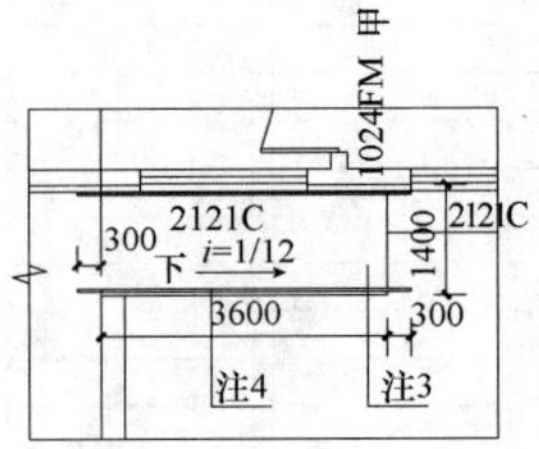

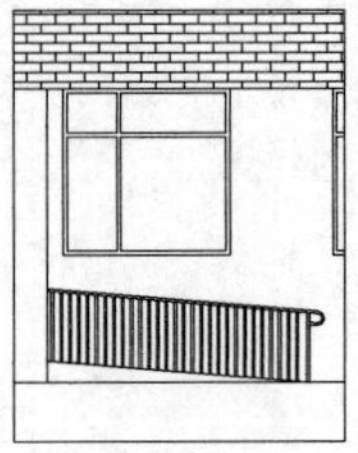

无障碍坡道及栏杆立面图

空调留洞：

空调洞D1、D2均为φ700。为了立面要求，空调洞D1高度中心距地400mm（地面为每层室内地面建筑标高），但室内空间效果差。D2中心距地2100mm。D3为空调冷凝管留洞大小为φ30。

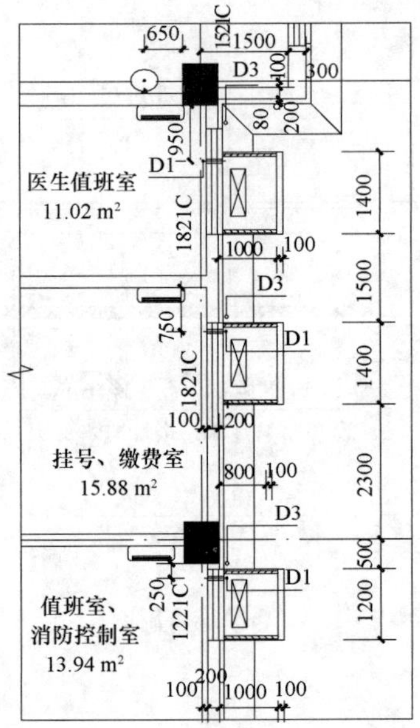

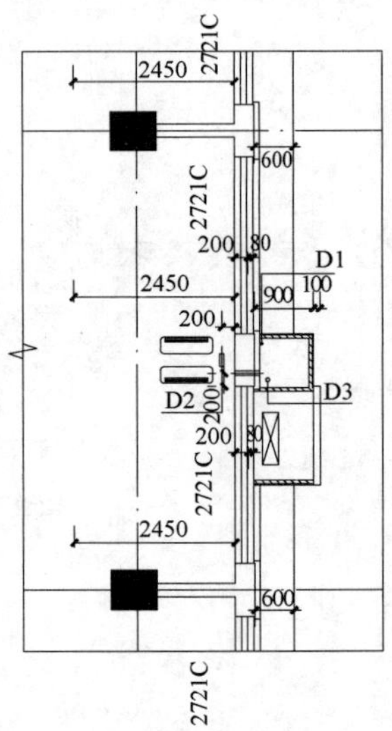

散水：

注意散水做法（注5），散水宽度一般为800mm宽，根据经验散水宽度从建筑结构面算600mm即可。散水找坡为4%。详见散水墙身附图。

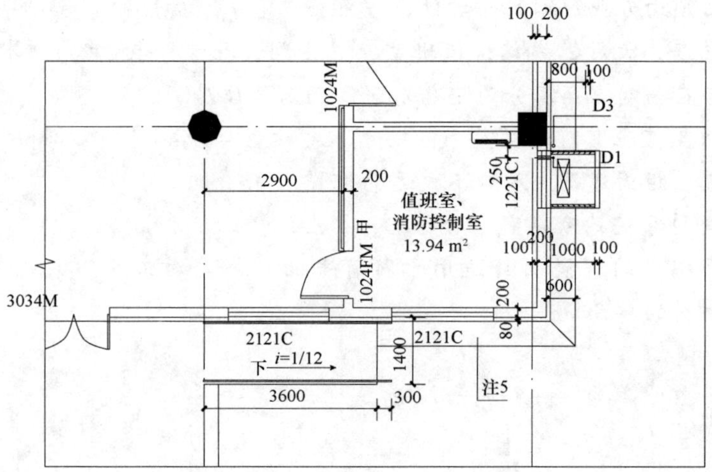

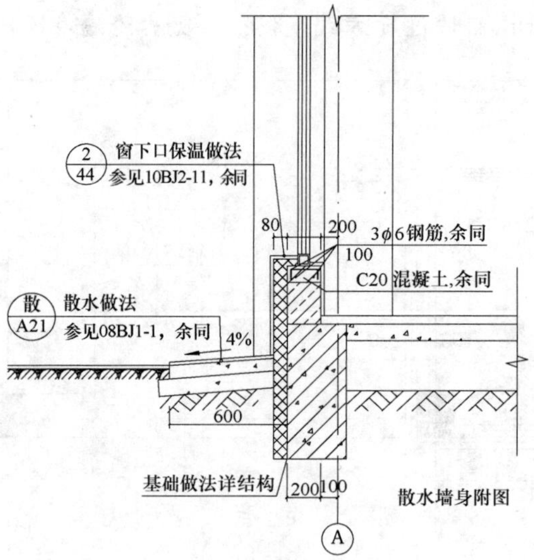

散水墙身附图

图 7-3 一层平面图讲解（二）

走廊扶手：
医疗建筑、老年建筑的走廊要设置扶手，扶手分两层设置高度分别为900 mm、650 mm，具体做法参见图集。

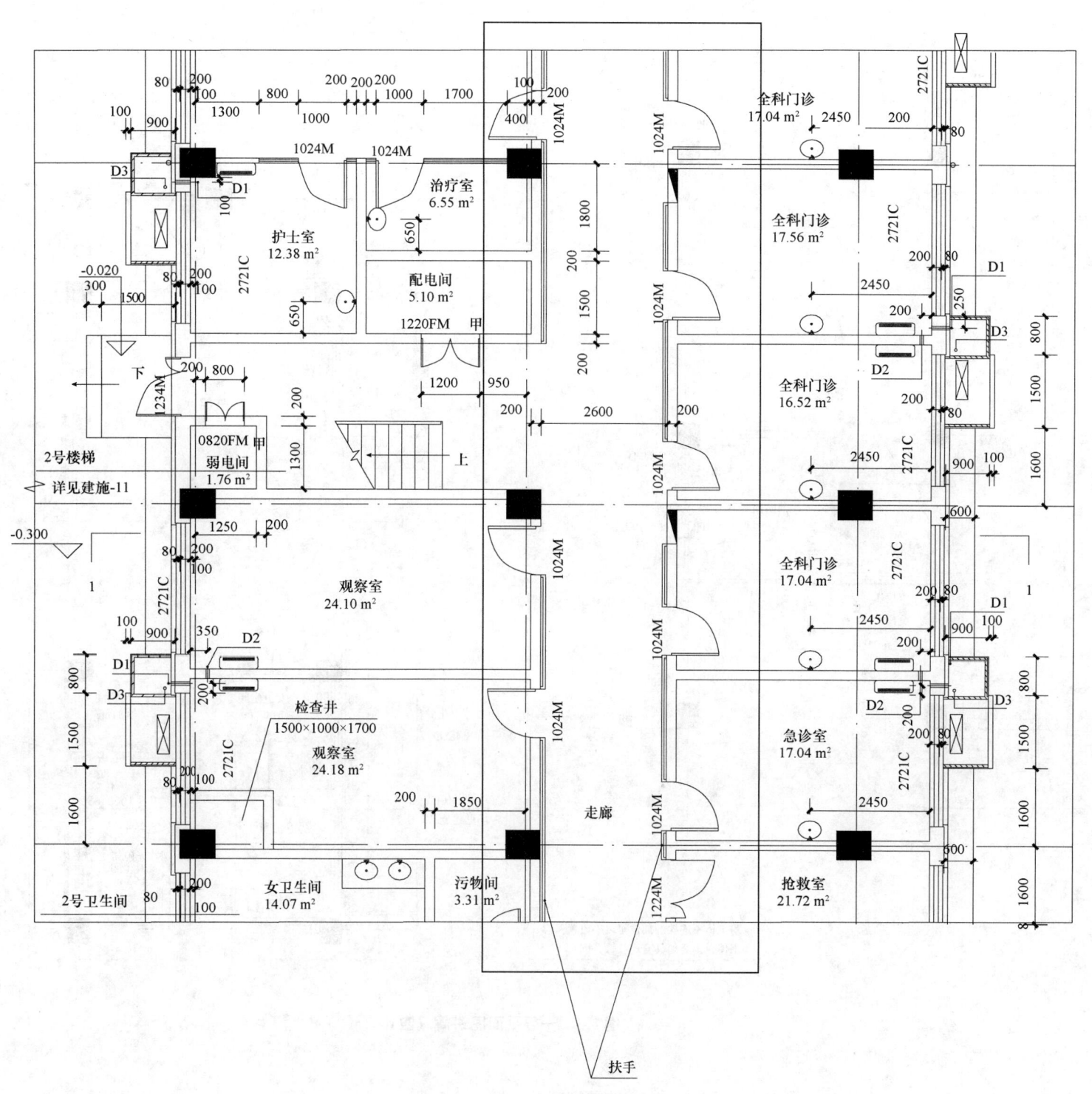

**图7-4　一层平面图讲解（三）**

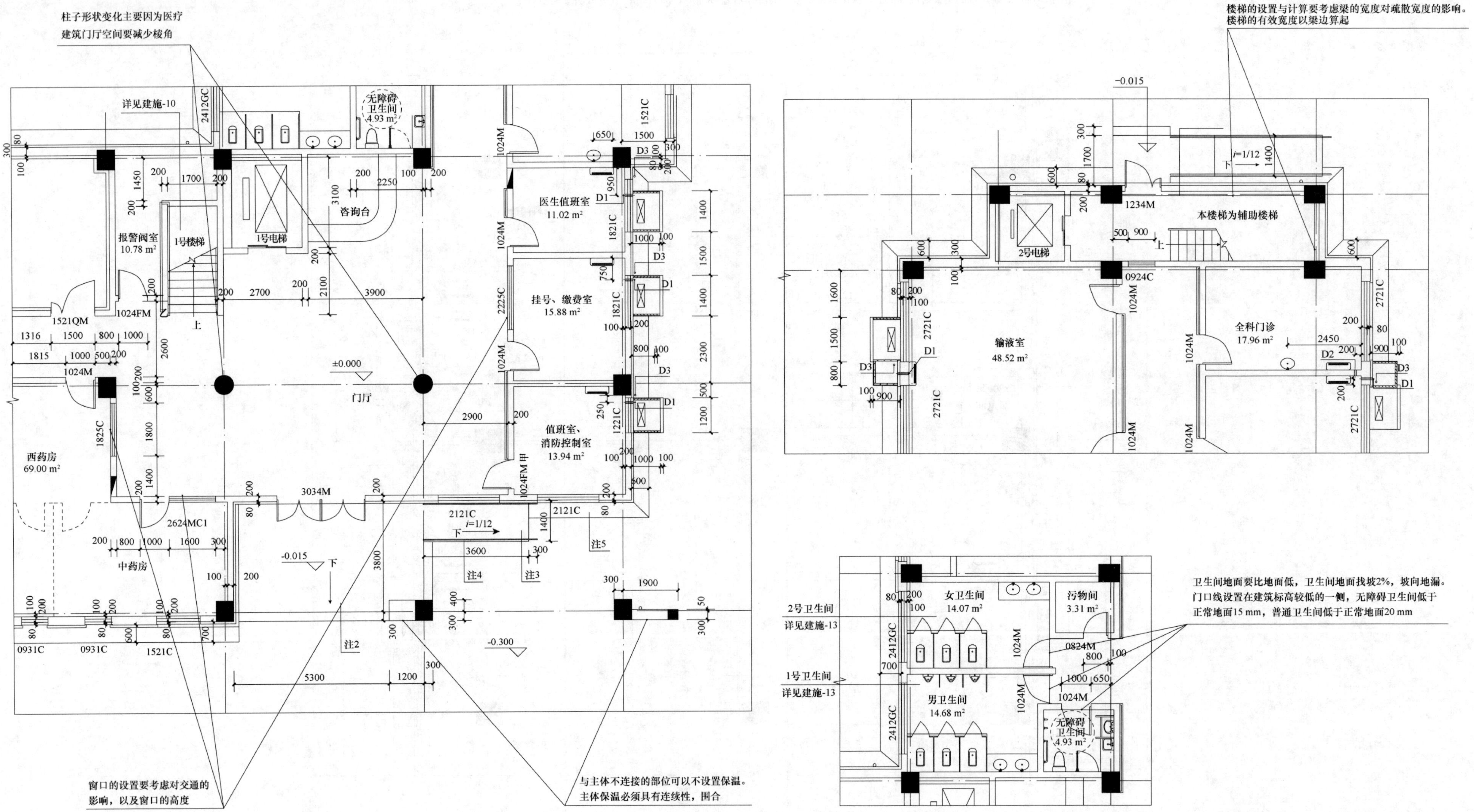

图7-5 一层平面图讲解（四）

墙厚：

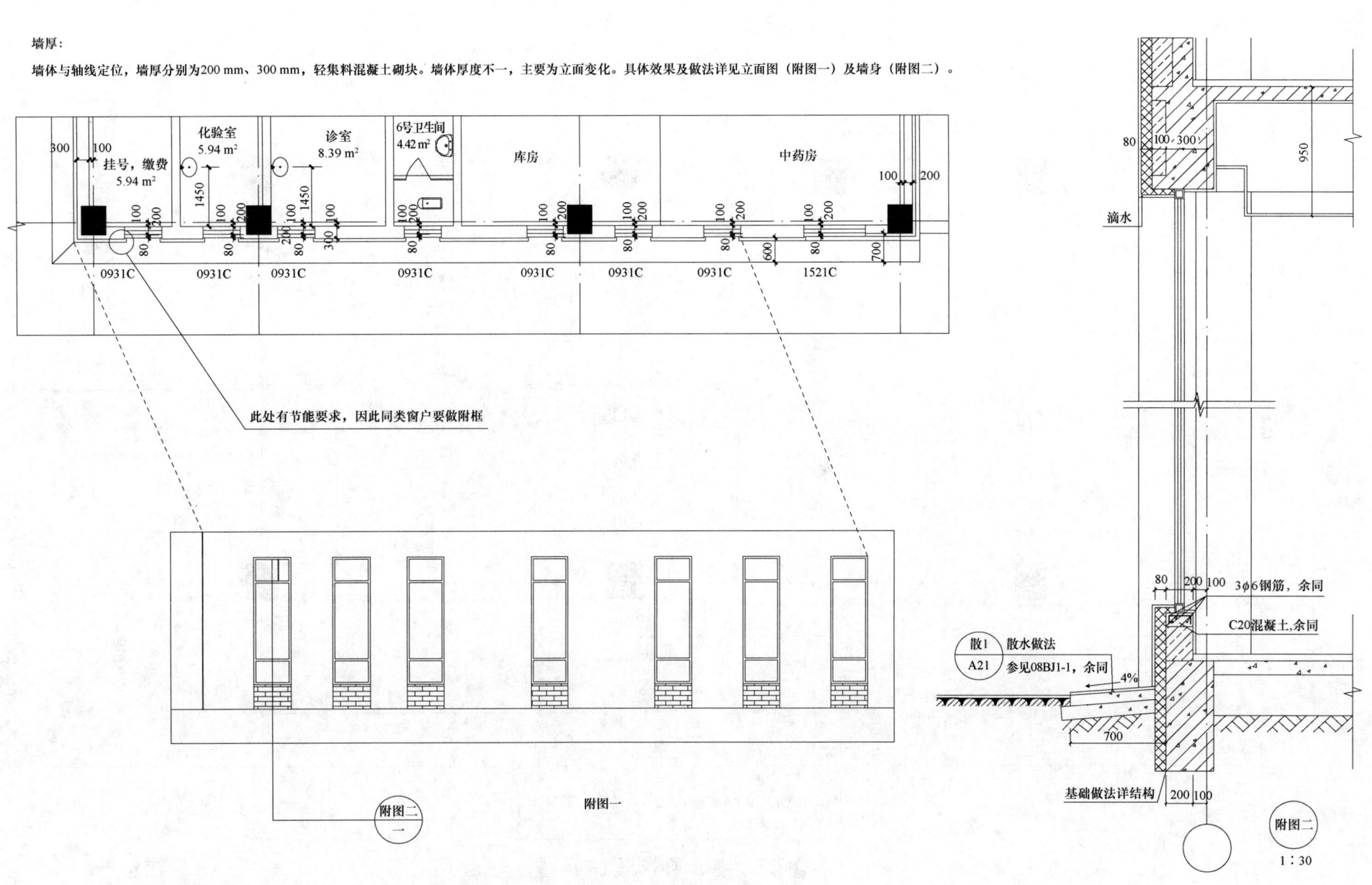

墙体与轴线定位，墙厚分别为200 mm、300 mm，轻集料混凝土砌块。墙体厚度不一，主要为立面变化。具体效果及做法详见立面图（附图一）及墙身（附图二）。

此处有节能要求，因此同类窗户要做附框

附图一

附图二 1:30

图 7-6　一层平面图讲解（五）

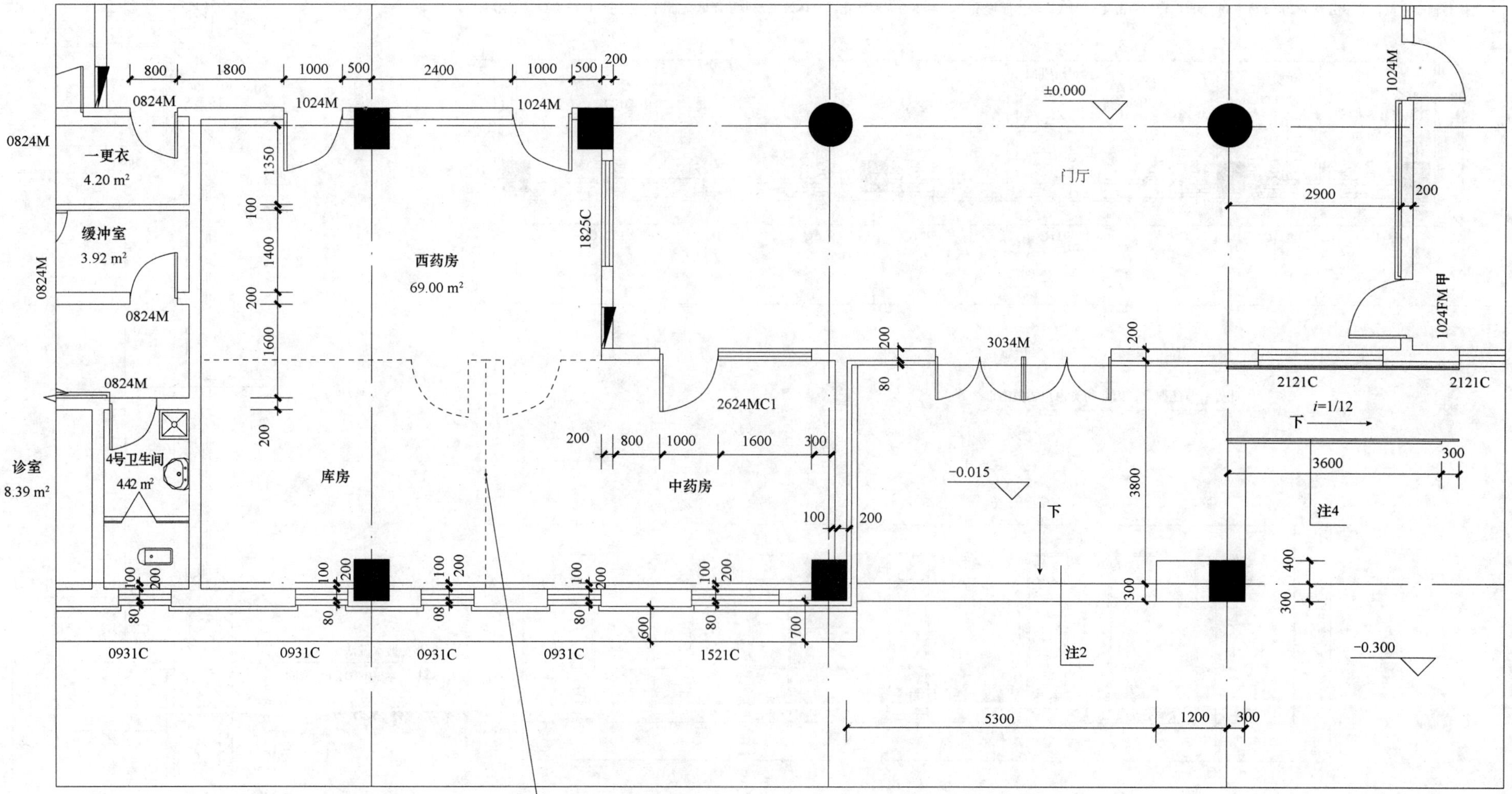

图中的虚线表示适用房根据使用方便度进行的二次装修。
本图中为建议性设计

**图 7-7　一层平面图讲解（六）**

图7-8 一层平面图讲解（七）

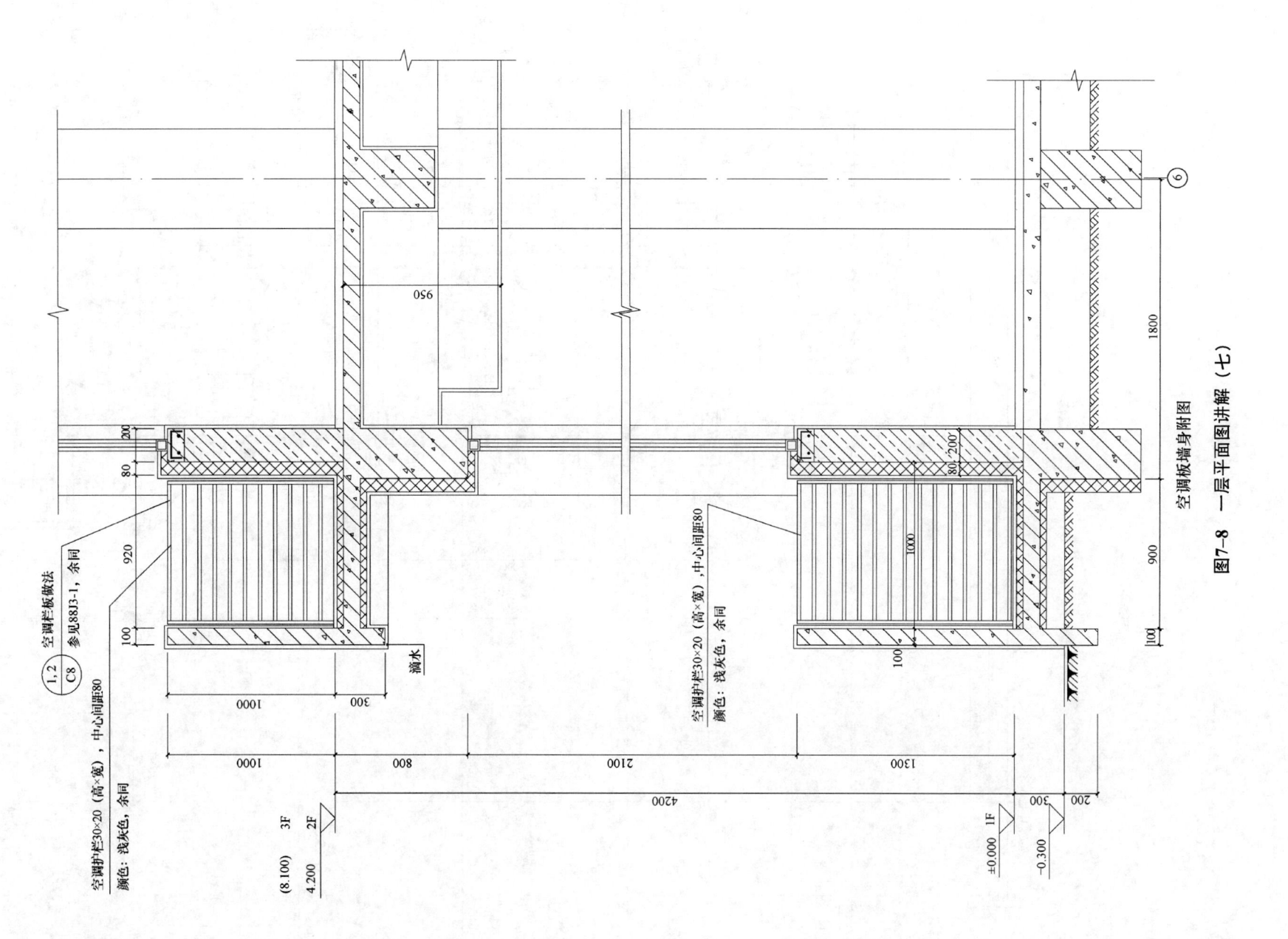

图7-9 二层平面图

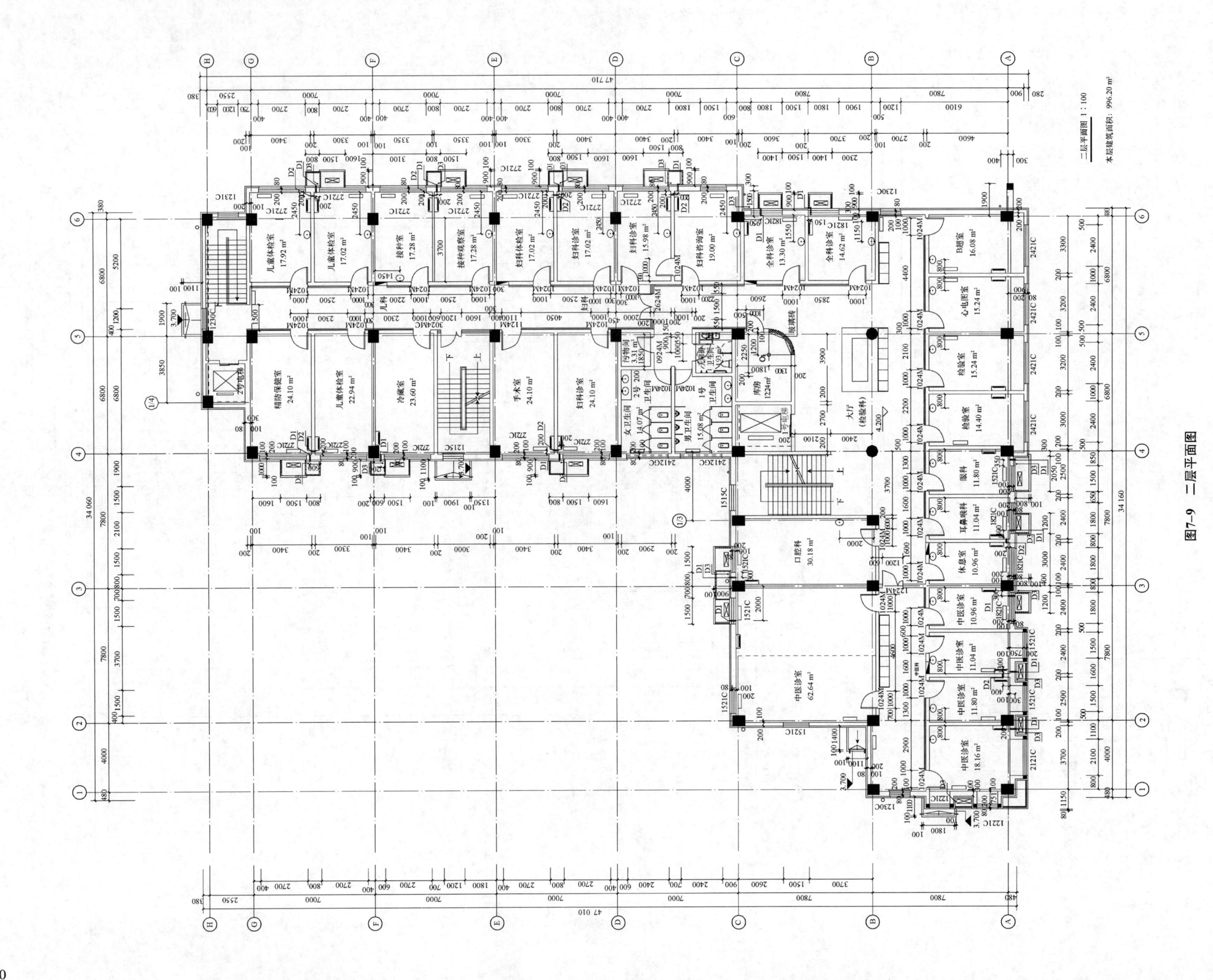

**导读：**

本图为社区卫生服务中心二层平面图讲解，本层建筑面积：996.20m²，层高4.2m。

主要部分组成：专科门诊（耳鼻喉科、眼科、口腔科）；中医科（中医诊室）；检验科（检验室、心电图室、B超室）；全科诊室（全科诊室）；儿童妇女保健科（妇科诊室、手术室、接种观察室、冷藏室、接种室、儿童体检室、精防保健室）；公共空间（大厅、咨询、卫生间）。

以下为各部位平面、立面、剖面图。

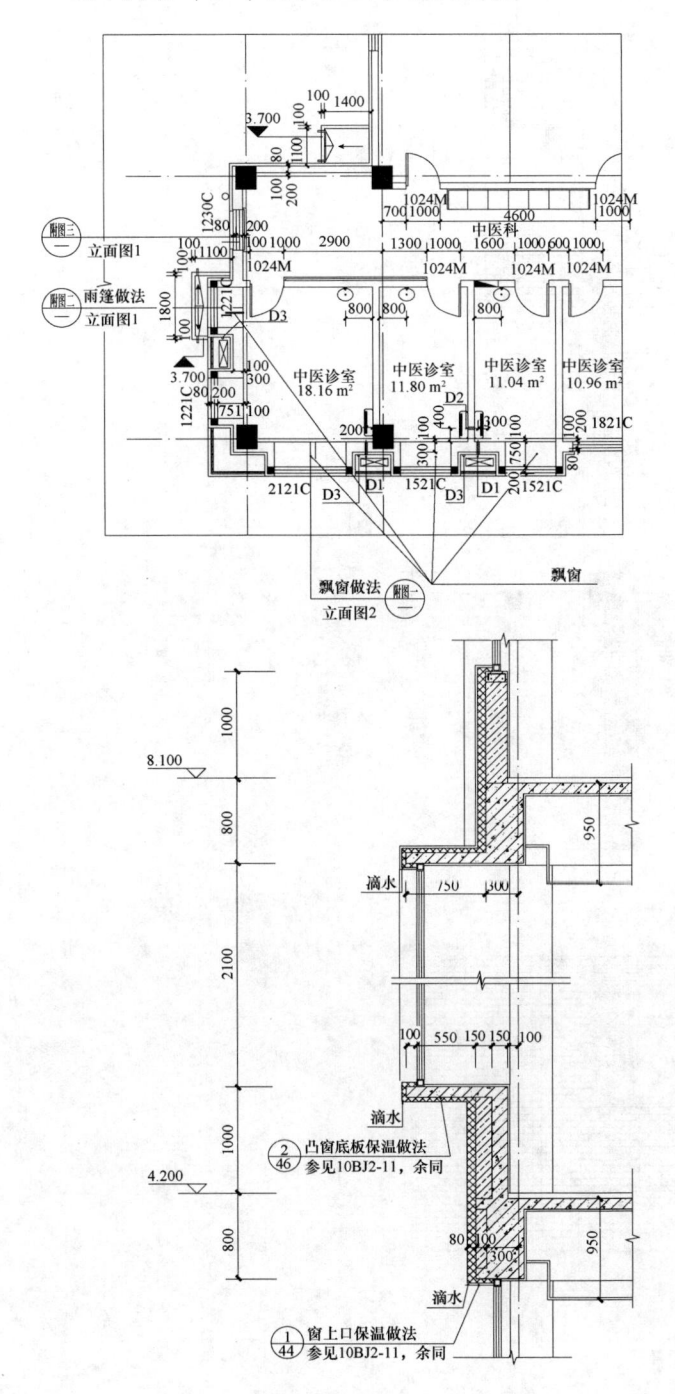

附图一　飘窗做法

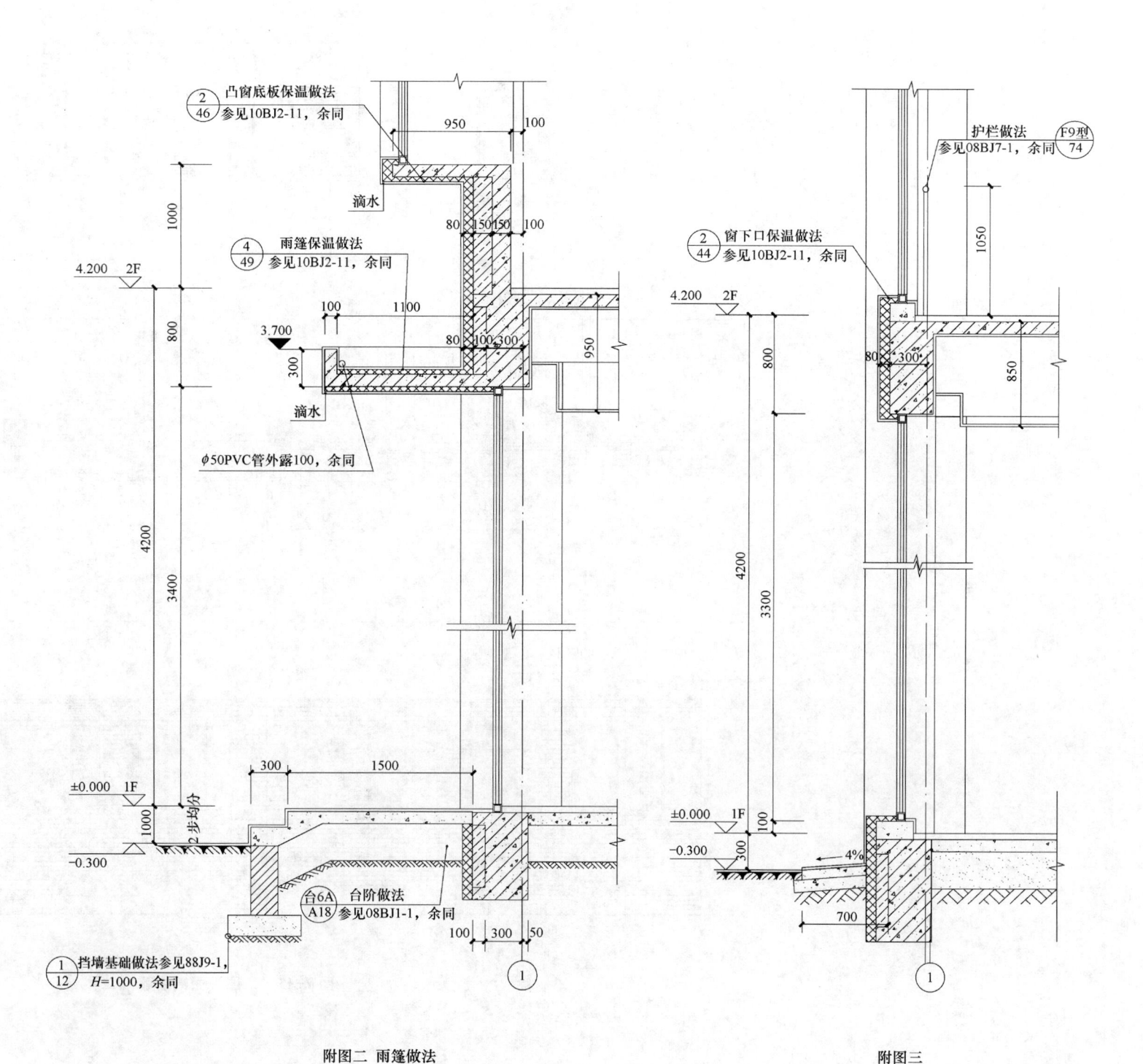

附图二　雨篷做法

附图三

**图7-10　二层平面图讲解（一）**

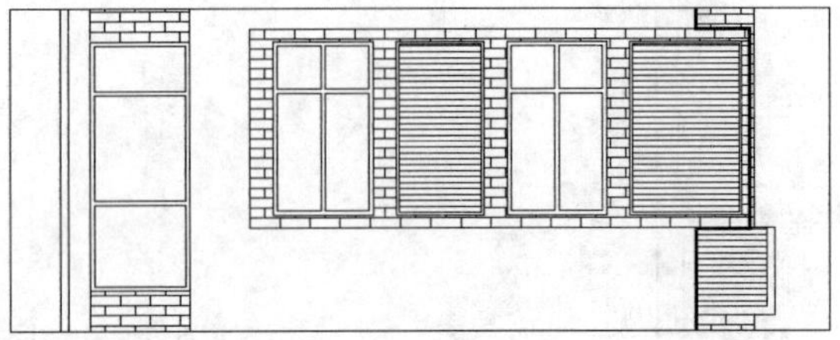

图 7-11 二层平面图讲解（二）

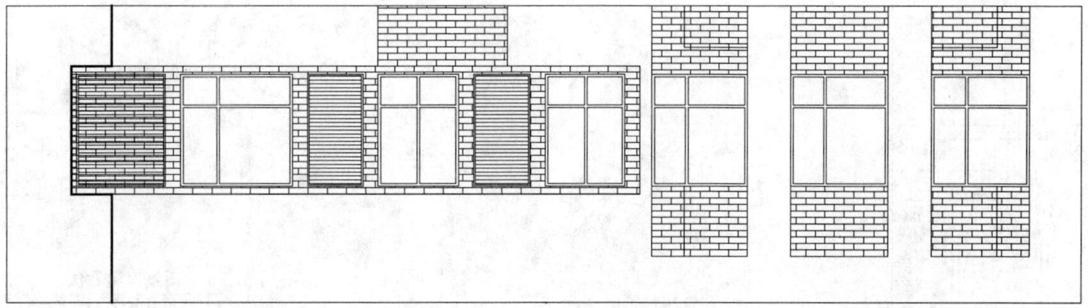

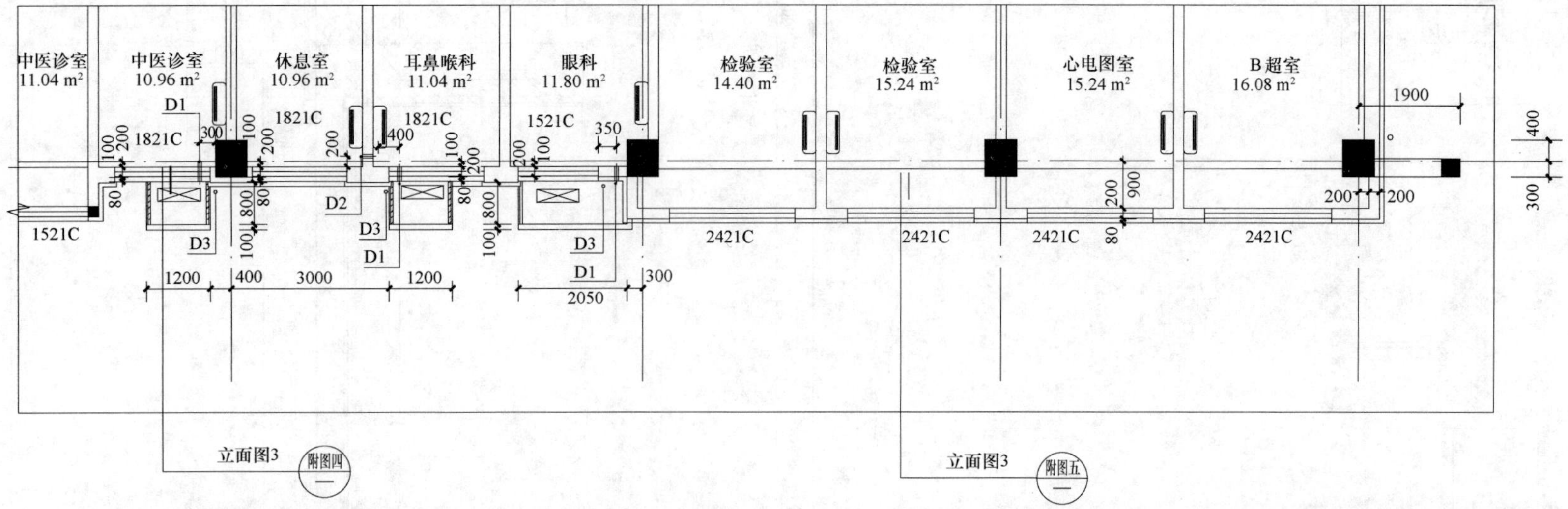

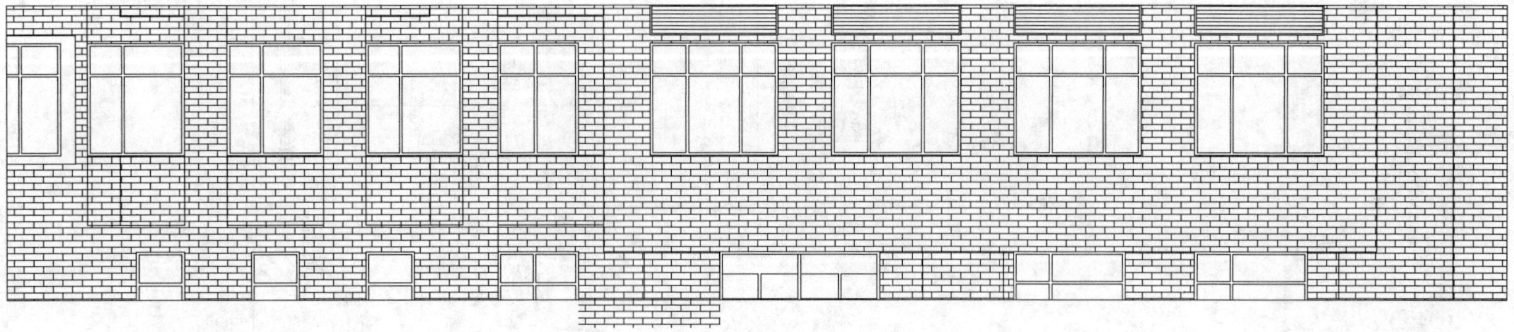

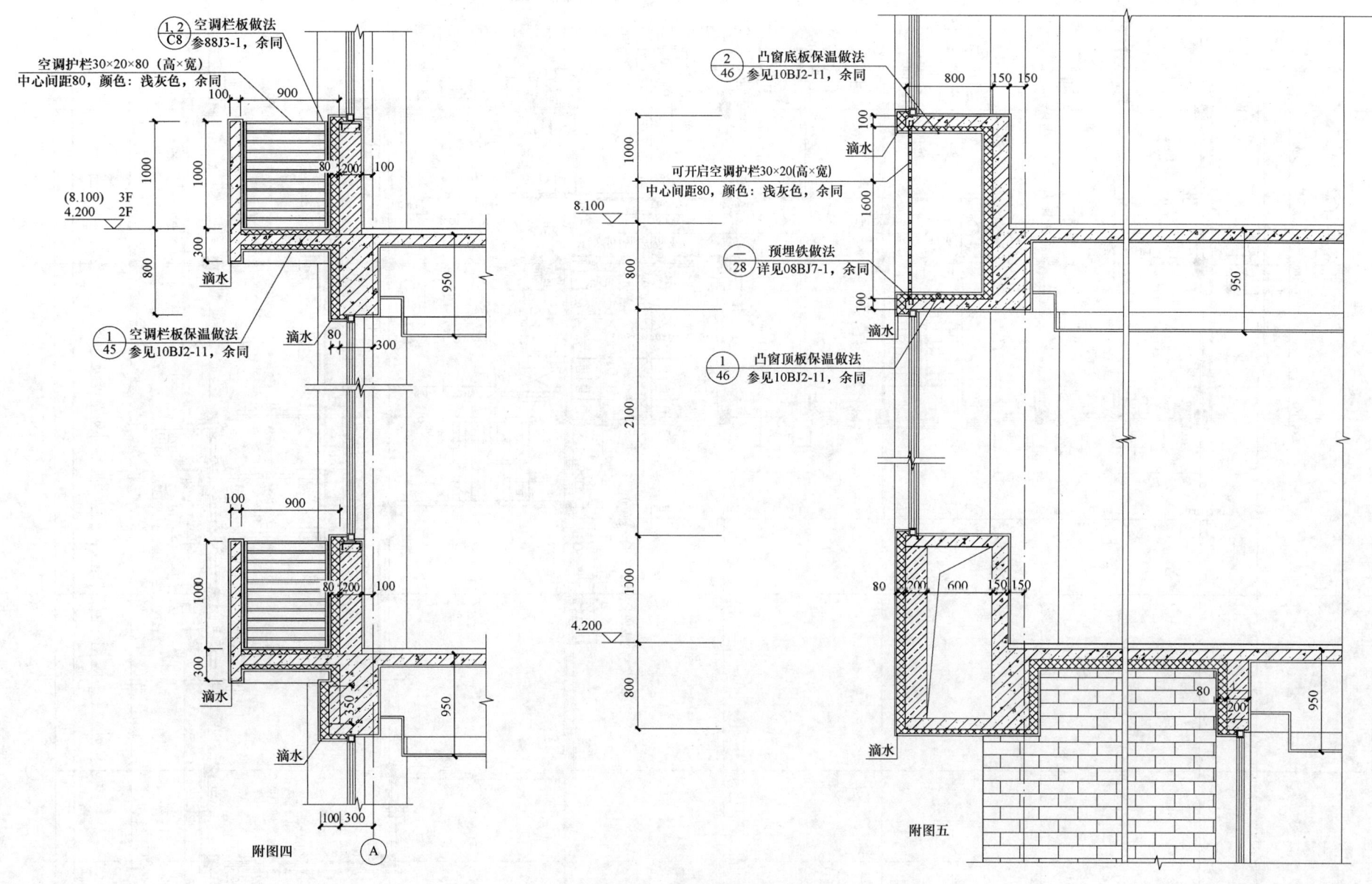

图 7-12 二层平面图讲解（三）

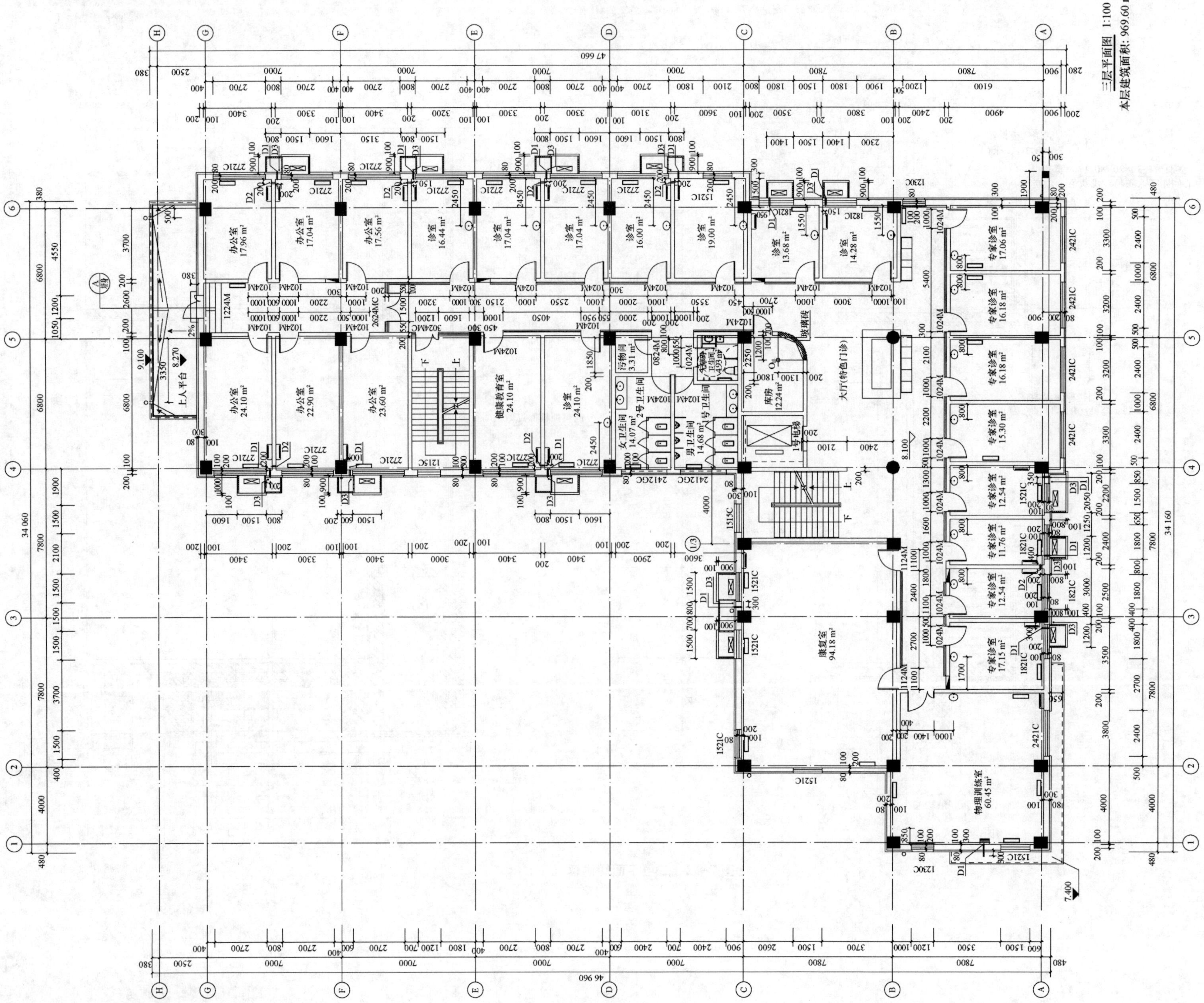

图7-13 三层平面图

**导读：**

本图为医院三层平面图讲解，本层建筑面积为996.20m²，层高为3.9m。

主要部分组成：专家门诊（专家诊室、诊室）；健康教育科（健康教育室）；医院办公区（办公室）；公共空间（大厅、库房）；康复区（物理训练室、康复室）。建筑内幕的平面信息和表示方法与一层相同。

从三层平面图可知局部平面标高为8.270m（详见附图一）。

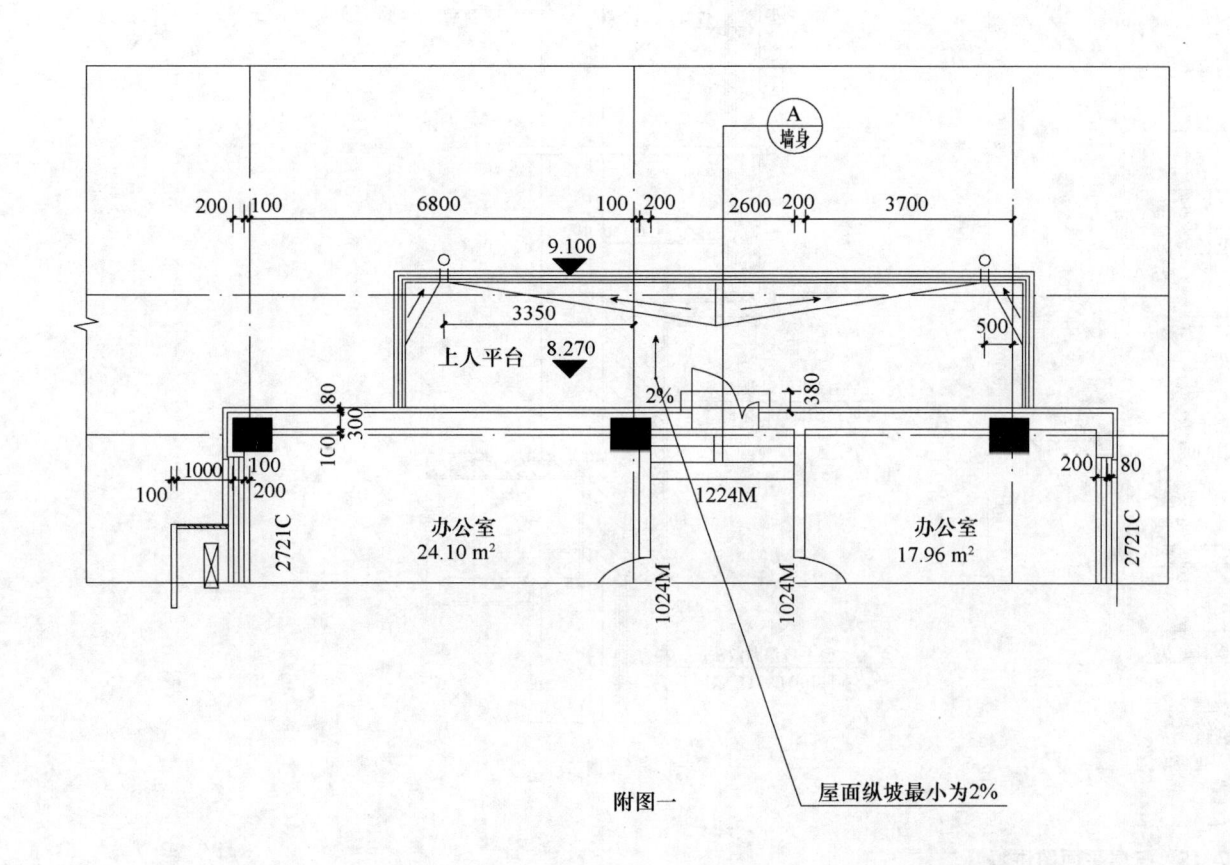

附图一

图7-14 三层平面图讲解（一）

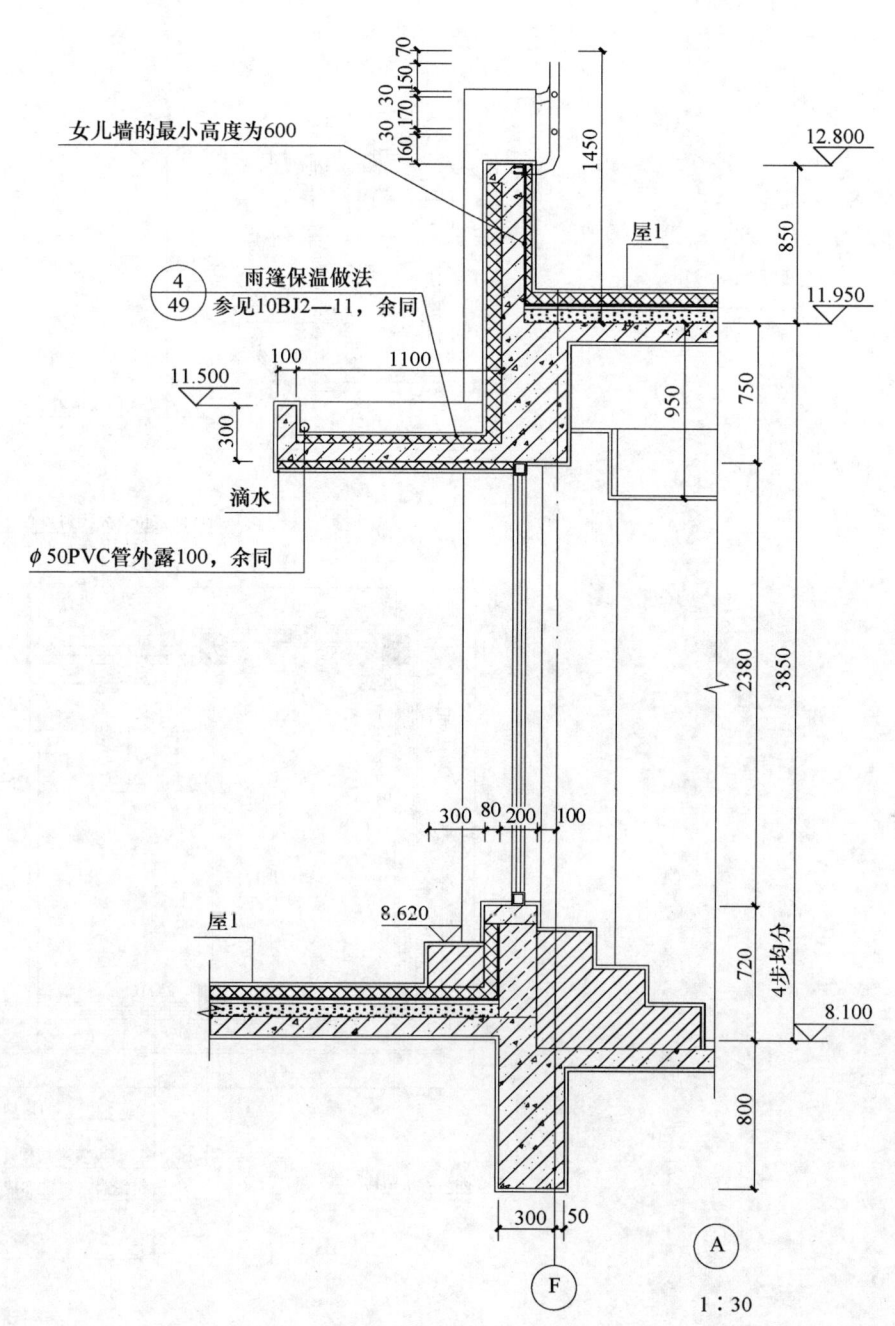

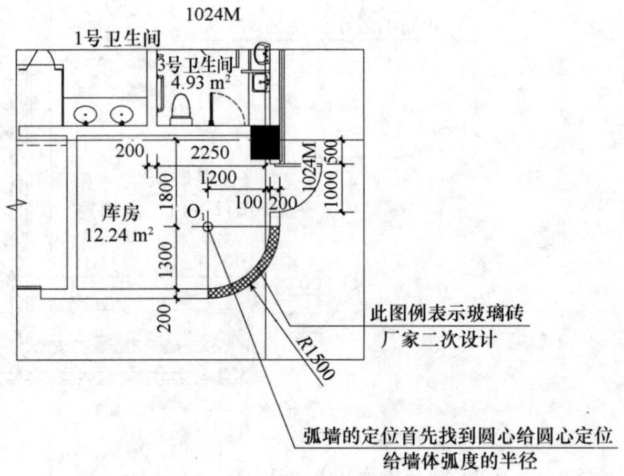

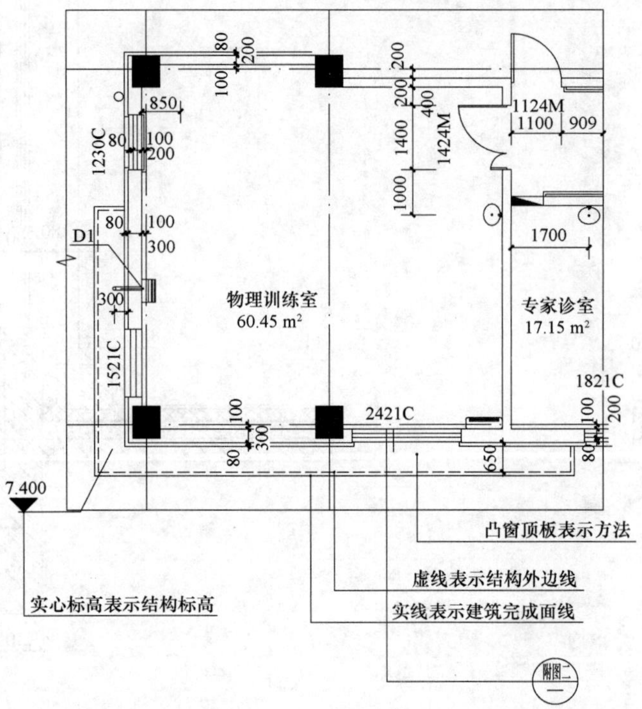

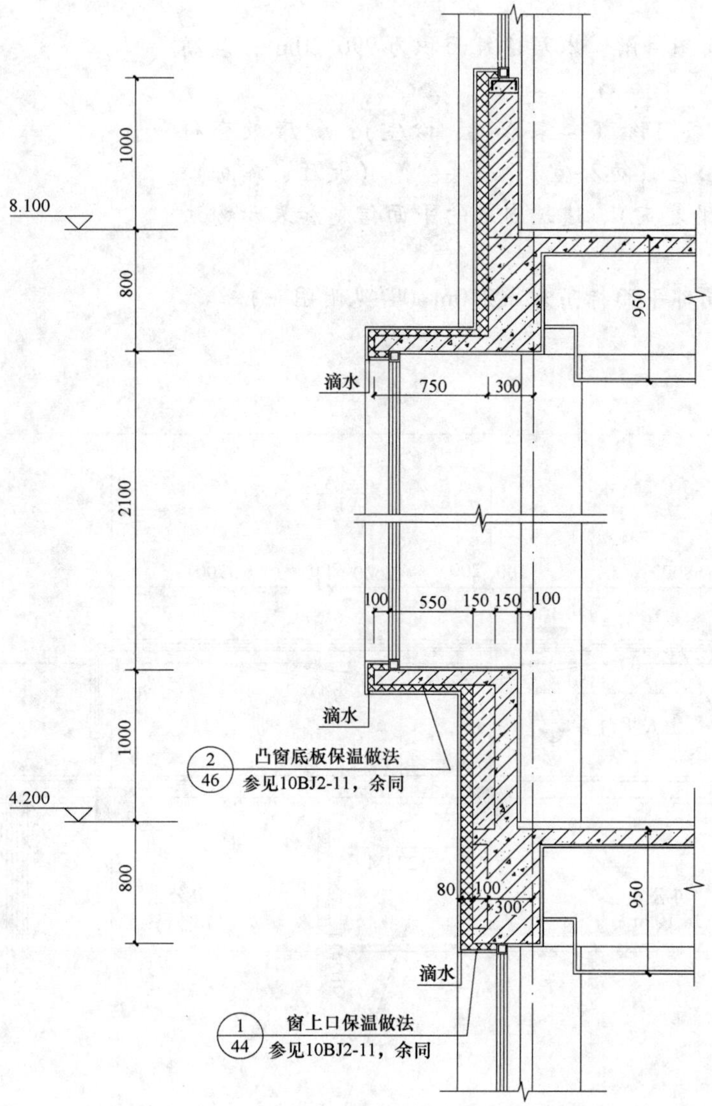

图 7-15 三层平面图讲解（二）

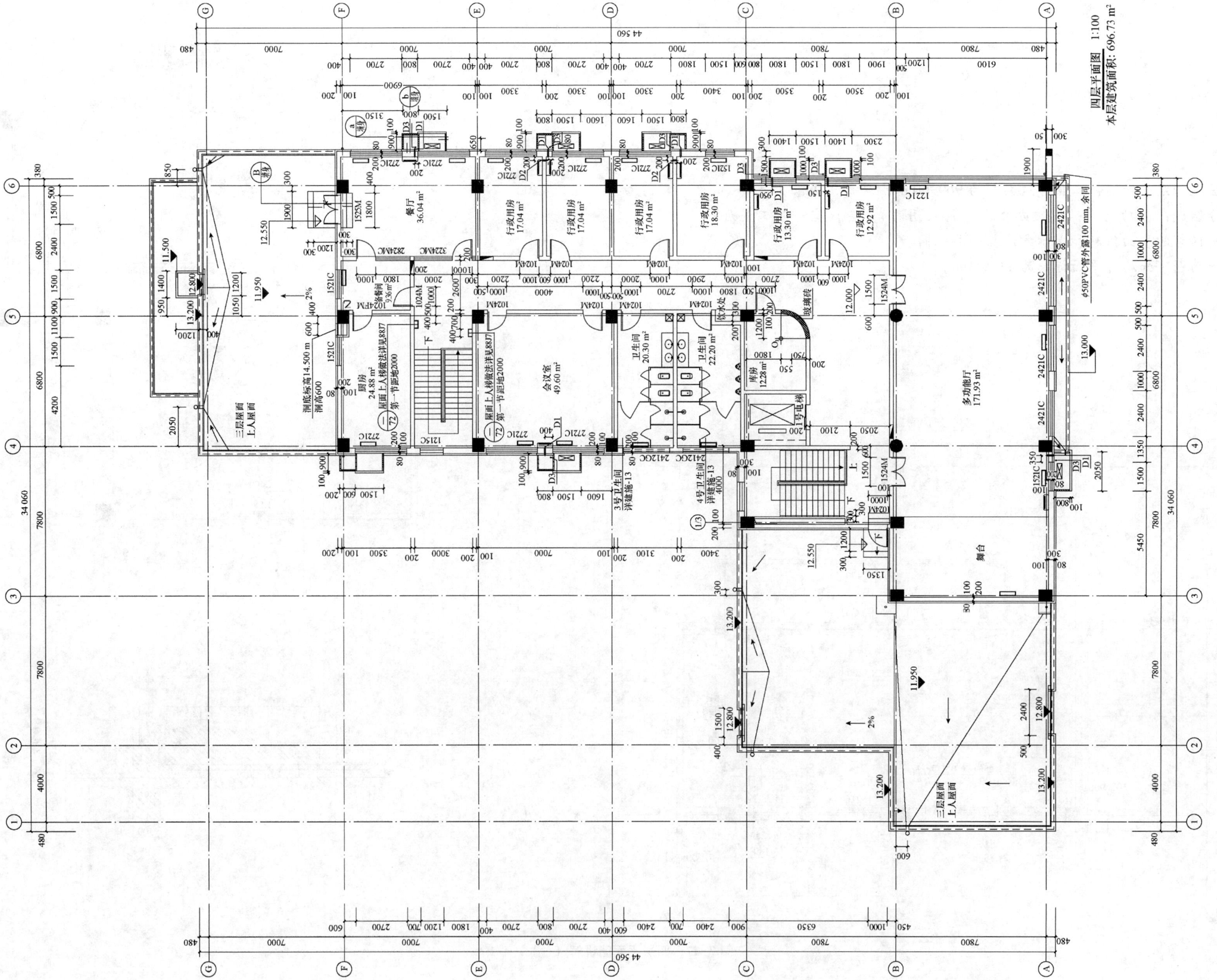

图7-16 四层平面图

**导读：**

本图为医院四层平面图，本层建筑面积为 969.60 m²，层高 3.9 m。

主要部分组成：多功能厅；行政办公区（行政用房）；会议室；职工餐厅及厨房。建筑内部的平面信息和表示方法与一层相同。

从四层平面图可知局部平面标高为 11.950 m。

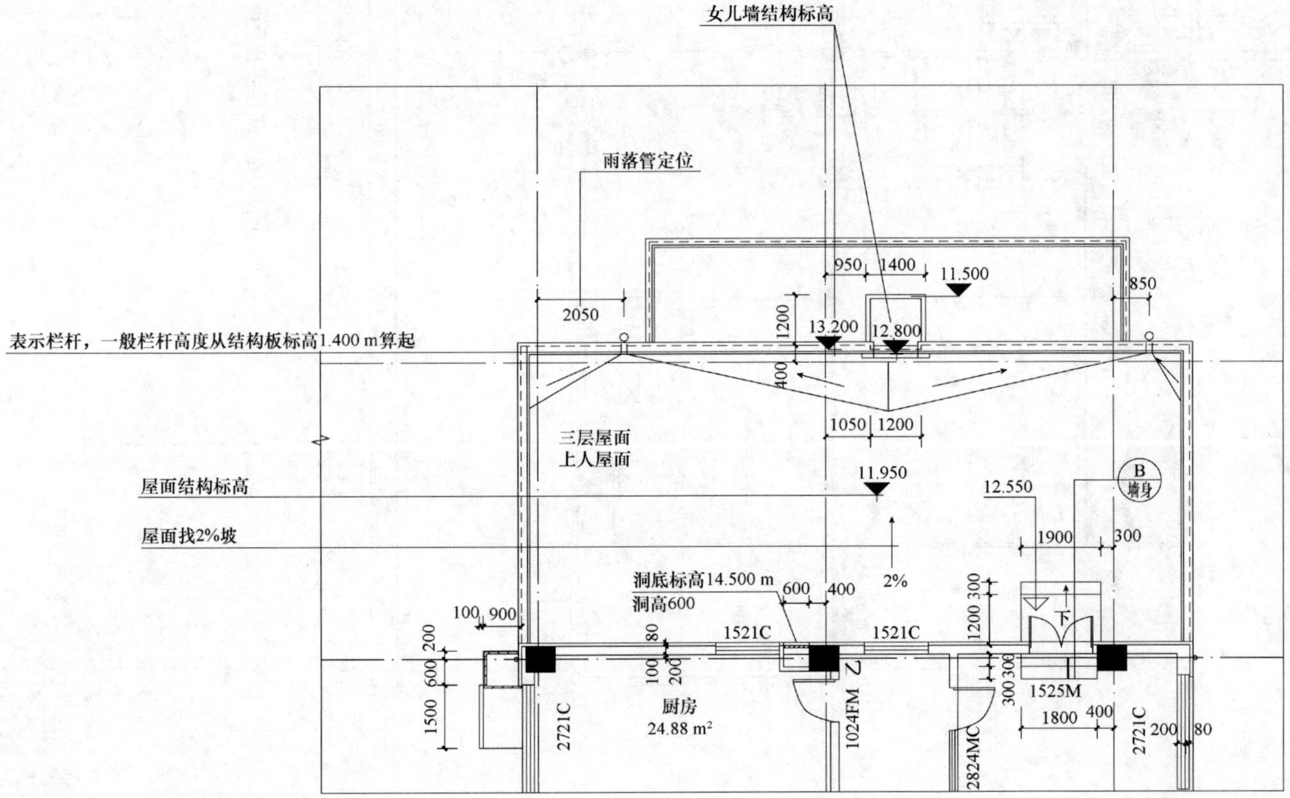

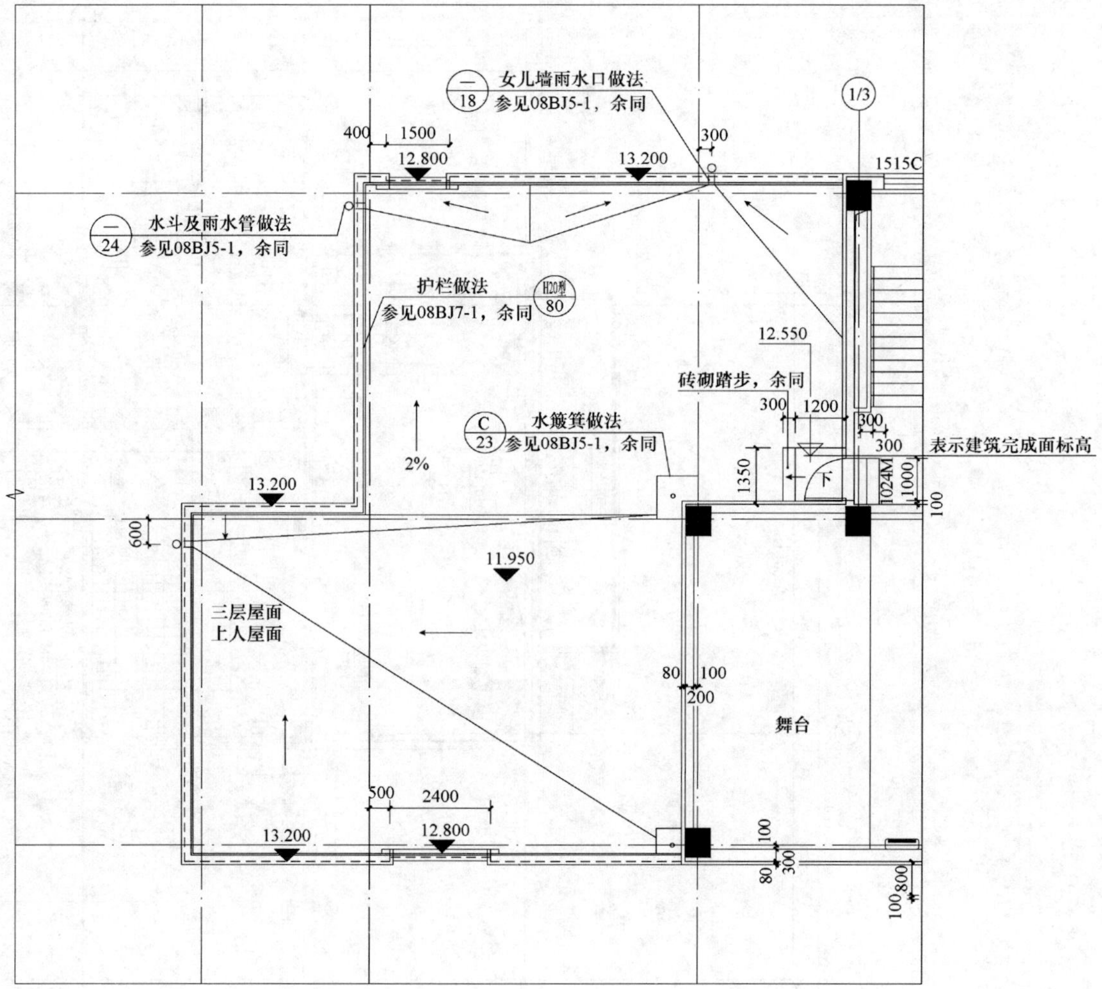

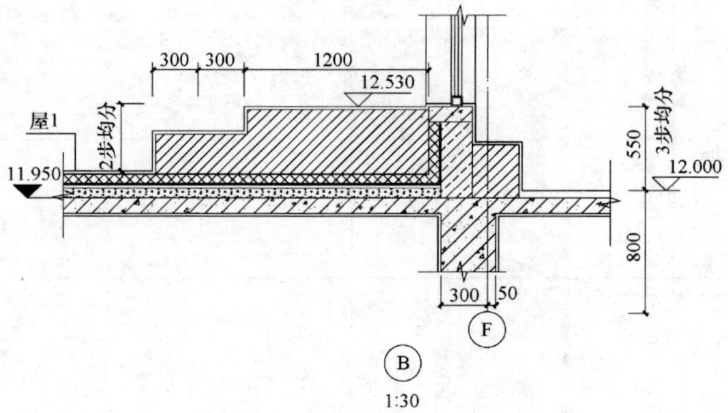

图 7-17　四层平面图讲解（一）

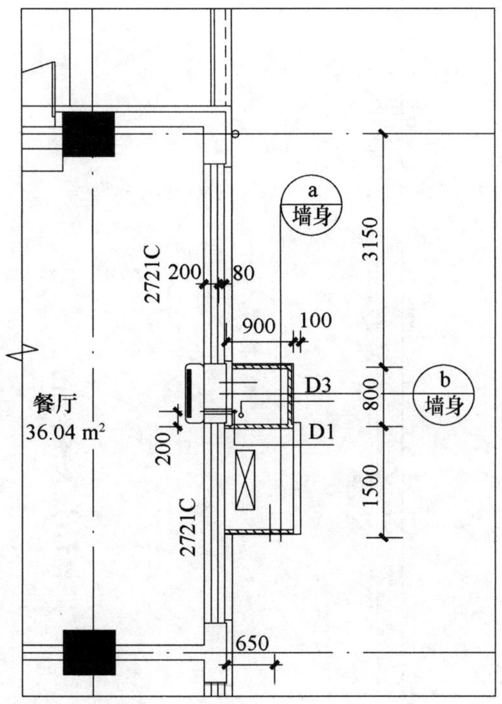

图 7-18　四层平面图讲解（二）

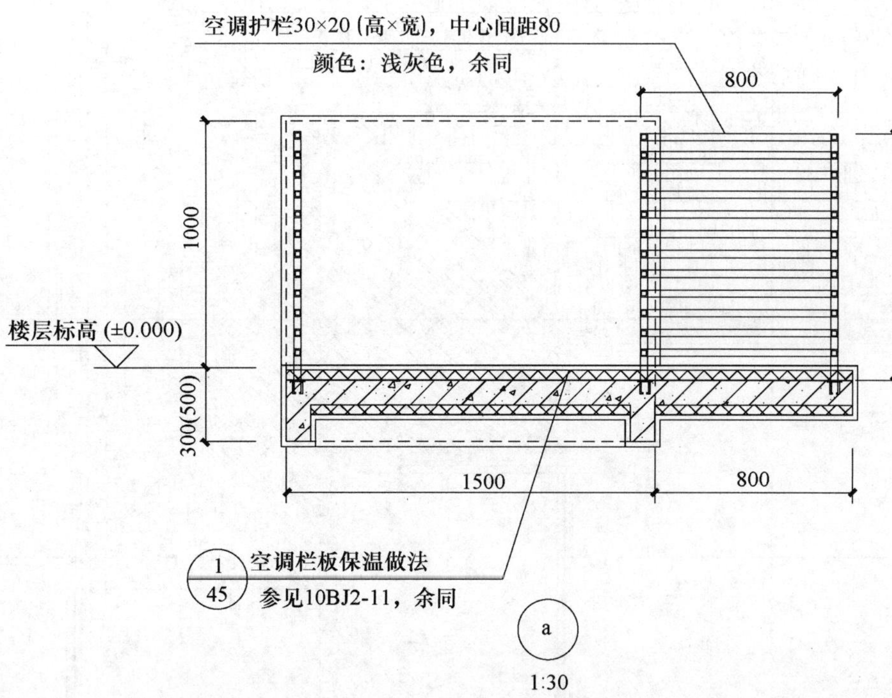

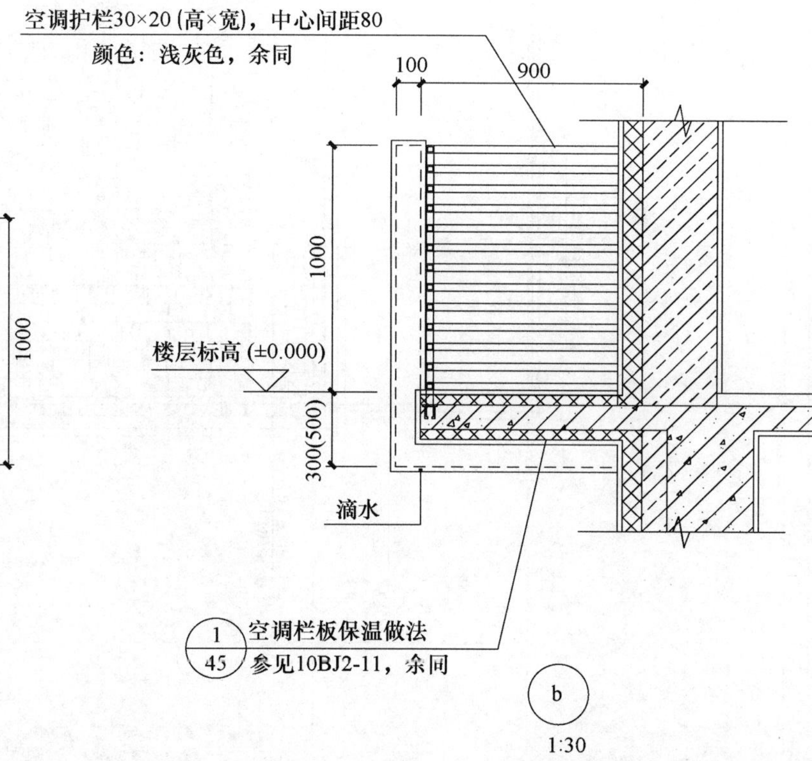

图7-19 屋顶平面图

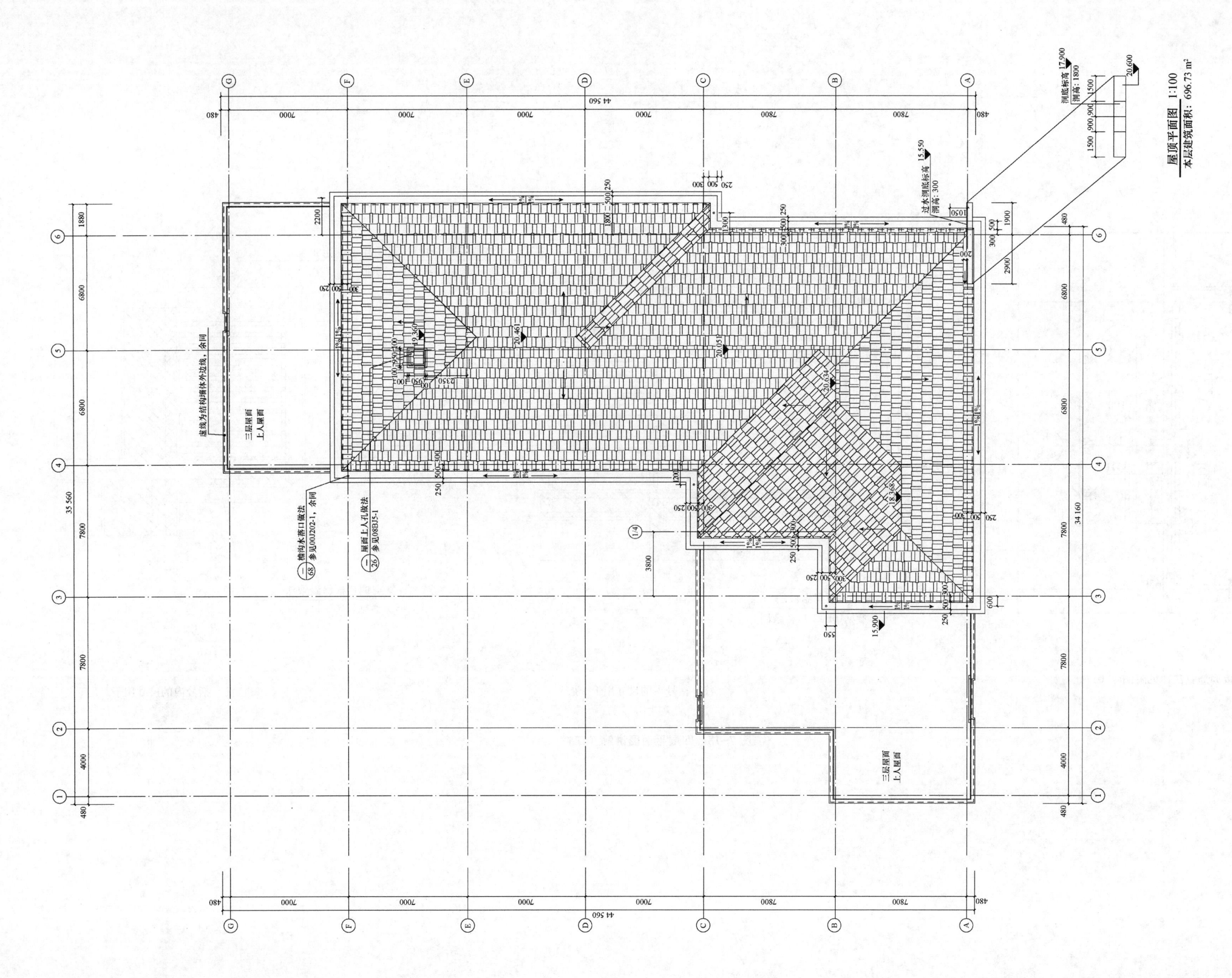

**导读：**

本图为医院屋顶平面图讲解。

屋顶平面图表示建筑物屋面的布置情况及排水方式。如屋面的排水方向、坡度、雨水管的位置、突出屋面的物体，以及细部做法。

该屋面为坡屋面，应结合1—1剖面图及墙身识图，屋面具体做法详见建筑设计说明。

图中标有排水方向，表示檐沟的排水方向，檐沟排水找坡1%。

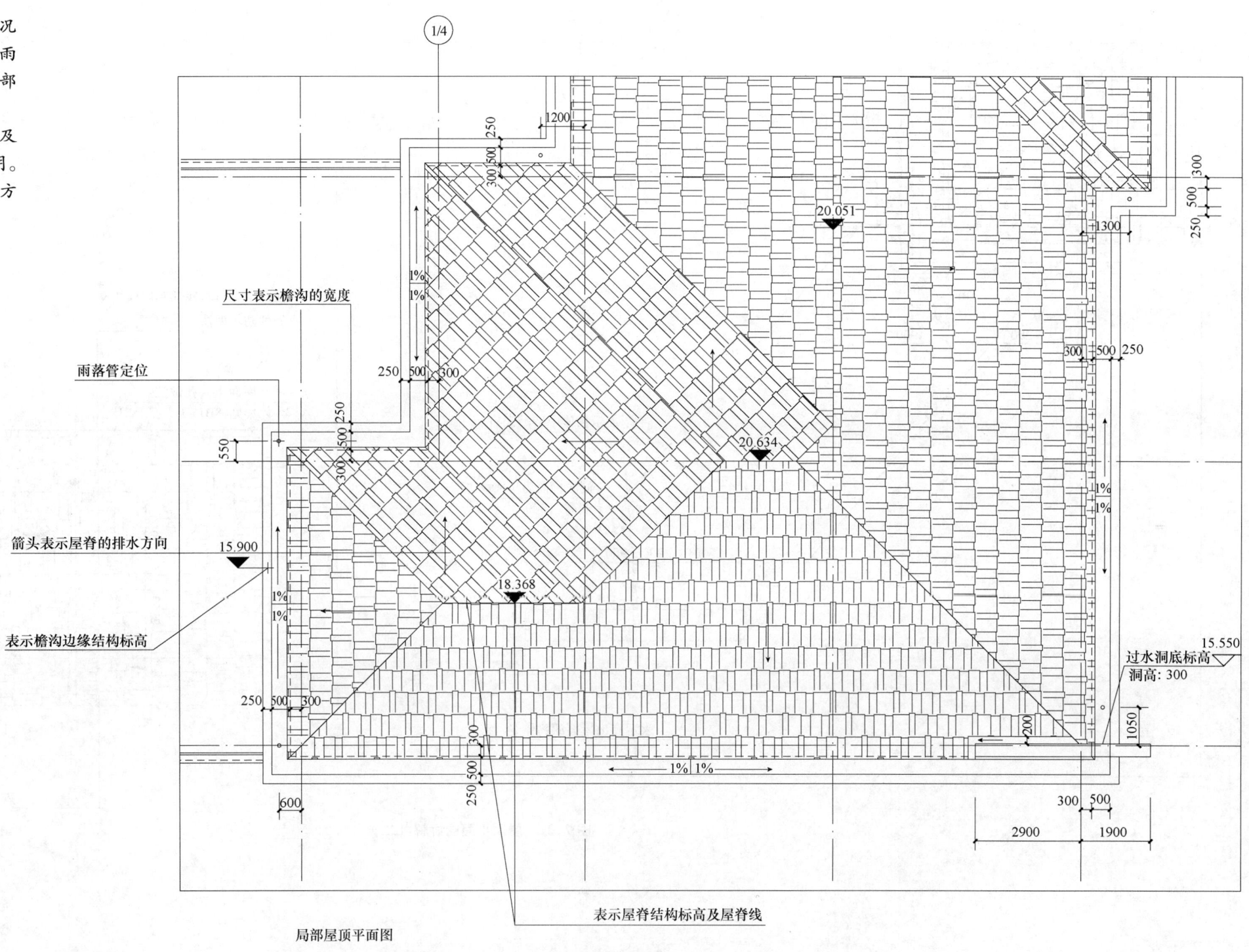

局部屋顶平面图

图 7-20　屋顶平面图讲解（一）

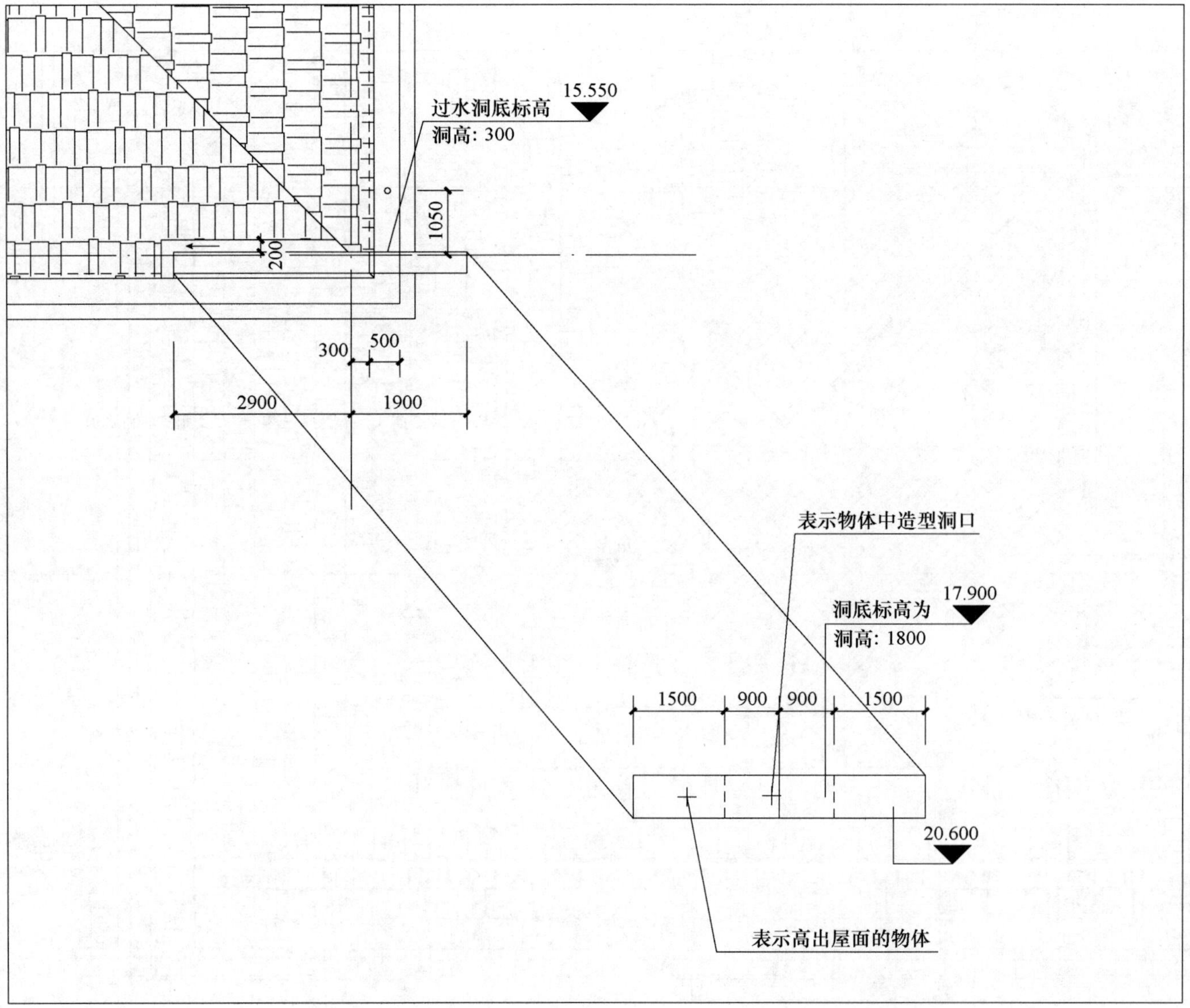

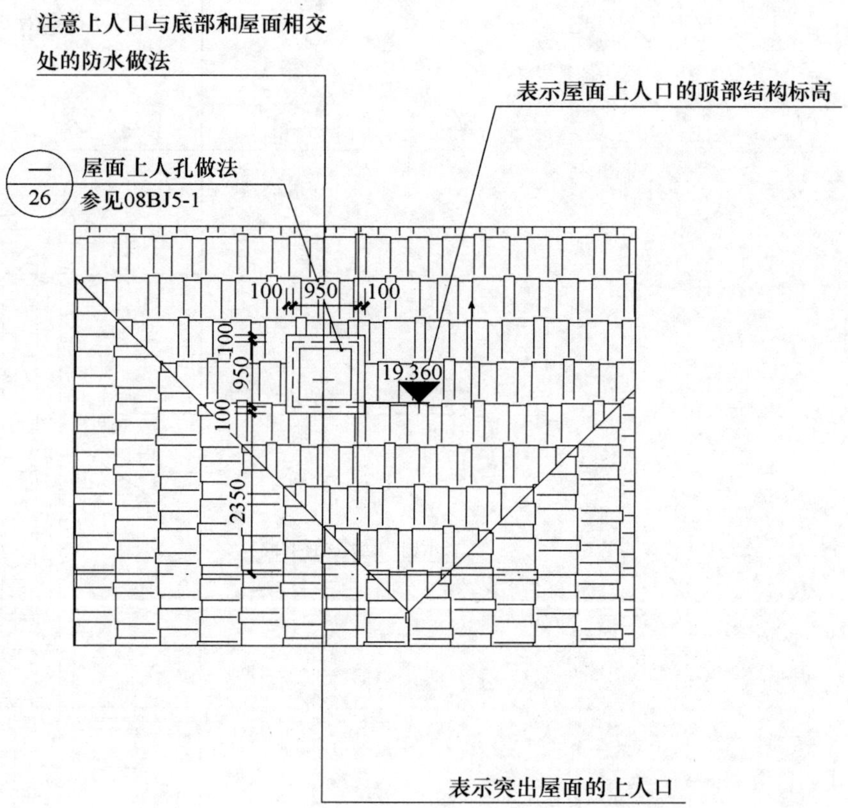

图 7-21 屋顶平面图讲解（二）

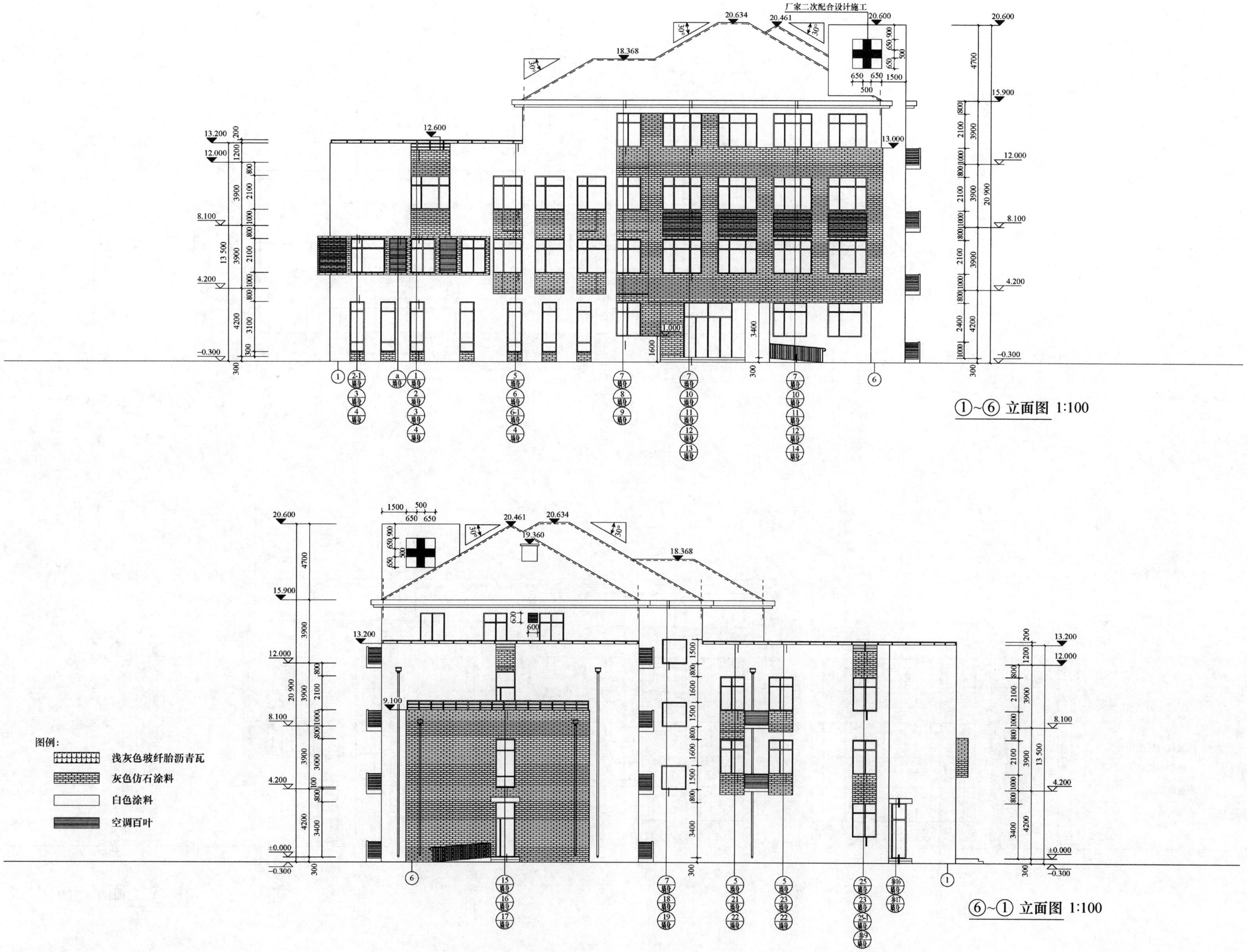

图例：
- 浅灰色玻纤胎沥青瓦
- 灰色仿石涂料
- 白色涂料
- 空调百叶

①~⑥ 立面图 1:100

⑥~① 立面图 1:100

图 7-22 主立面图

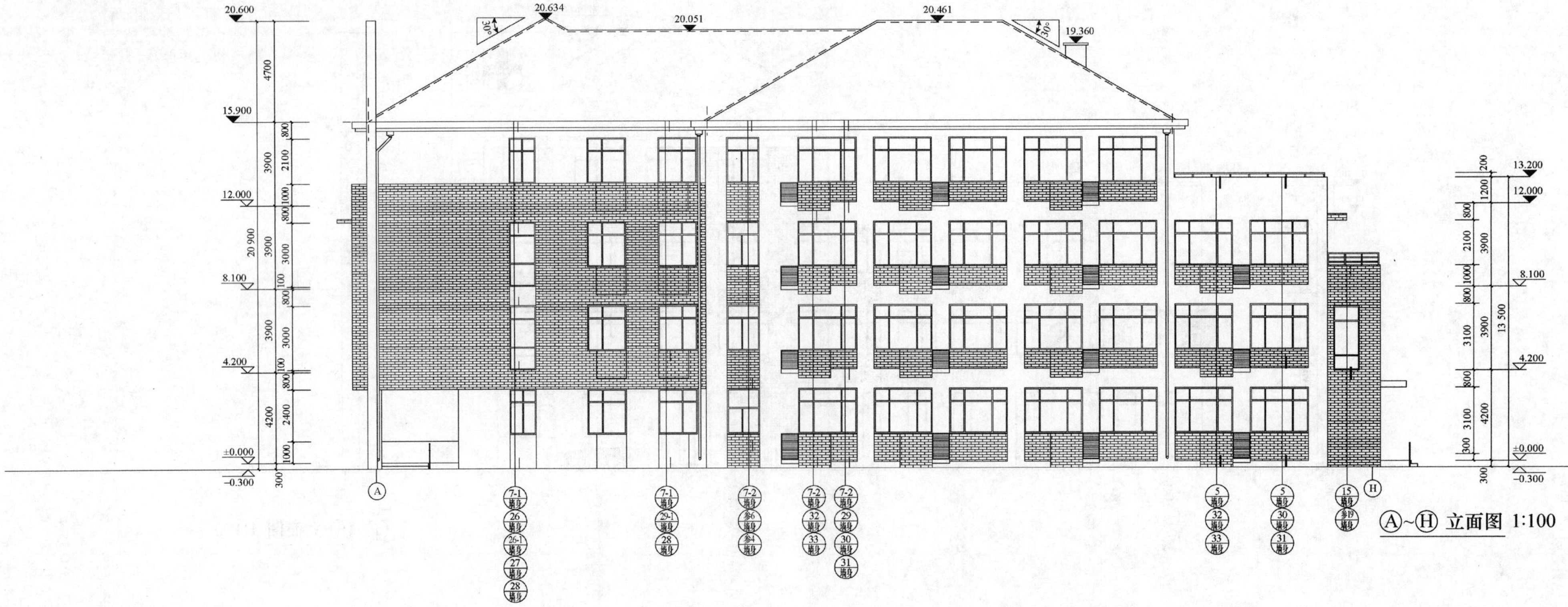

图例：
- 浅灰色玻纤胎沥青瓦
- 灰色仿石涂料
- 白色涂料
- 空调百叶

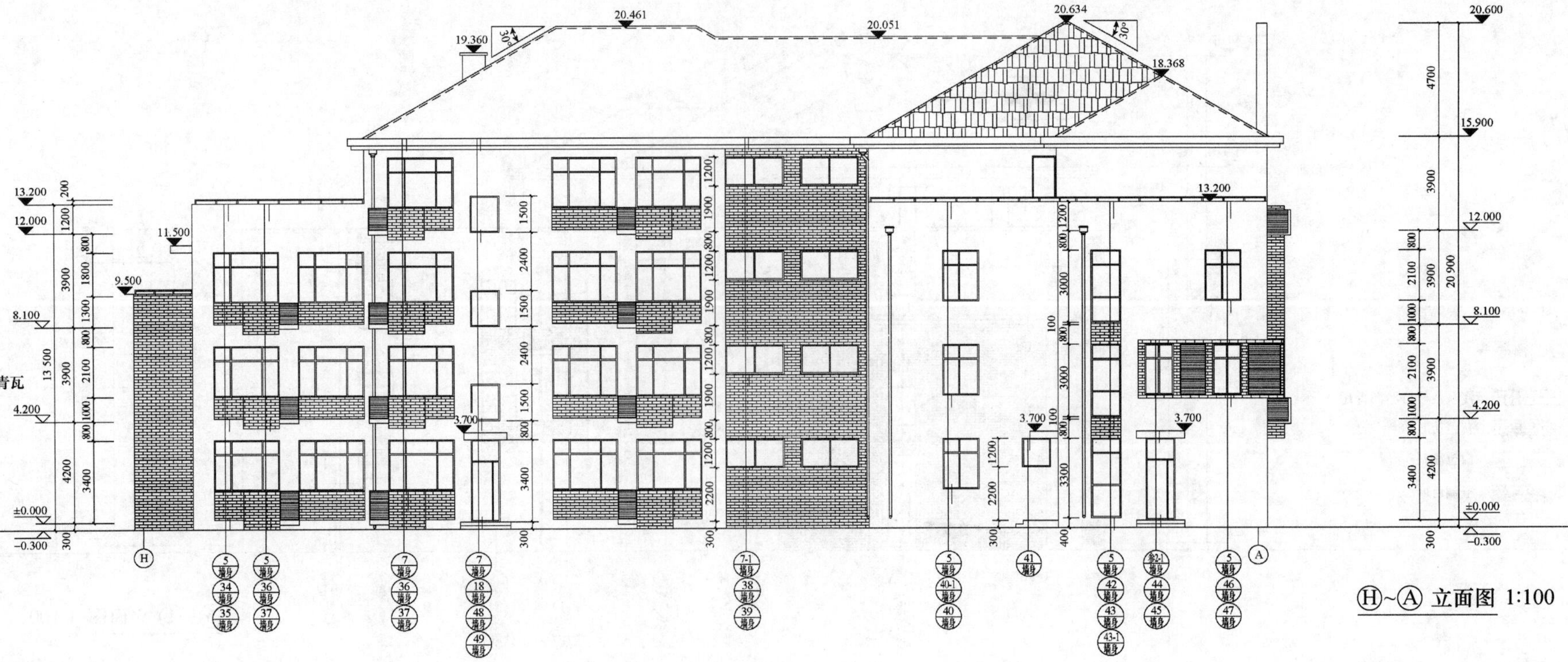

图 7-23 次立面图

**导读：**

①～⑥为主立面图，⑯～⑪为次要立面图，反映该楼的立面风格及外观造型，查阅建筑说明，了解外墙面的装饰做法。

认真阅读立面图中有关的尺寸及标高，并与剖面图相互对照，本图纸中左右两边为标高。

本图中表示了门窗的位置及形状，以及墙身的剖切位置及编号。

图例中表示了建筑立面的颜色及材质，并且适用于所有立面图（外墙的装修做法、颜色也可直接标注在图中）。

立面图中的 ①/墙身 编号对应墙身图中的墙身编号 ①。

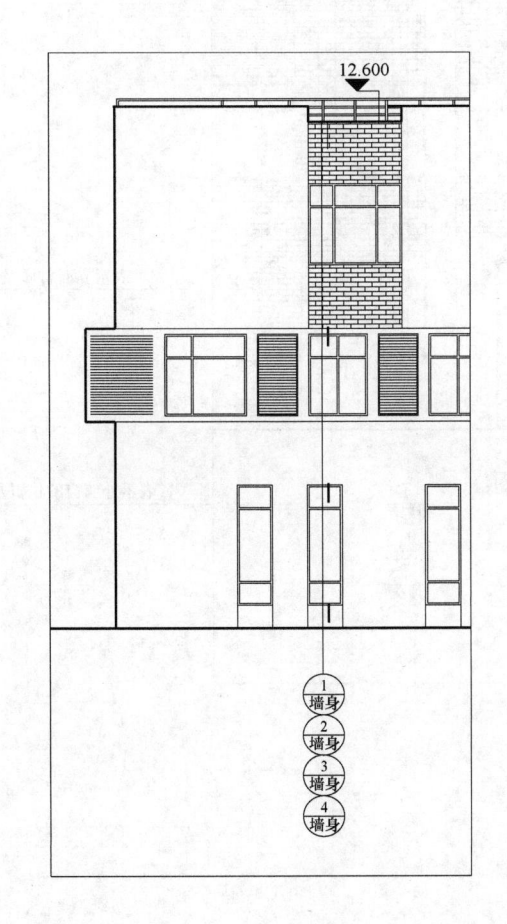

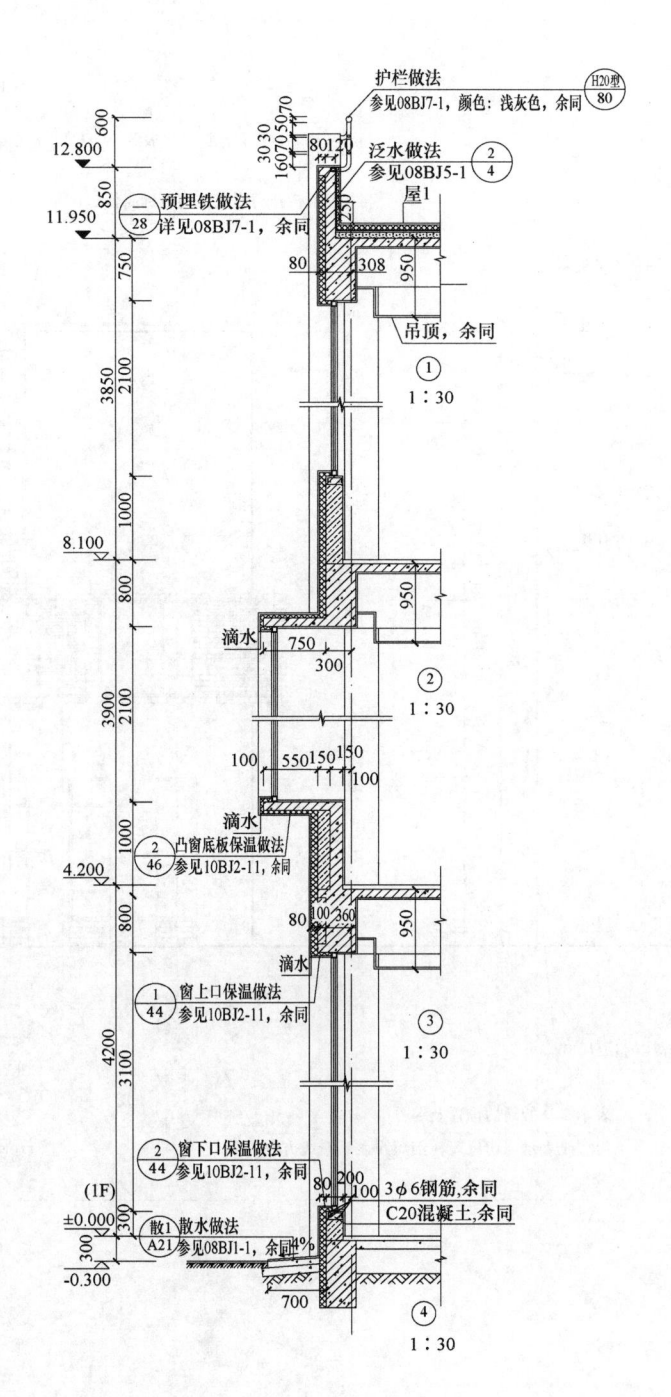

**图 7-24 立面图讲解（一）**

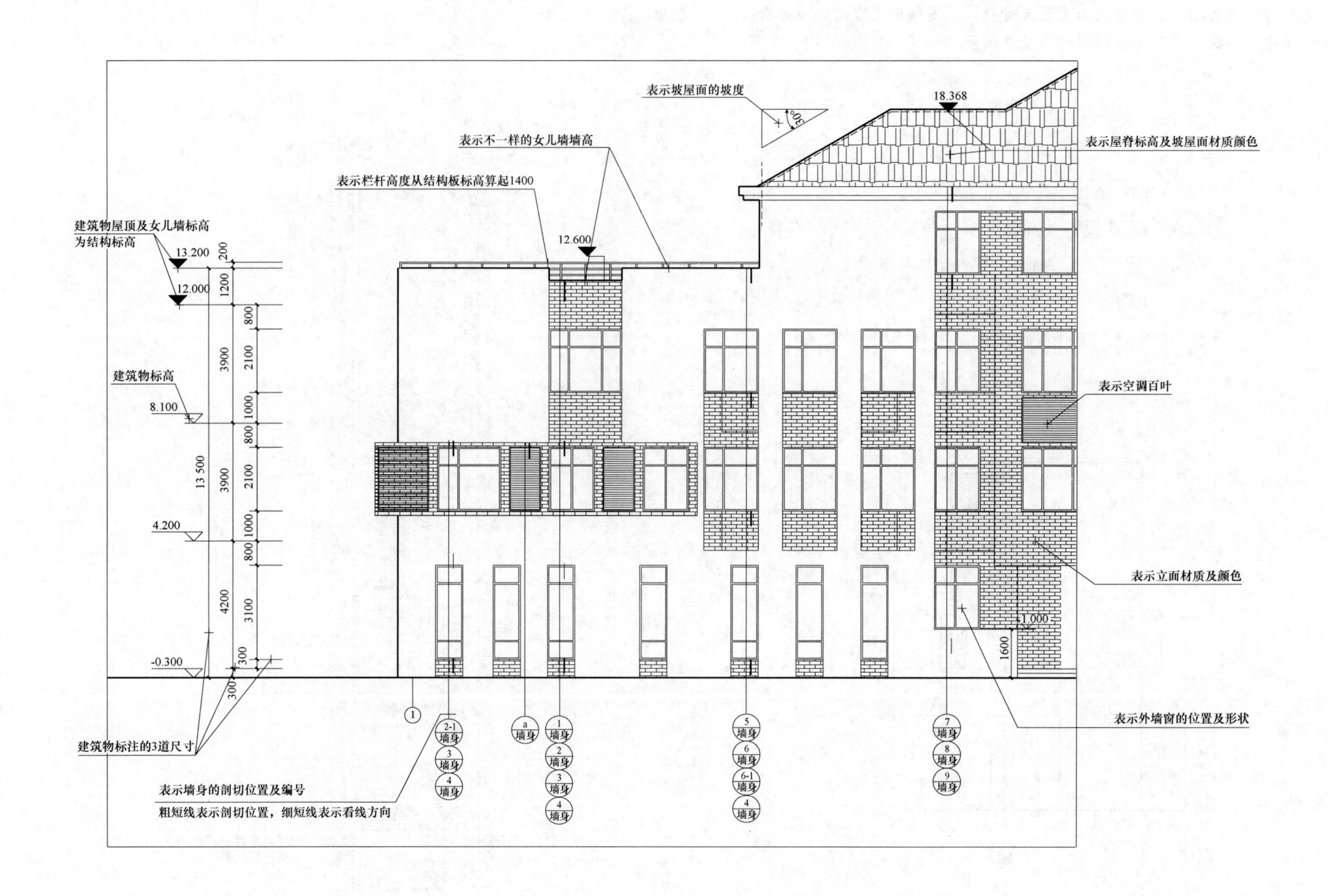

图 7-25 立面图讲解（二）

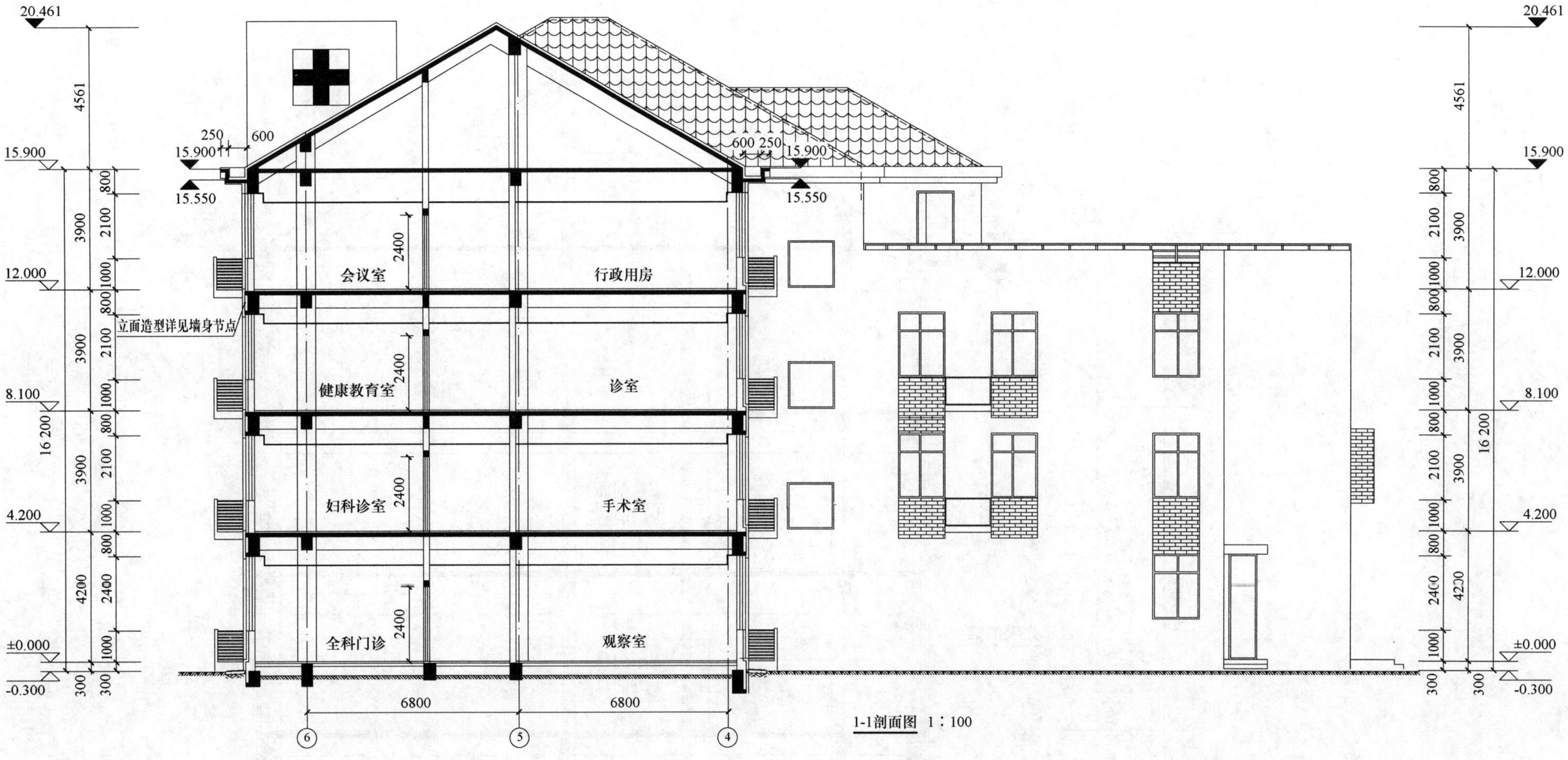

图 7-26　1-1 剖面图

**导读：**

本图为医院1-1剖面图讲解，剖切位置详见一层平面图。

由图可知，剖面图的竖向尺寸标准为3道。最外侧一道为建筑总高尺寸，从室外地坪起标到檐口或女儿墙顶为止，标注建筑物的总高。中间一道尺寸为建筑层高尺寸，标注建筑各层层高。最里边一道为细部尺寸、标准墙段及洞口尺寸。

从本图中可知，本建筑物外墙上一部分窗的高度为2100mm，窗台高度为1000mm，本楼建筑高度为16.2m。

剖面内部主要表示剖到的墙体及门高。

从本图可知建筑的内部门高为2400mm。

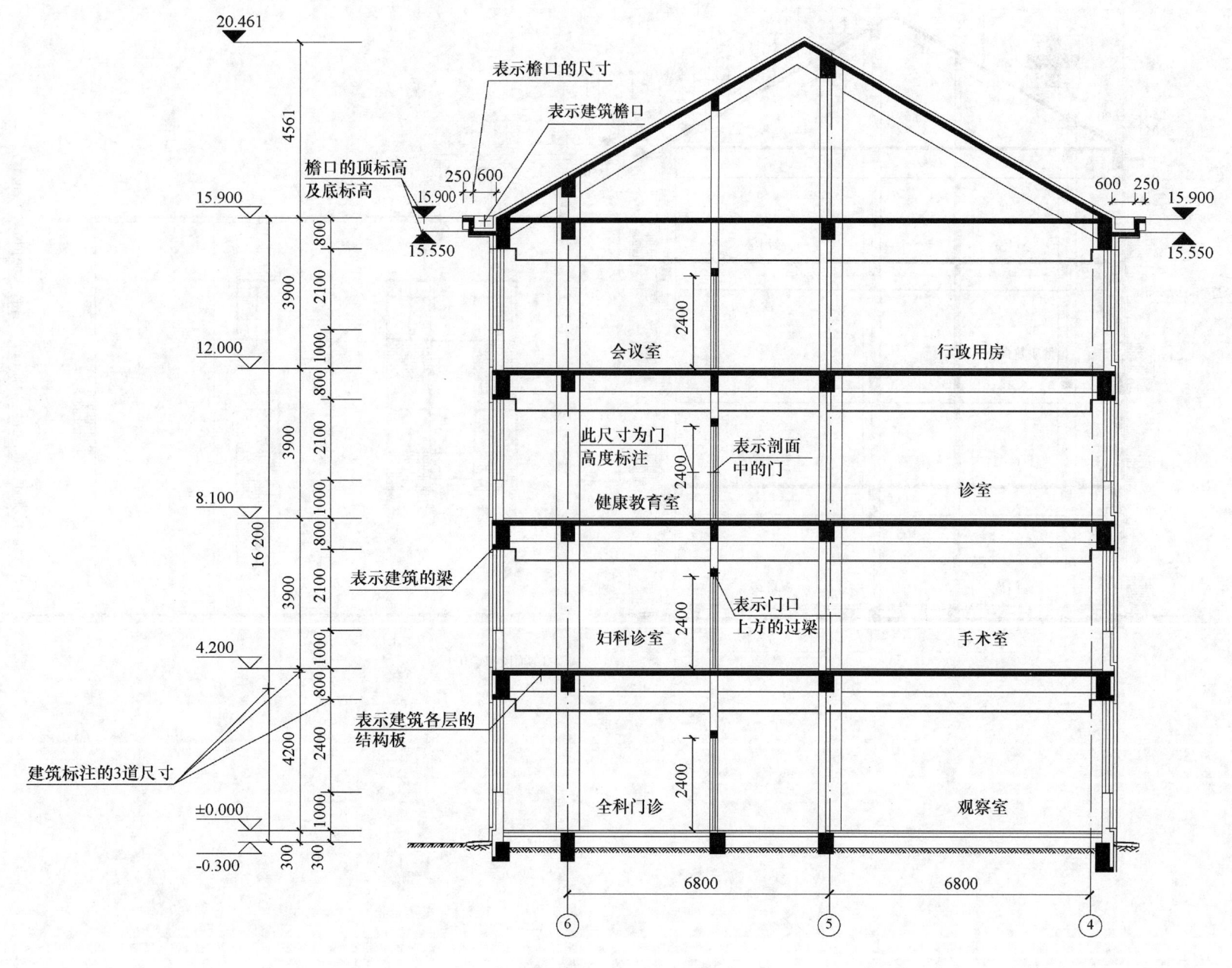

图7-27  1-1剖面图讲解

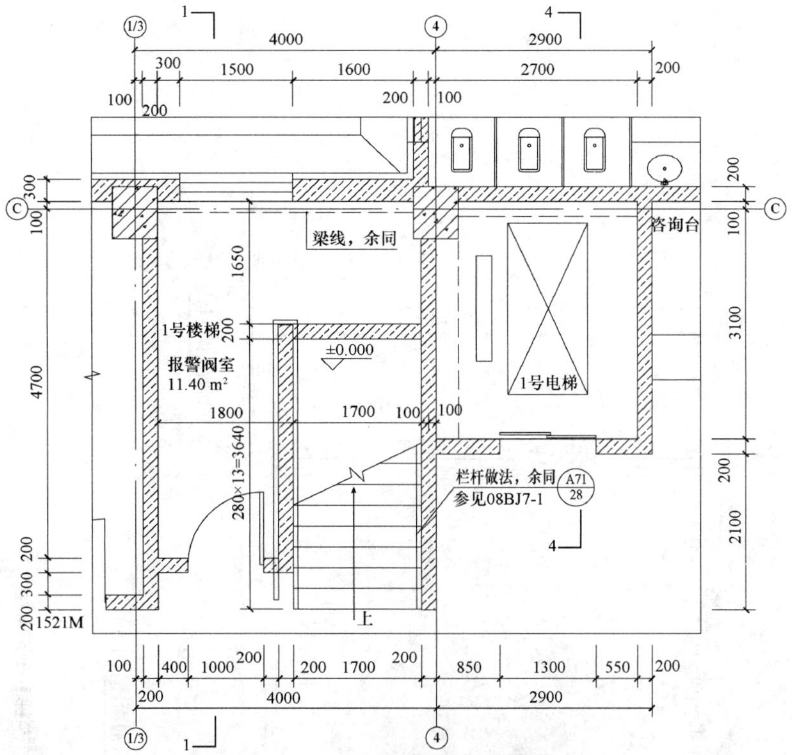

1号楼梯一层平面图 1:50

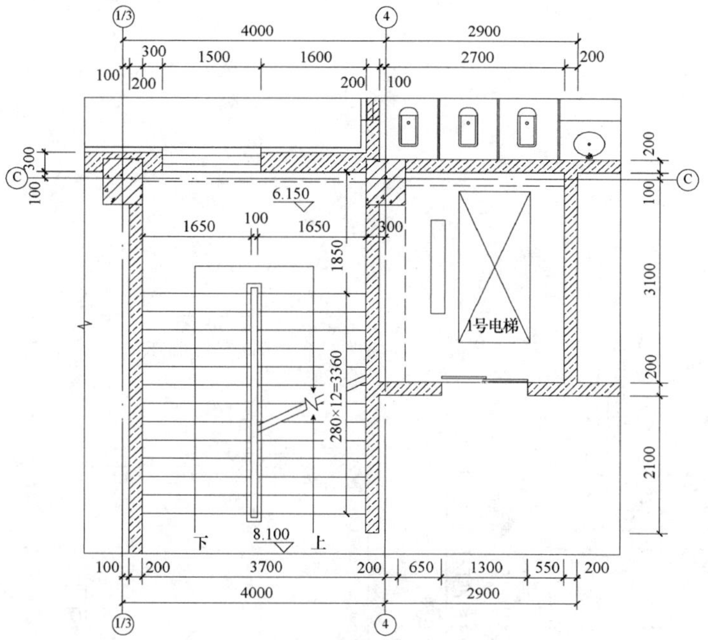

1号楼梯一层平面图 1:50

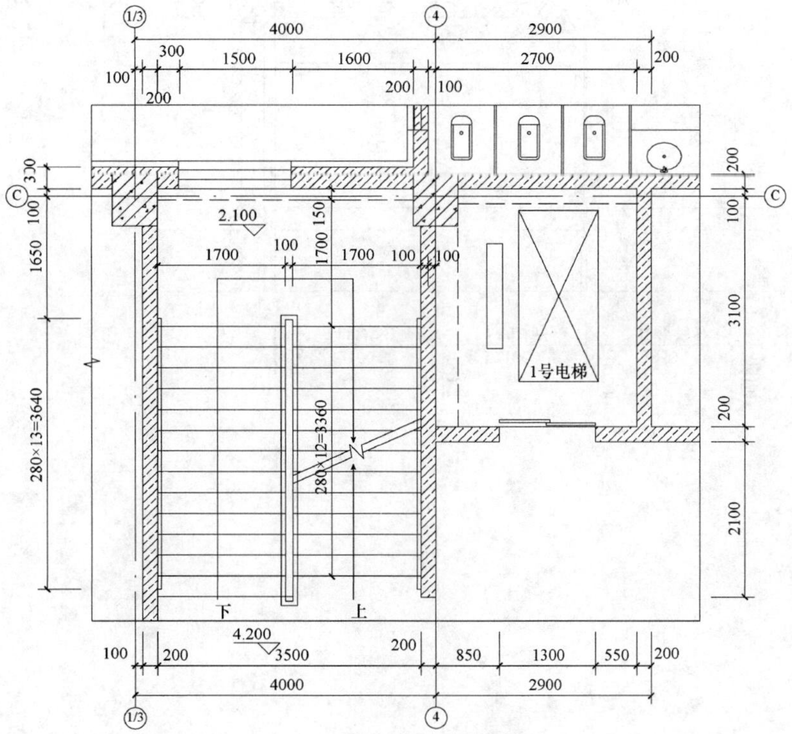

1号楼梯二层平面图 1:50

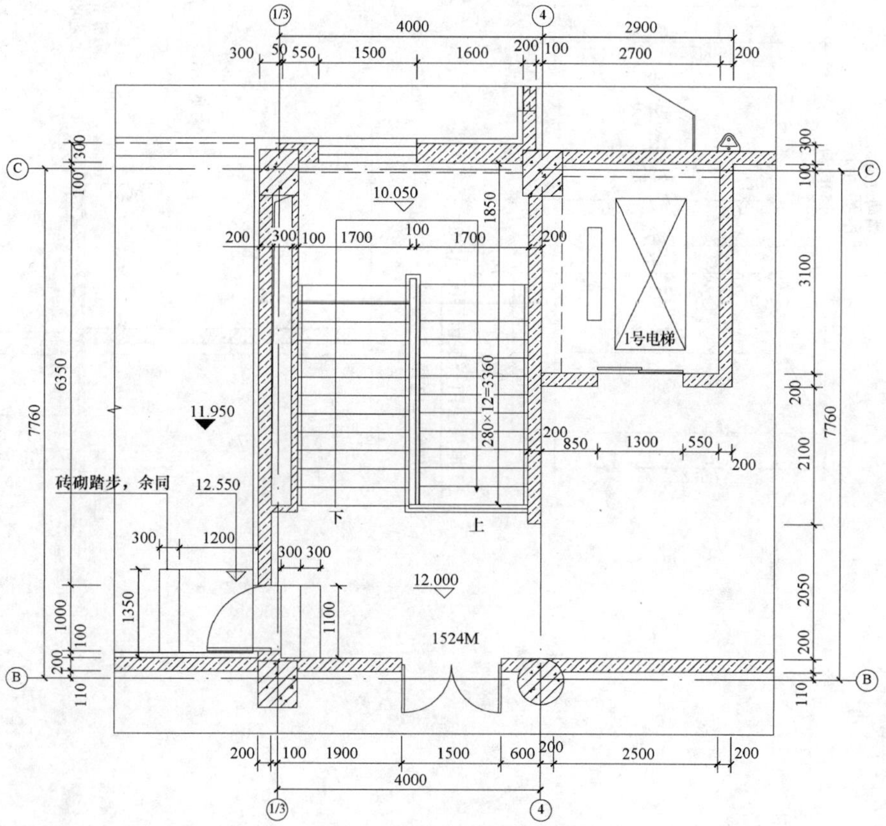

1号楼梯四层平面图 1:50

图 7-28 1号楼梯一～四层平面图

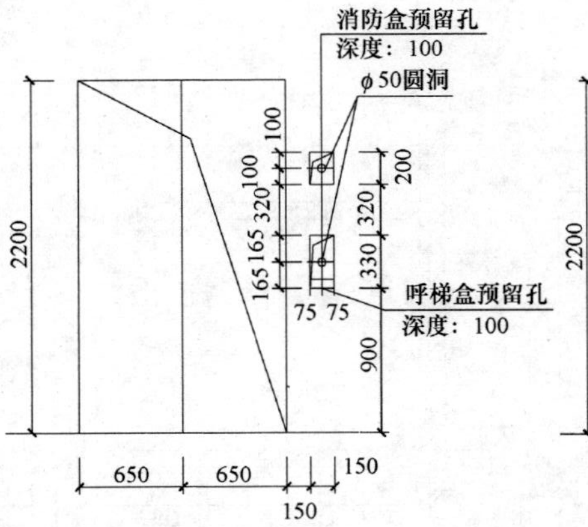

图7-29　1号楼梯1-1剖面图

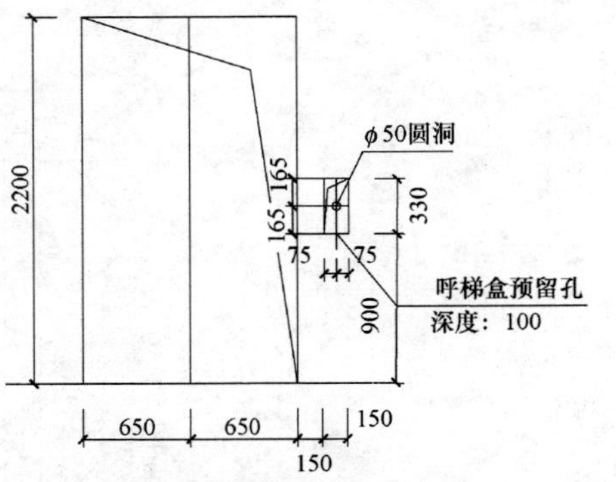

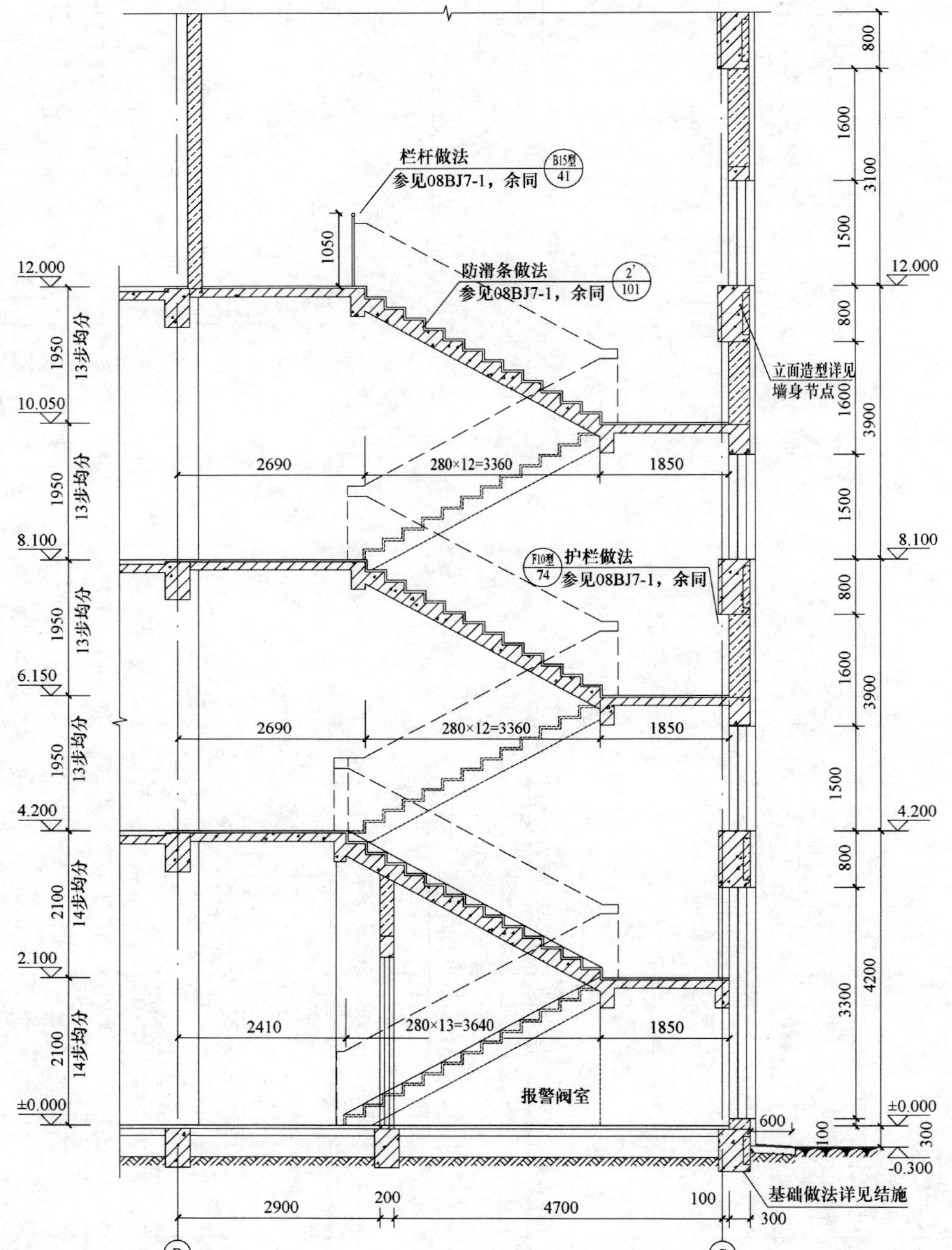

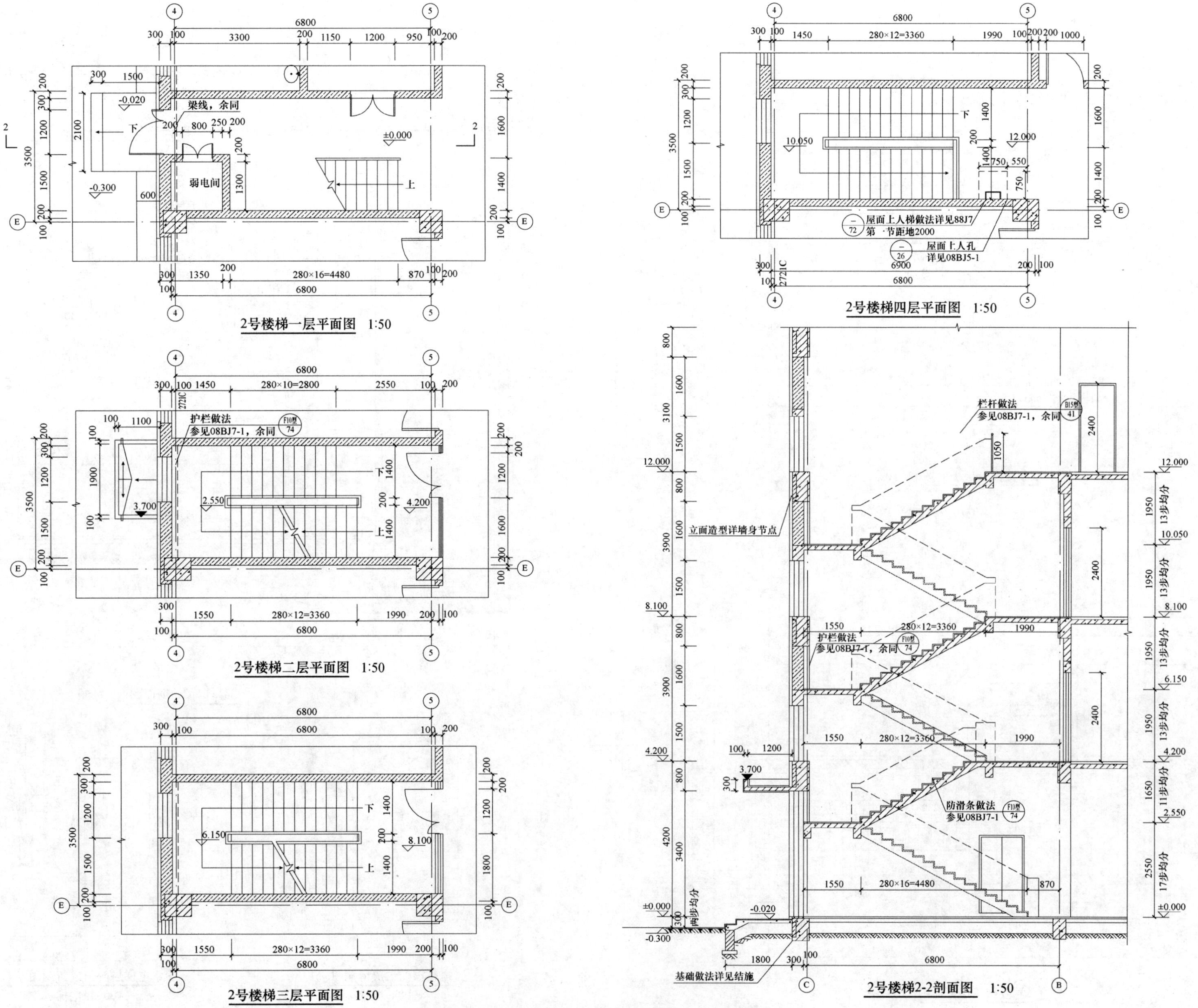

图 7-30　2 号楼梯一～四层平面图及 2-2 剖面图

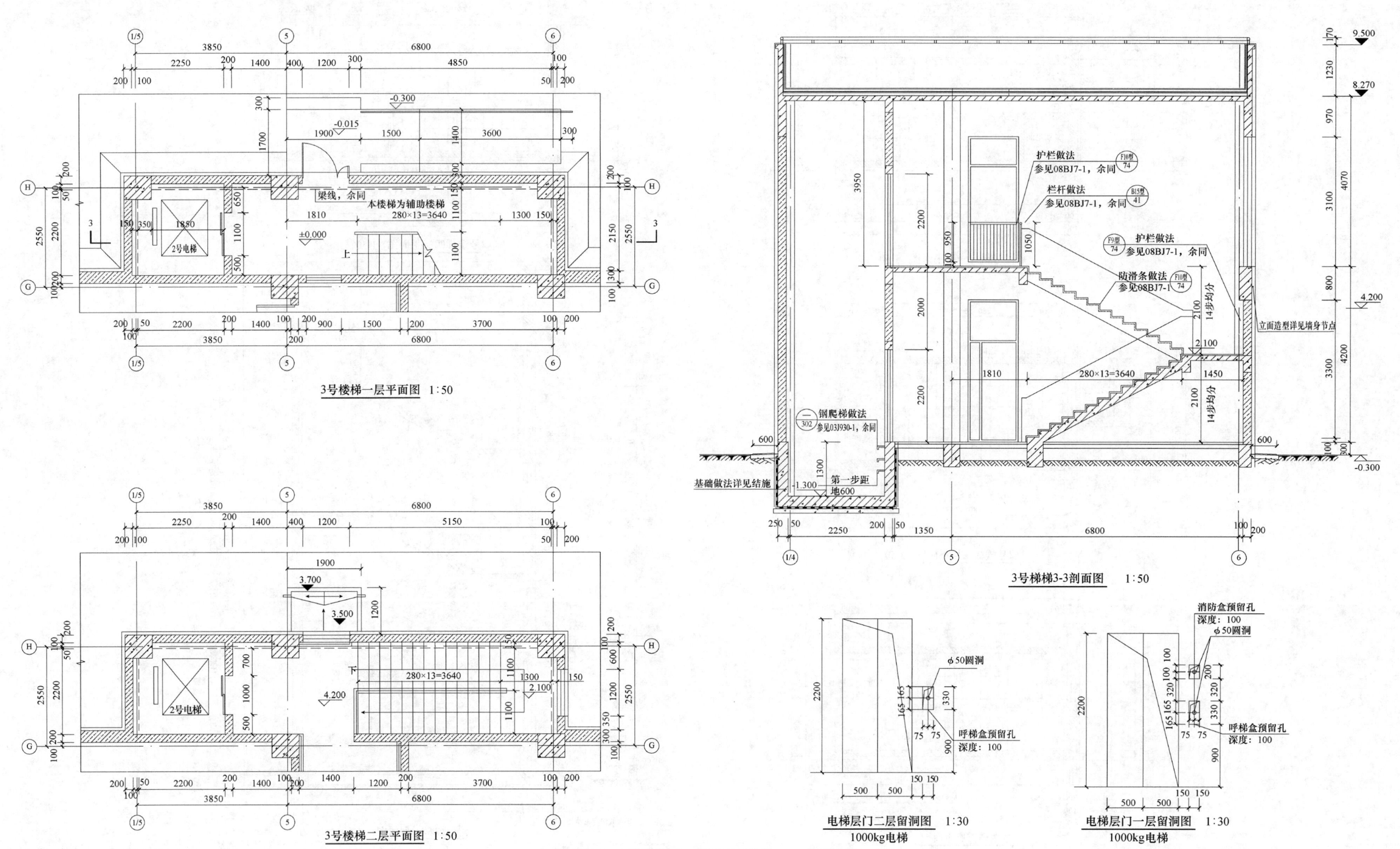

图 7-31　3号楼梯一、二层平面图及3-3剖面图

**导读：**

本图为医院1号楼梯详图。

由1号楼梯一层平面图楼梯的相应剖切位置及投影方向可知，楼梯剖面图名为1号楼梯1-1剖面图。

了解楼梯在平面图中的位置关系及轴线布置情况，由一层平面图可知，本楼梯位于横向Ⓑ～Ⓒ轴、纵向①/3～④轴之间。

了解楼梯间、梯段、梯井、休息平台的平面形式和尺寸，以及楼梯踏步的宽度和踏步数。

了解楼梯间处的墙、柱、门窗平面位置及尺寸。

了解楼梯的走向及上、下起步的位置，由各层平面图上的指示线可看出楼梯的方向。

了解各层平台的标高。

了解楼梯的水平尺寸，图中标注了被剖切墙的轴线编号Ⓑ～Ⓒ，中间平台宽度为1850，梯段长度为280×12=3360。

了解楼梯的竖向尺寸及各处标高。图中标注了每个梯段的高度。

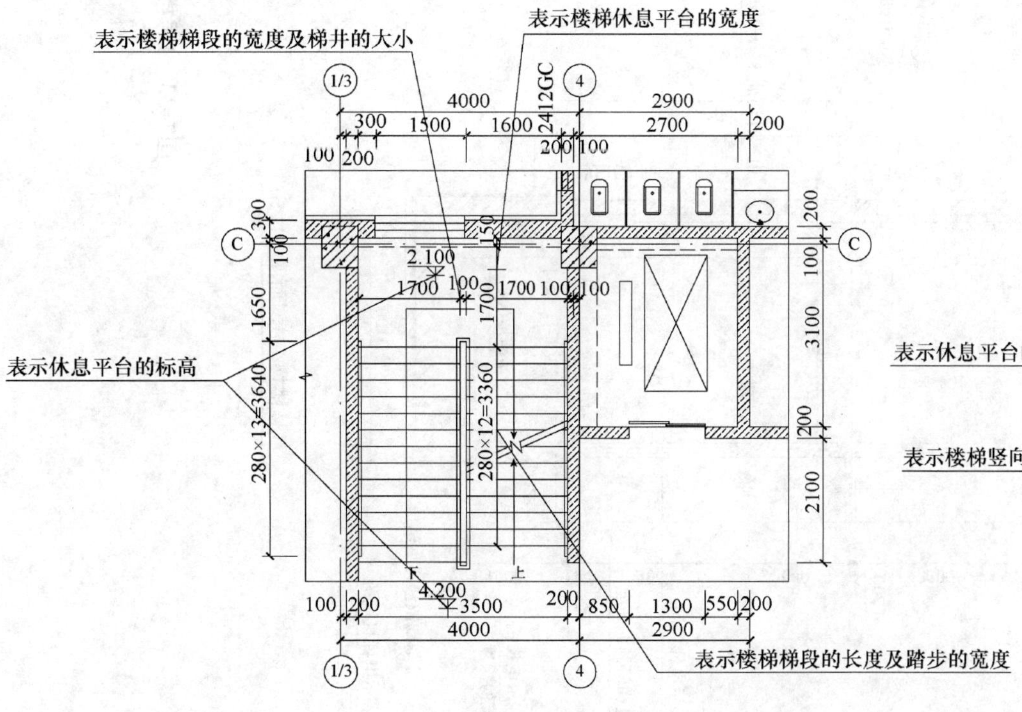

1号楼梯二层平面图 1:50

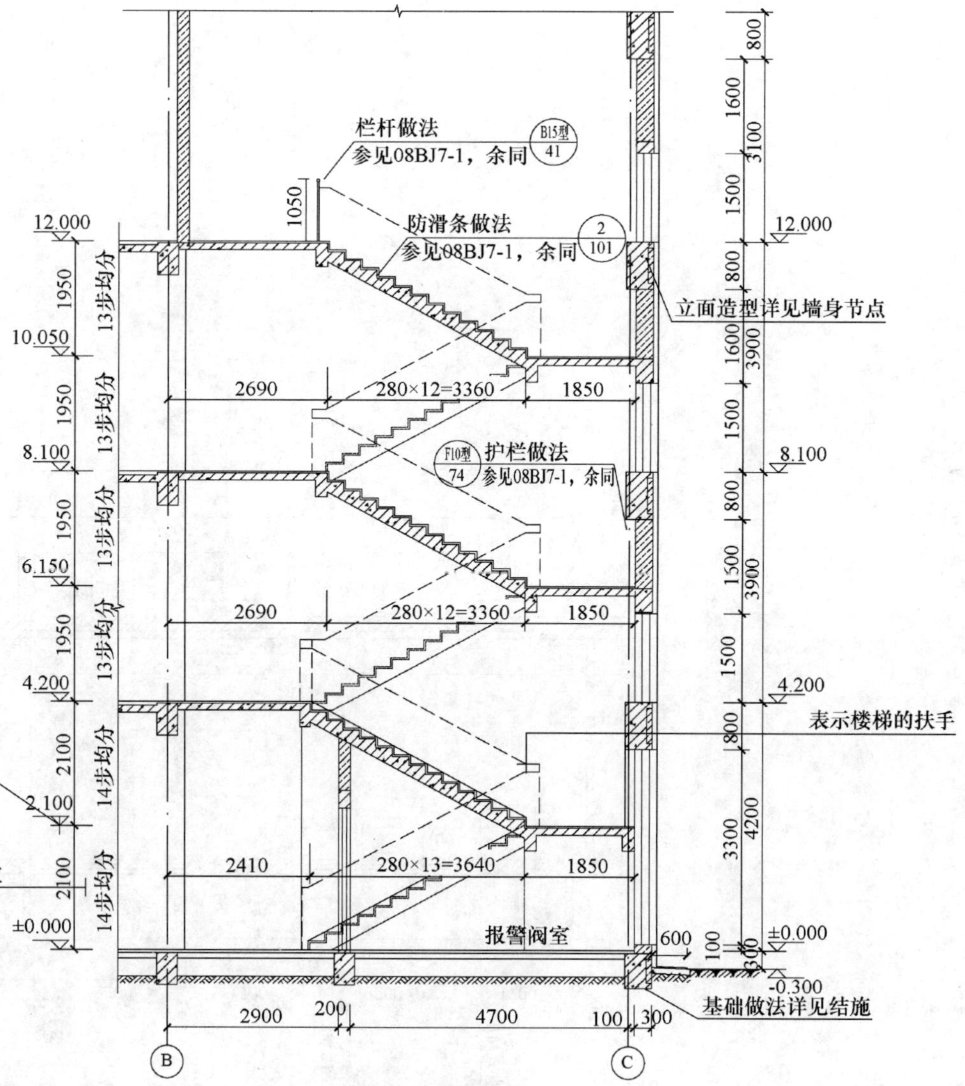

1号楼梯1-1剖面图 1:50

**图7-32　1号楼梯详图讲解（一）**

**导读：**

由于现在建筑的设计过程中电梯厂家未确定，设计中选用电梯为参考样本，待项目施工前确定厂家后，由厂家确认提供电梯井道尺寸等数据，并由设计院配合厂家修改确认图纸，之后方可施工。

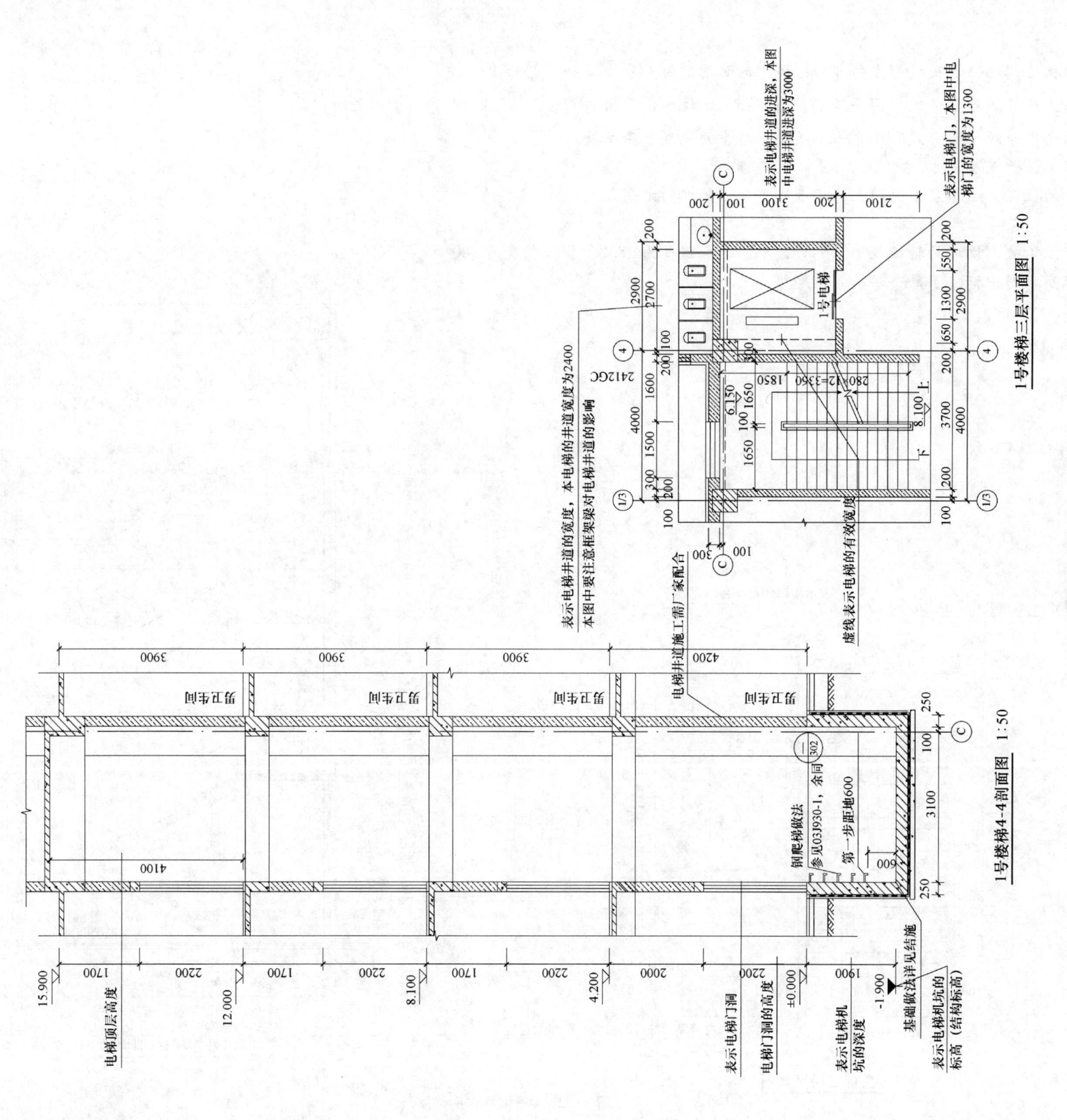

图7-33　1号楼梯详图讲解（二）

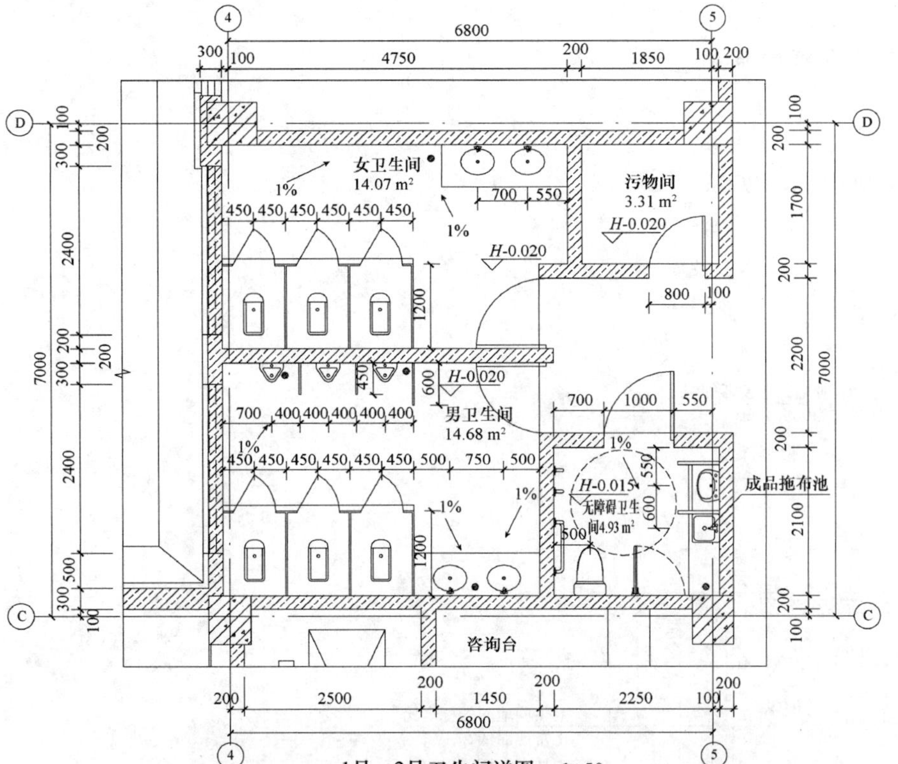

注：
1. 厕所木隔断参见88J8-46。
2. 洗手盆做法参见88J8-29。
3. 小便斗做法参见88J8-56。
4. 大理石洗面台做法参见88J8-13。
5. 厕所地面找坡1%，坡向地漏。
6. 洗手盆上镜子做法参见88J8-24，取消凹槽。

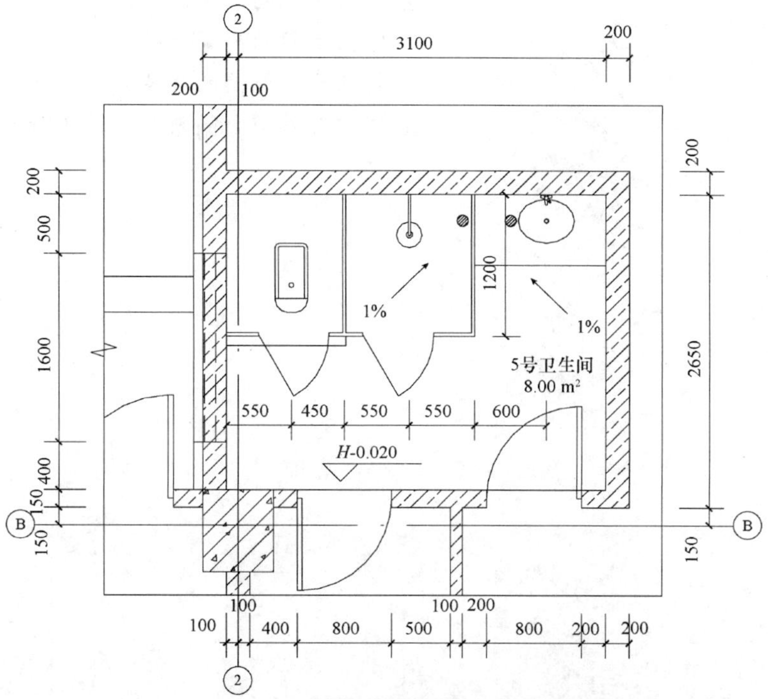

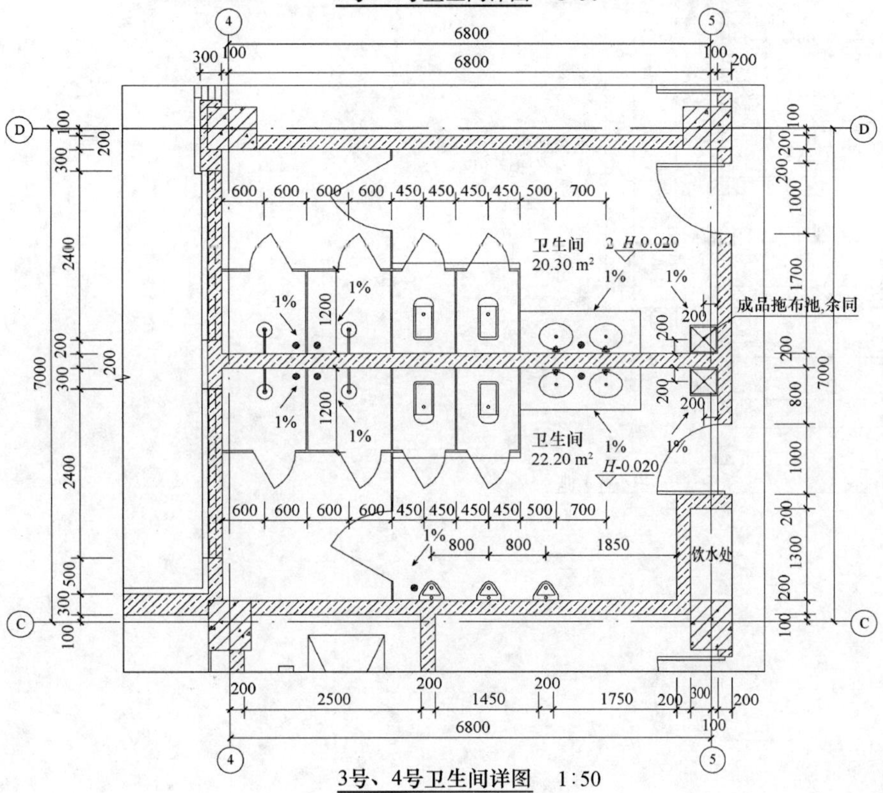

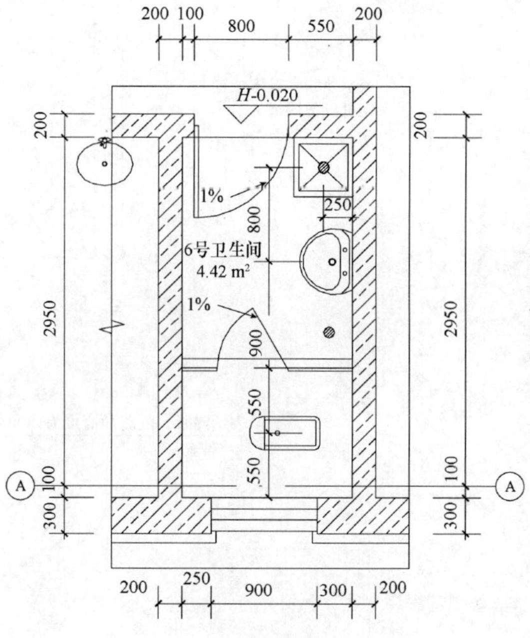

**图 7-34　1～6号卫生间详图**

**导读：**

本图为医院的卫生间详图。了解卫生间在建筑平面图中的位置及有关轴线的布置。

了解卫生间的布置情况。

了解卫生间地面的找坡方向及地漏的设置位置。

本图中淋浴间的隔断尺寸为 1200mm×1200mm，蹲便的隔断尺寸为 900mm×1200mm。

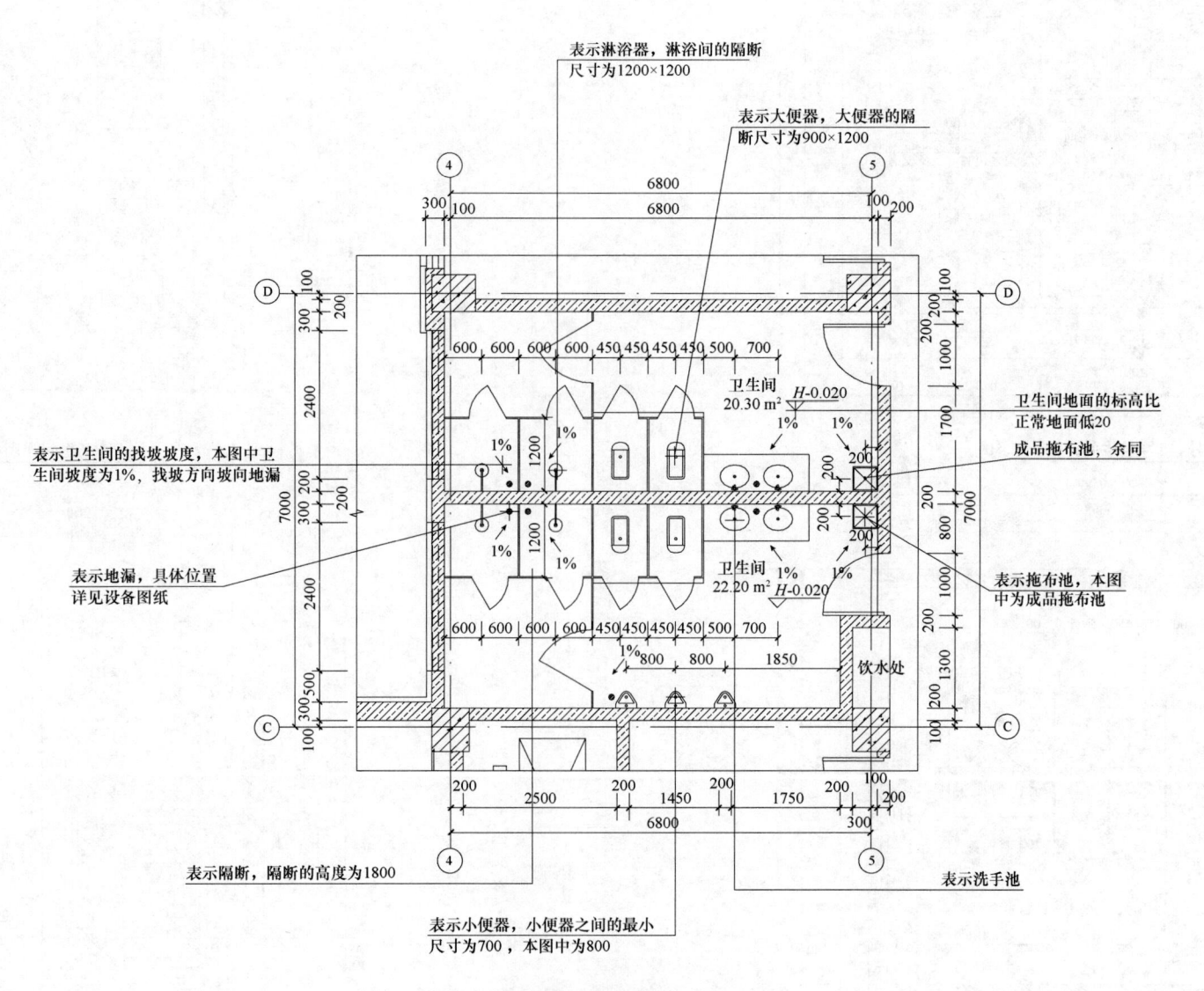

3号、4号卫生间详图 1∶50

**图 7-35　3、4 号卫生间详图讲解**

## 门 窗 表

| 类型 | 设计编号 | 洞口尺寸(宽×高)/mm | 采用的标准图及其编号 图集代号 | 采用的标准图及其编号 编号 | 门窗类型 | 门窗数量 一层 | 门窗数量 二层 | 门窗数量 三层 | 门窗数量 四层 | 总计 | 备注 |
|---|---|---|---|---|---|---|---|---|---|---|---|
| 门 | 0820FM 甲 | 800×2000 | 88J13-4 | 参见0920GF1b | 甲级防火门 | 1 | | | | 1 | |
| | 1024FM 甲 | 1000×2400 | 88J13-4 | 参见1024GF11b | 甲级防火门 | 1 | | | | 1 | |
| | 1024FM 乙 | 1000×2400 | 88J13-4 | 参见1024GF11b | 乙级防火门 | 1 | | 1 | | 2 | |
| | 1220FM 甲 | 1200×2000 | 88J13-4 | 参见1220GF1-1b | 甲级防火门 | 1 | | | | 1 | |
| | 0824M | 800×2400 | 88J13-3 | 参见0824M1 | 木质平开门 | 7 | | 1 | | 8 | |
| | 0924M | 900×2400 | 88J13-3 | 参见0924M1 | 木质平开门 | | | | | 4 | |
| | 0934M | 900×3400 | 厂家订做 | 立面分格见详图 | 铝合金门 | 1 | | | | 1 | |
| | 1024M | 1000×2400 | 88J13-3 | 参见1024M1 | 木质平开门 | 21 | 33 | 27 | 13 | 94 | |
| | 1124M | 1100×2400 | 88J13-3 | 参见1024M1 | 木质平开门 | | 1 | 2 | | 3 | |
| | 1234M | 1200×3400 | 厂家订做 | 立面分格见详图 | 铝合金门 | 3 | | | | 3 | |
| | 1224M | 1200×2400 | 88J13-3 | 参见1224M1B | 木质平开门 | 1 | 1 | | | | |
| | 1524M | 1500×2400 | 88J13-3 | 参见1524M1 | 木质平开门 | | | | 2 | 2 | |
| | 1525M | 1500×2500 | | | | | | | 1 | 1 | |
| | 3034M | 3000×3400 | 厂家订做 | 立面分格见详图 | 铝合金门 | 1 | | | | 1 | |
| | 1424M | 1400×2400 | 88J13-3 | 参见1524M1 | 木质平开门 | | | 1 | | | |
| | 1724MC | 1700×2400 | 厂家订做 | 立面分格见详图 | 铝合金门 | 1 | | | | 1 | |
| | 2624MC | 2600×2400 | 厂家订做 | 立面分格见详图 | 铝合金门 | | 1 | 1 | | 2 | |
| | 2624MC1 | 2600×2400 | 厂家订做 | 立面分格见详图 | 铝合金门 | 1 | | | | 1 | |
| | 2824MC | 2800×2400 | 厂家订做 | 立面分格见详图 | 铝合金门 | | | 1 | | | |
| | 3024MC | 3000×2400 | 厂家订做 | 立面分格见详图 | 铝合金门 | 1 | | | | 1 | |
| | 3224MC | 3200×2400 | 厂家订做 | 立面分格见详图 | 铝合金门 | | | | | | |
| | 4924MC | 4900×2400 | 厂家订做 | 立面分格见详图 | 铝合金门 | 1 | | | | 1 | |
| | 1021QM | 1000×2100 | | | | 1 | | | | 1 | 甲方二次设计 |
| | 1221QM | 1200×2100 | | | | 1 | | | | 1 | 甲方二次设计 |
| 窗 | 0924C | 900×2400 | 厂家订做 | 立面分格见详图 | 铝合金窗 | 1 | | | | 1 | |
| | 0931C | 900×3100 | 厂家订做 | 立面分格见详图 | 铝合金窗 | 7 | | | | 7 | |
| | 1215C | 1200×1500 | 厂家订做 | 立面分格见详图 | 铝合金窗 | | 1 | 1 | 1 | 3 | |
| | 1221C | 1200×2100 | 厂家订做 | 立面分格见详图 | 铝合金窗 | | | | | 4 | |
| | 1230C | 1200×3000 | 厂家订做 | 立面分格见详图 | 铝合金窗 | 1 | 3 | 2 | | 6 | |
| | 1231C | 1200×3100 | 厂家订做 | 立面分格见详图 | 铝合金窗 | 1 | | | | 1 | |
| | 1515C | 15 200×1500 | 厂家订做 | 立面分格见详图 | 铝合金窗 | | 1 | 1 | 1 | 3 | |
| | 1521C | 1500×2100 | 厂家订做 | 立面分格见详图 | 铝合金窗 | 4 | 8 | 7 | 4 | 23 | |
| | 1821C | 1800×2100 | 厂家订做 | 立面分格见详图 | 铝合金窗 | 2 | 5 | 5 | | 12 | |
| | 1825C | 1800×2500 | 厂家订做 | 立面分格见详图 | 铝合金窗 | 1 | | | | 1 | |
| | 2121C | 2100×2100 | 厂家订做 | 立面分格见详图 | 铝合金窗 | 2 | | 1 | | 3 | |
| | 2225C | 2200×2500 | 厂家订做 | 立面分格见详图 | 铝合金窗 | | | | | | |
| | 2421C | 2400×2100 | 厂家订做 | 立面分格见详图 | 铝合金窗 | | 4 | 4 | 5 | 13 | |
| | 2721C | 2700×2100 | 厂家订做 | 立面分格见详图 | 铝合金窗 | 12 | 12 | 12 | 8 | 44 | |
| | 1212GC | 1200×1200 | 厂家订做 | 立面分格见详图 | 铝合金窗 | 1 | | | | 1 | |
| | 2412GC | 2400×800 | 厂家订做 | 立面分格见详图 | 铝合金窗 | 2 | 2 | 2 | 2 | 8 | |
| | 3727C | 3700×2900 | 厂家订做 | 立面分格见详图 | 铝合金窗 | 1 | | | | 1 | |
| | 1821QC | 1800×2100 | | | | 1 | | | | 1 | 甲方二次设计 |

说明：1. 二层及以上住户凡窗下墙高度小于800mm的外窗均做护窗栏杆。
2. 开启外窗均带纱扇。
3. 出入口的玻璃门、落地玻璃隔断均采用安全玻璃。
4. 面积大于1.5 $m^2$的玻璃均采用安全玻璃。
5. 卫生间的外窗玻璃全部为磨砂玻璃。
6. 铝合金门窗框为白色，看样订货。
7. 一般房间外窗用铝合金框中空玻璃窗。保温性能：传热系数$K \leqslant 2$ W/(m·K)。气密性应为6级。
8. 平开窗开启方向见详图图例。
9. 有双侧门口线的防火门均做100mm高门槛。
10. 本说明中未尽事宜均应满足国家玻璃安全规范的要求。
注：门窗由厂家二次设计。

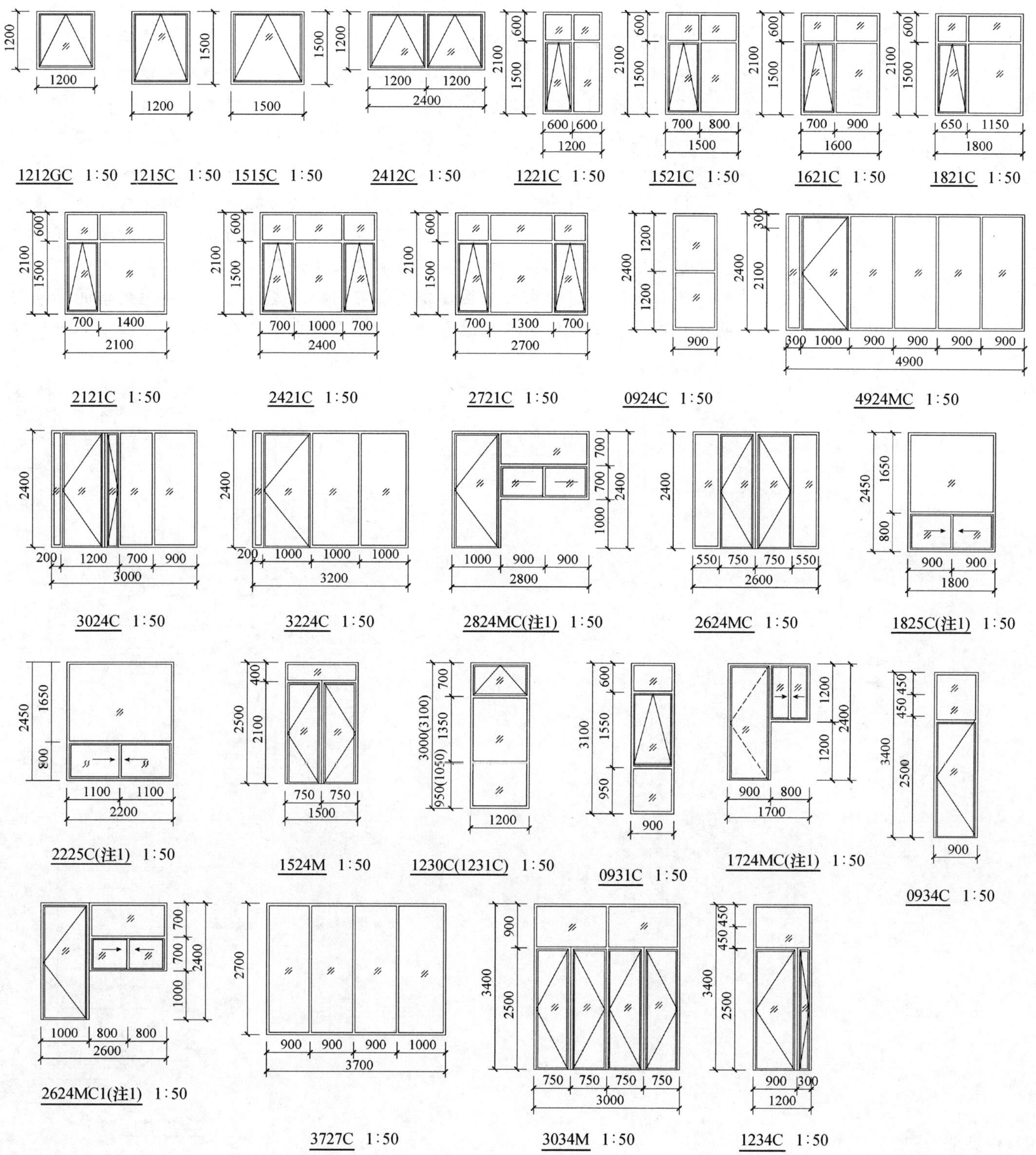

图 7-36　门窗表及门窗详图

**导读：**

本图为医院的门窗详图及门窗表讲解。

了解立面图上窗洞口尺寸应与建筑平面、里面、剖面的洞口尺寸一致。

了解立面图表示窗框、窗扇的大小及组成形式，窗扇的开启方向。

门窗立面分隔尺寸均满足《全国民用建筑工程设计技术措施》的要求。

图中所注门窗尺寸均为洞口尺寸，厂家制作门窗时另留安装尺寸，其节点构造由厂家自行设定。

门和窗是建筑中的两个围护部件，门的主要功能是供交通出入，分隔联系建筑空间，建筑外墙上的门有时也兼起采光、通风作用。

窗的主要功能是采光、通风、观察及递物。在民用建筑中，制造门窗的材料有木材、钢、铝合金、塑料及玻璃。

建筑中使用的门窗尺寸、数量及需要文字说明，见门窗表。

门窗详图，通常由各地区建筑主管部门批准发行的各种不同规格的标准图集，供设计者选用。若采用标准图集，则在施工图中只说明该详图所在标准图集中的编号即可。如果未采用标准图集，则必须画出门窗详图。

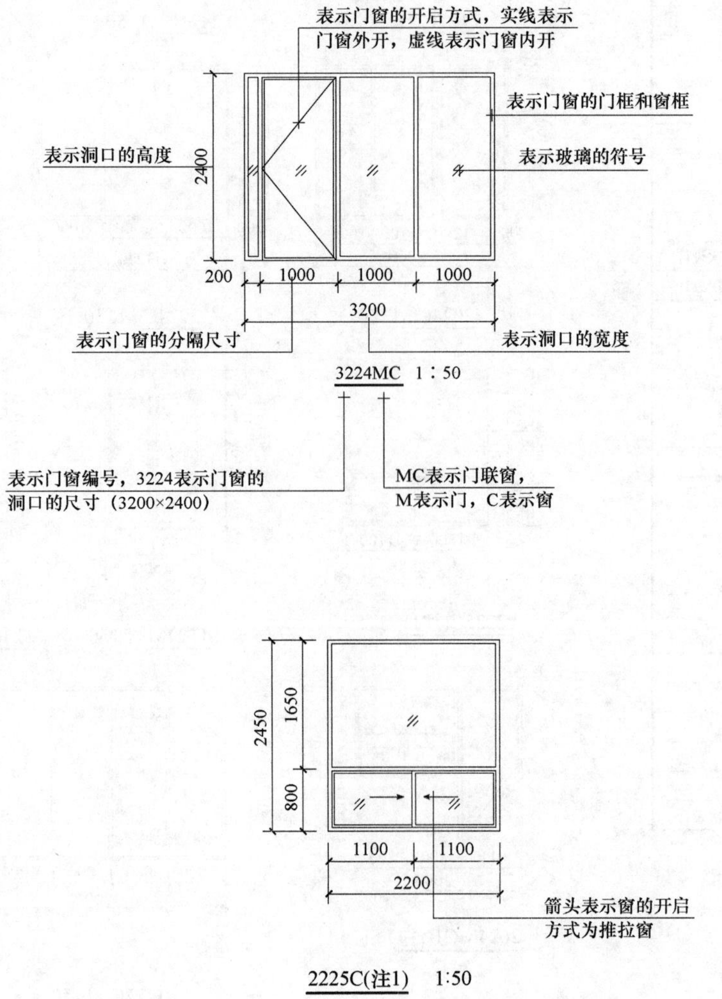

**图 7-37　门窗表及门窗详图讲解**

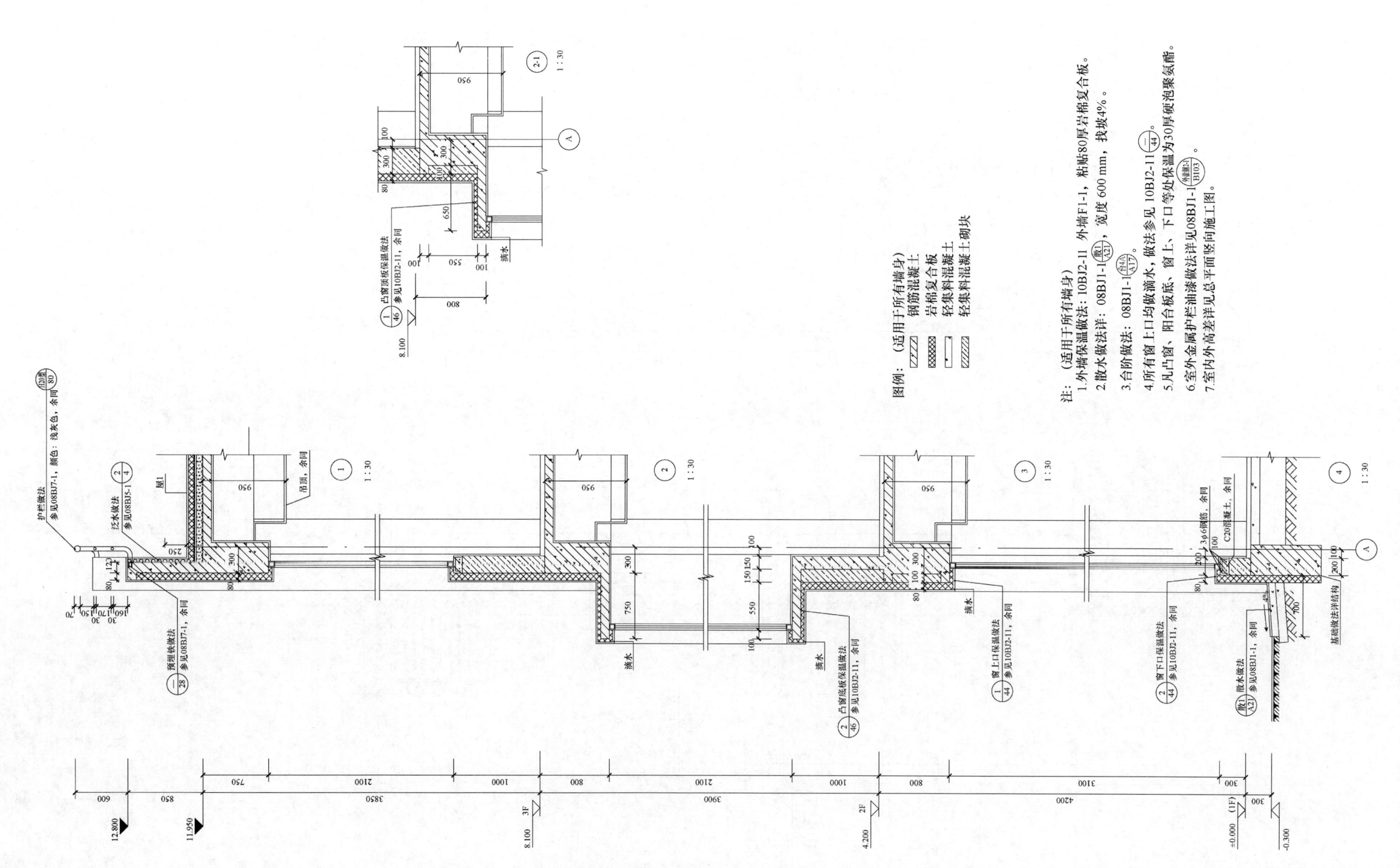

图7-38 墙身详图（一）

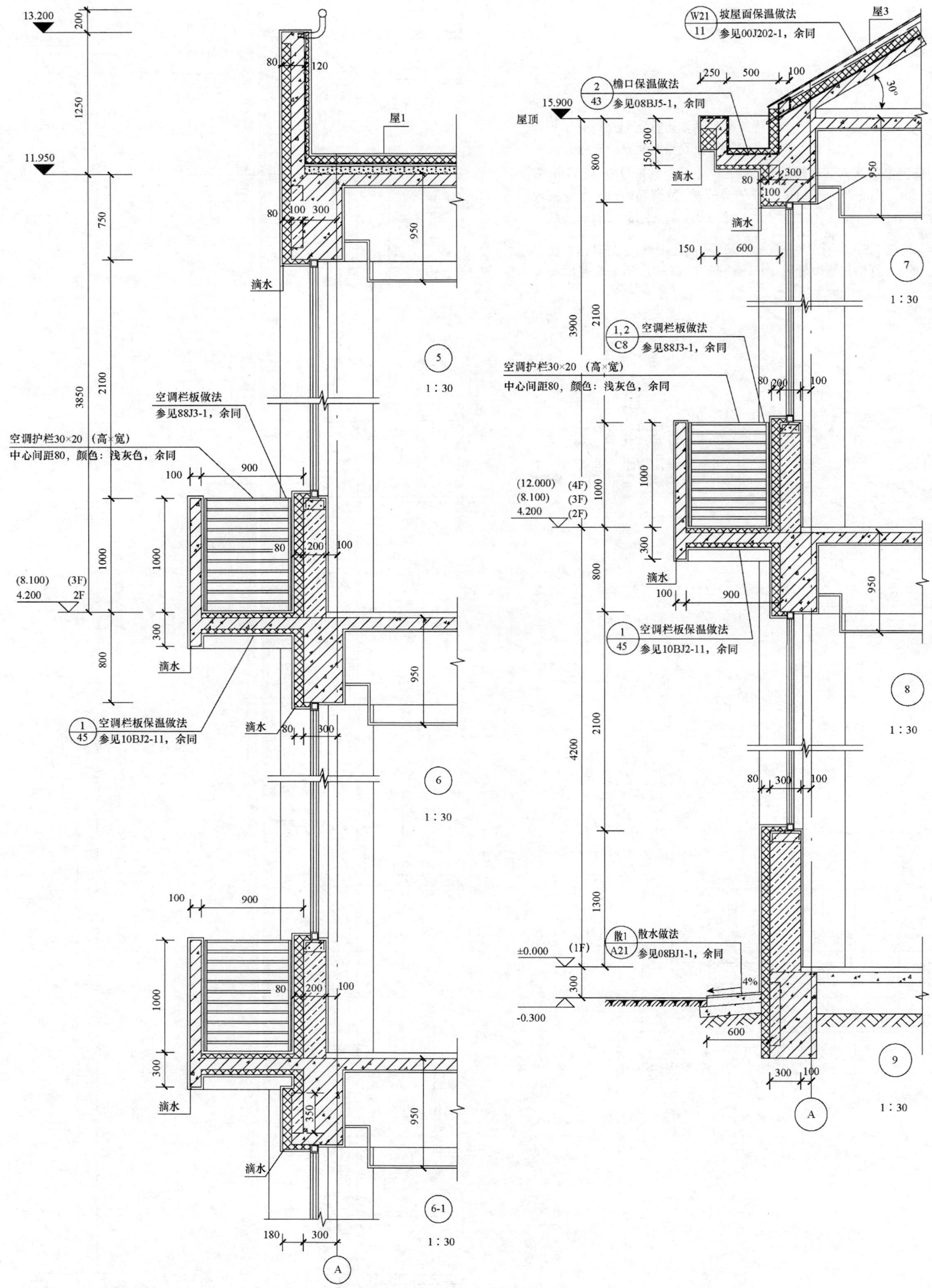

图7-39 墙身详图（二）

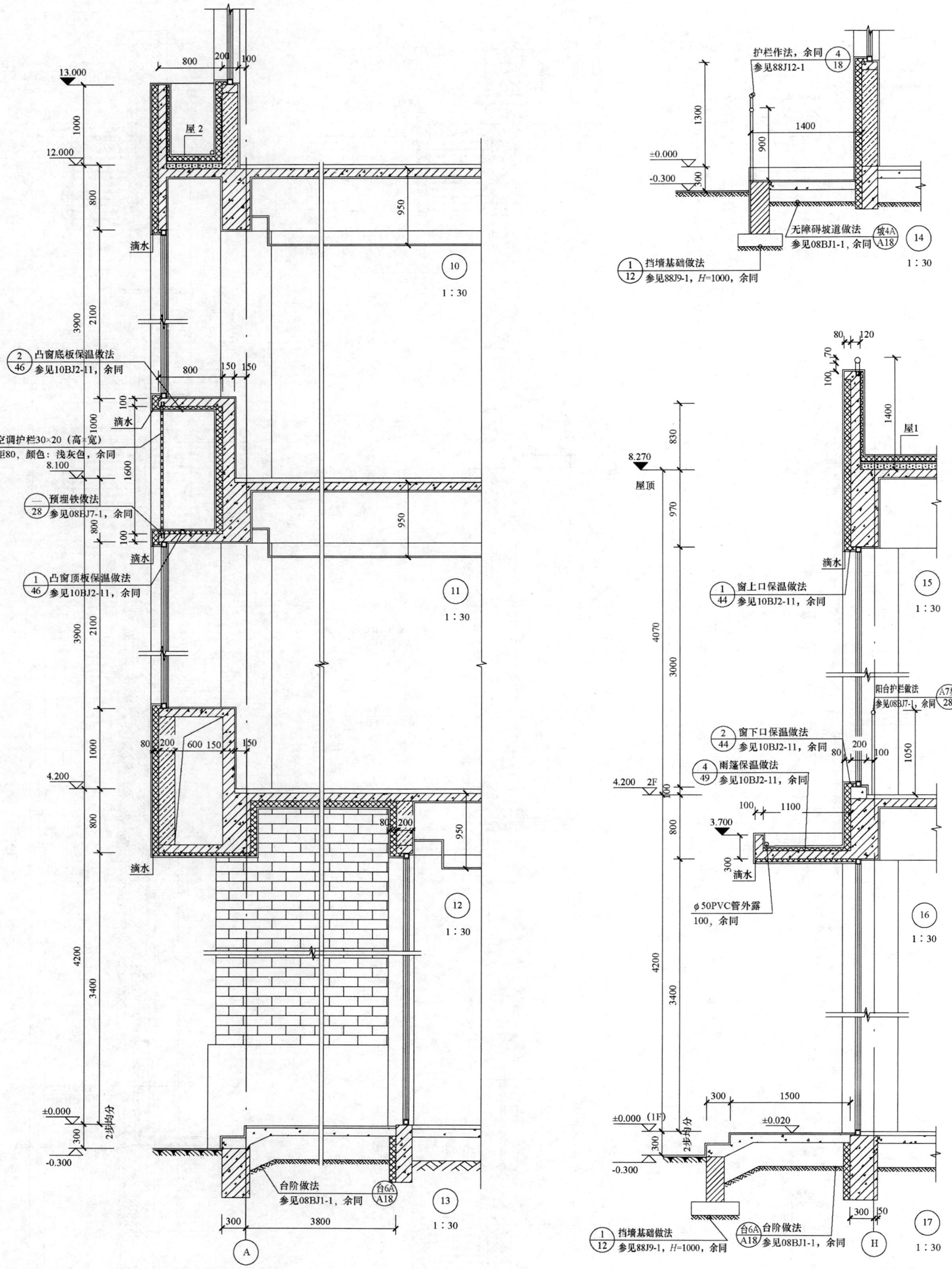

图 7-40 墙身详图（三）

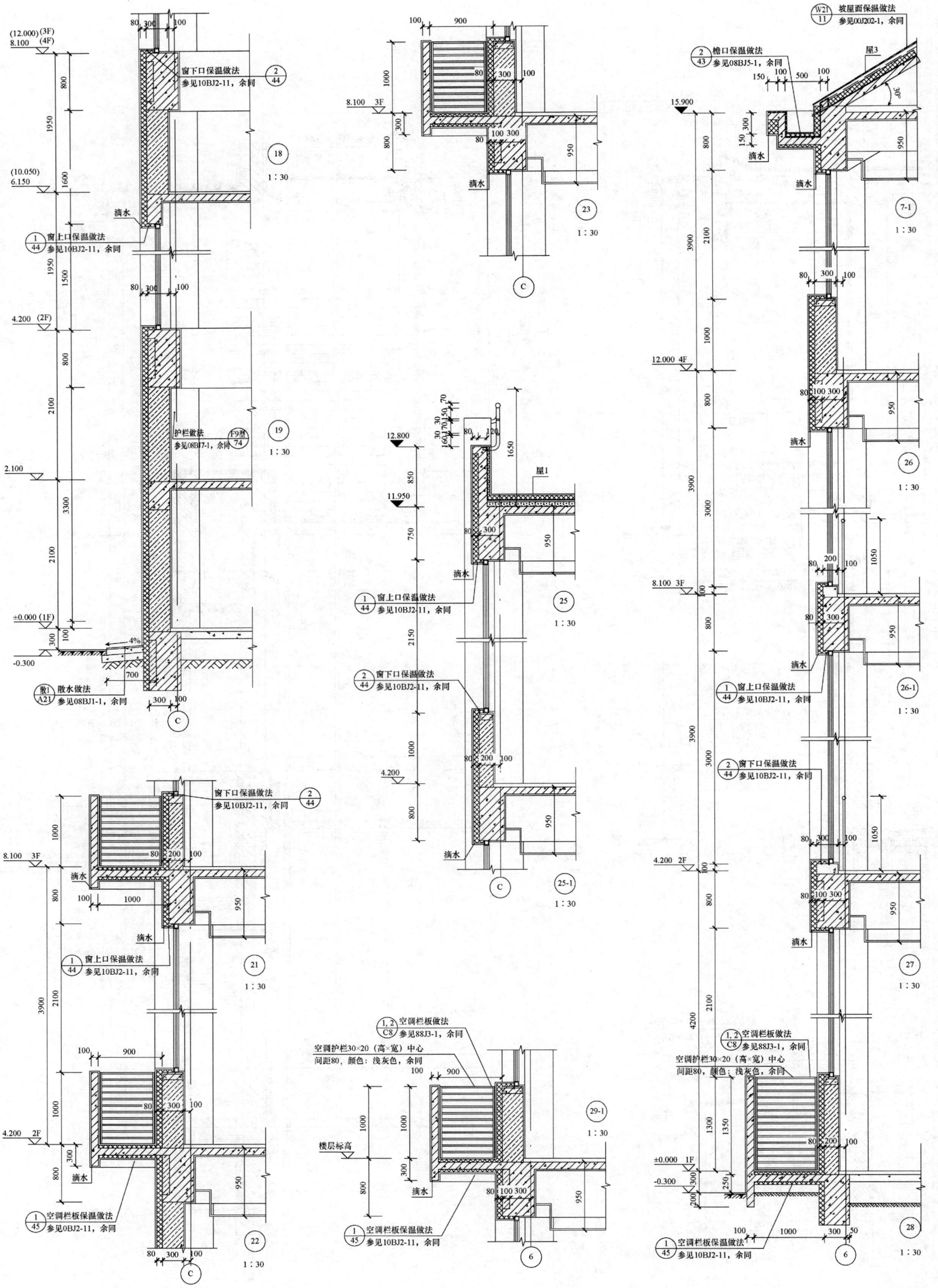

图7-41 墙身详图（四）

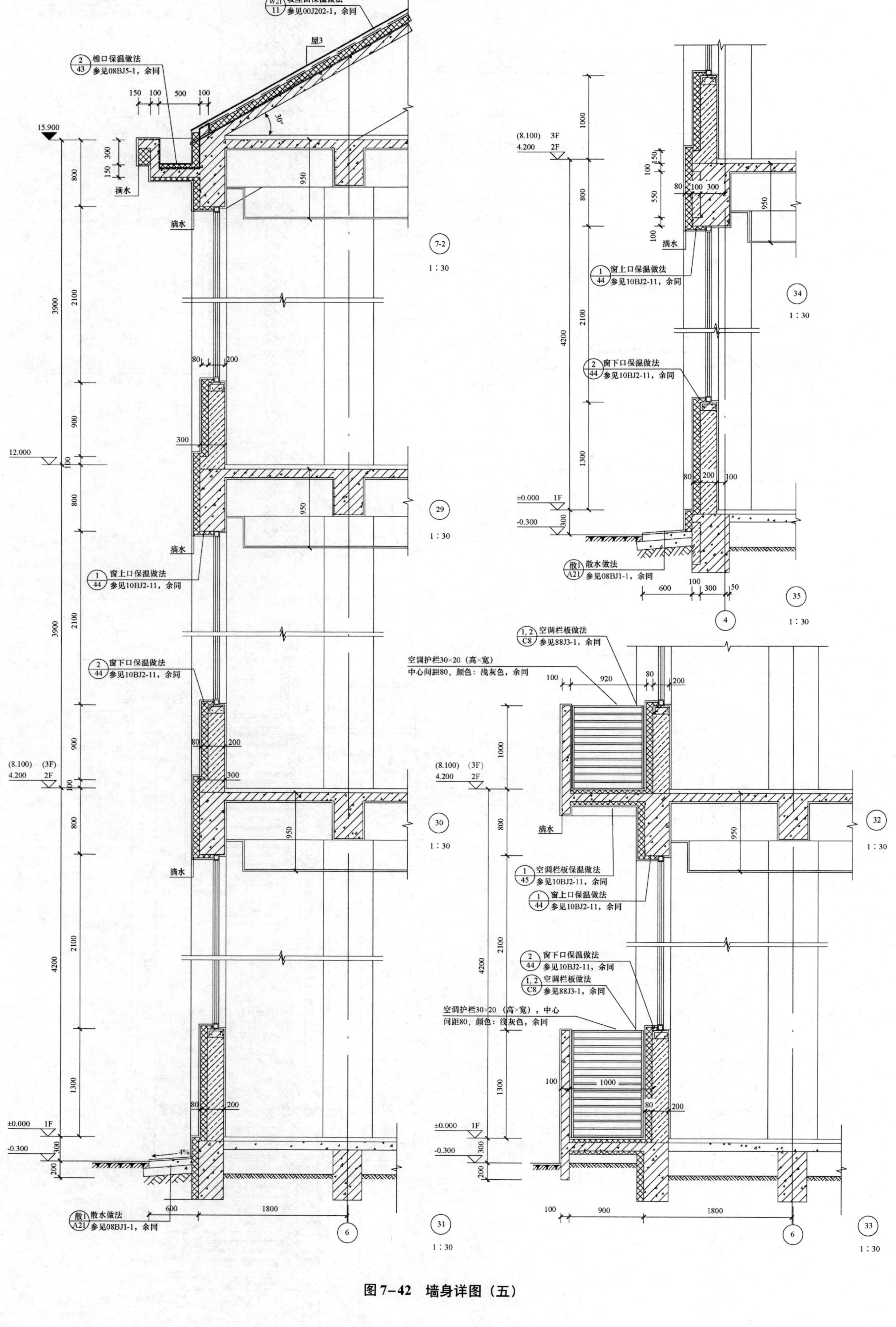

图 7-42 墙身详图（五）

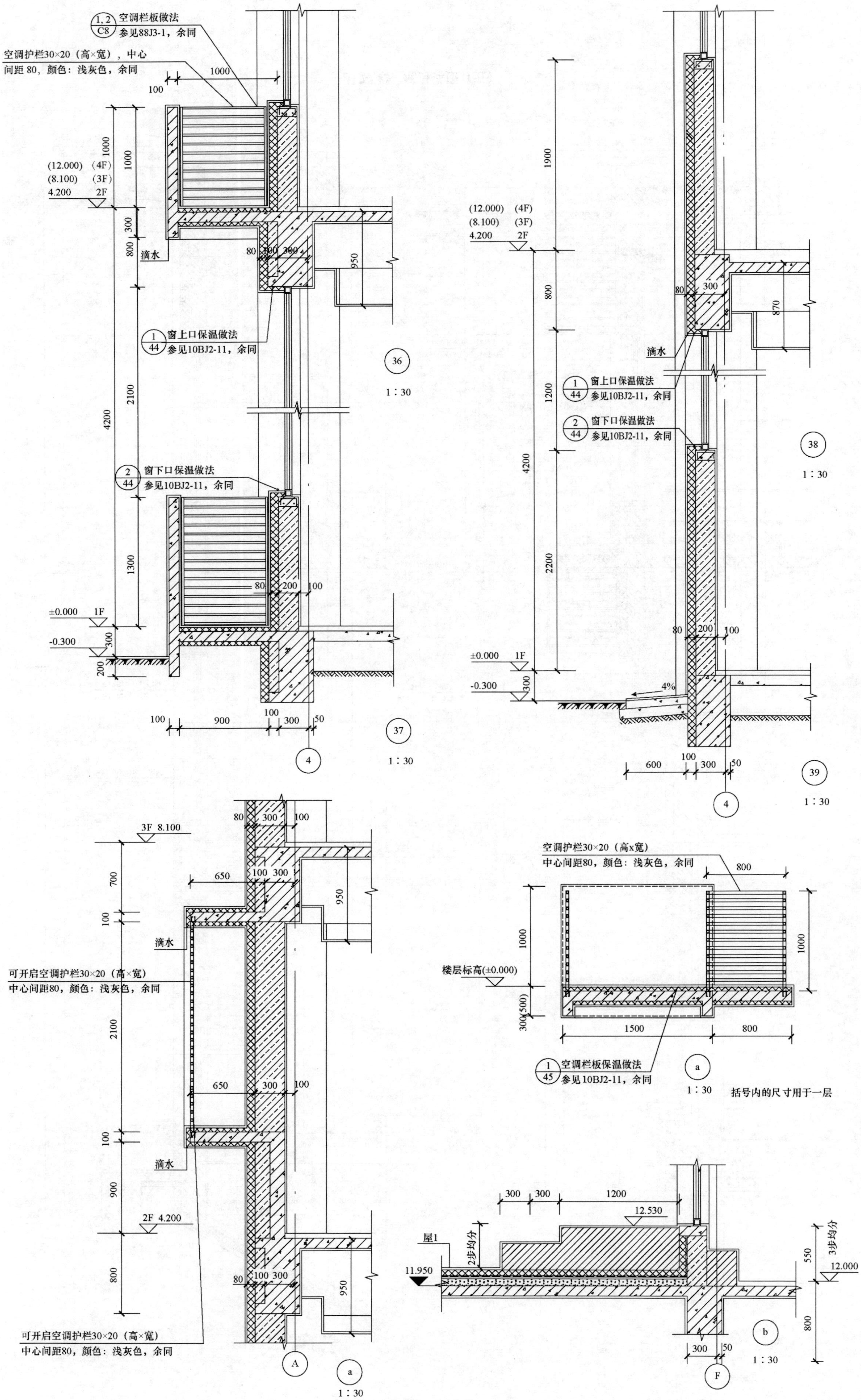

图 7-43 墙身详图（六）

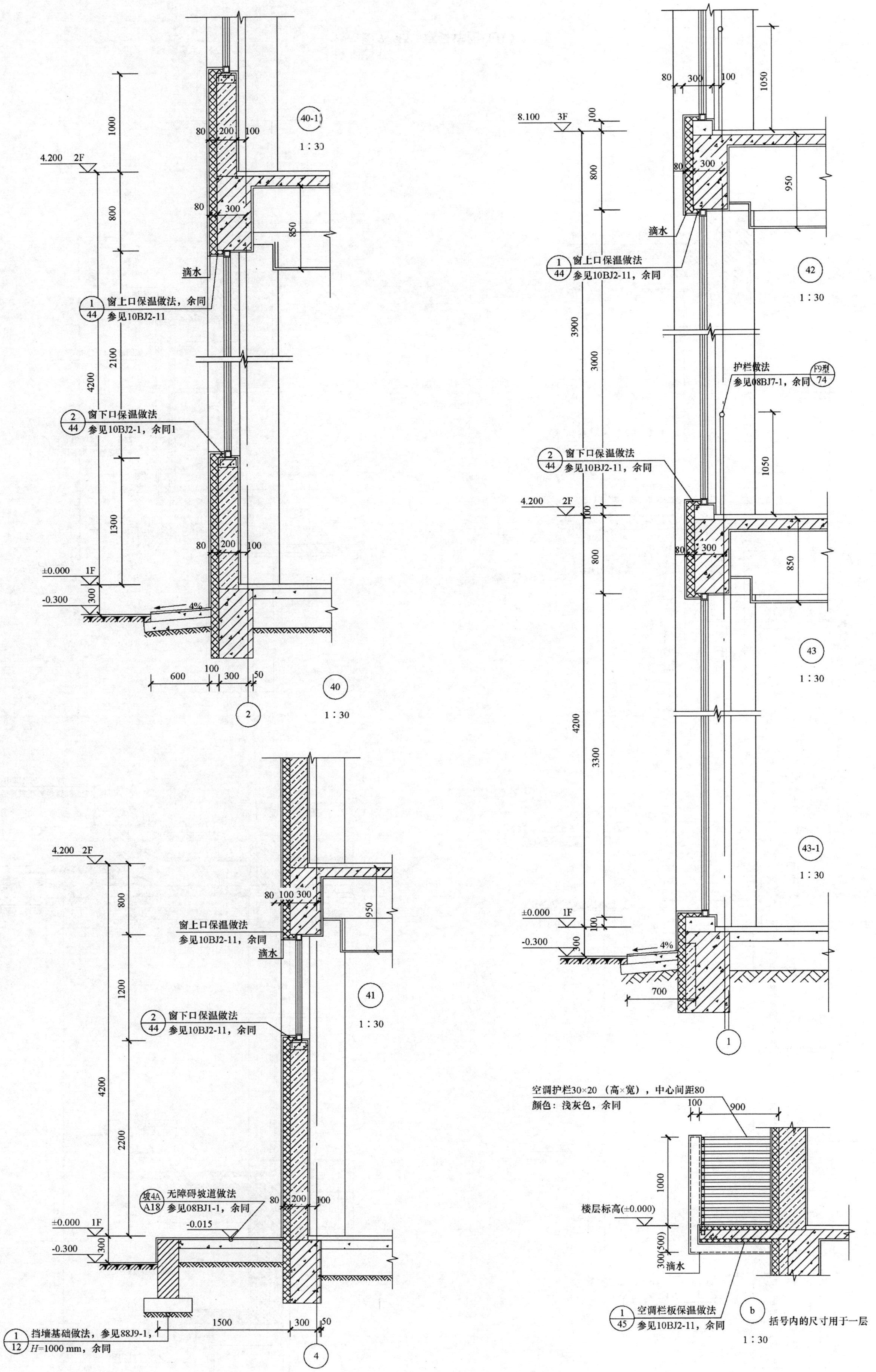

图 7-44 墙身详图（七）

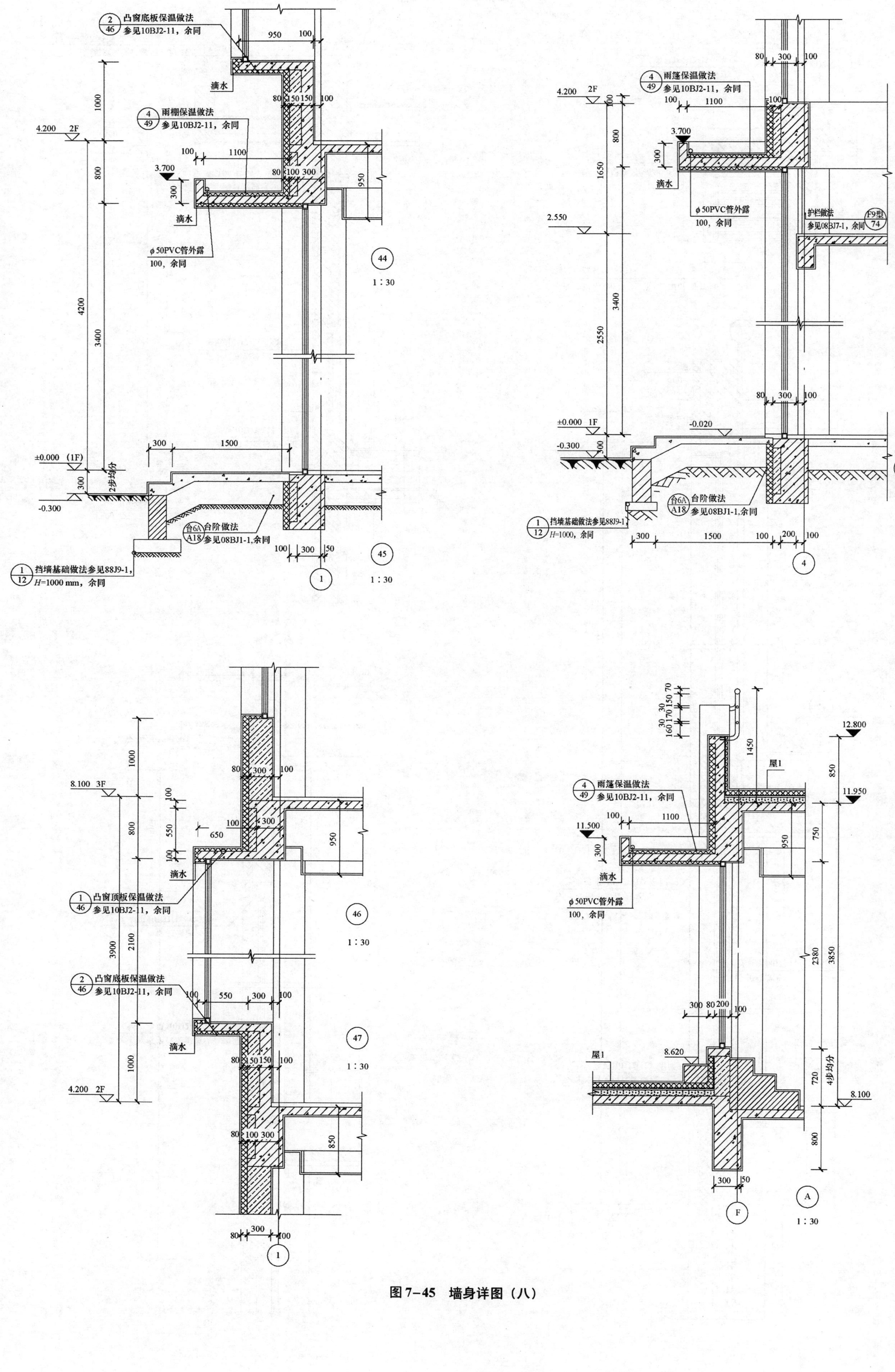

图 7-45 墙身详图（八）

**导读：**

本图为社区卫生服务中心的墙身详图详解。

了解建筑各部位的洞口做法。

了解建筑门窗的洞口尺寸及窗口做法。

了解建筑外墙的装饰做法。

了解建筑立面造型。

了解屋顶不同部位的泛水做法，以及女儿墙的保温做法。

**图例：**（适用于所有墙身）

| 图案 | 材料 | 图案 | 材料 |
|---|---|---|---|
| ▨ | 钢筋混凝土 | ▦ | 轻骨料混凝土 |
| ▨ | 岩棉复合板 | ▨ | 轻骨料混凝土砌块 |

图中的图例表示不同建筑材料，根据填充图案的不同进行区分。

**注：**（适用于所有墙身）

1. 外墙保温做法：10BJ2-11外墙F1-1，粘贴80厚岩棉复合板。
2. 散水做法详："08BJ1-1 散/A21(6A)"，宽度600 mm，找4%坡。
3. 台阶做法："08BJ1-1 合板/A18"。
4. 所有窗上口均做滴水，做法参见10BJ2-11 (一)/44。
   凡窗口窗、阳台板底、窗下口等处保温为30厚硬泡聚氨酯。
5. 室外金属护栏油漆做法08BJ1-1 外油漆-1/B103。
6. 室内外高差详见总平面图竖向施工图。

图中的"注"列出了本图中一些建筑部位的基本做法。

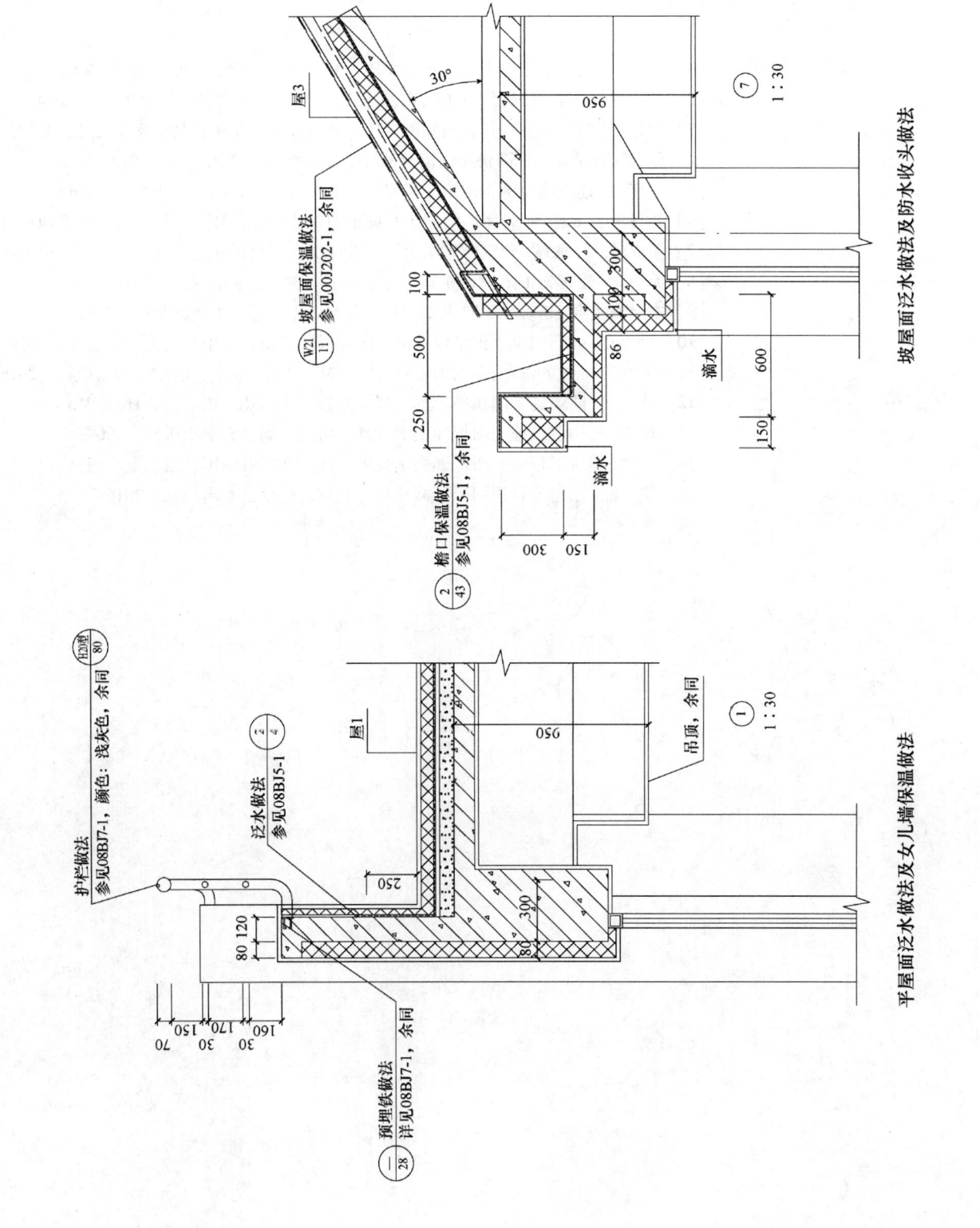

**图7-46 墙身详图讲解**

平屋面泛水做法及女儿墙保温做法 ①  1:30

坡屋面泛水做法及防水收头做法 ⑦  1:30

②檐口保温做法 参见08BJ5-1，余同 43

W21/11 坡面保温做法 参见W00J202-1，余同

泛水做法 参见08BJ5-1，余同 ②

护栏做法 参见08BJ7-1，余同

预埋铁做法 详见08BJ7-1 ②/28

# 参 考 文 献

[1] 冯红卫. 建筑施工图识读技巧与要诀 [M]. 北京：化学工业出版社，2011.
[2] 王海平，呼丽丽. 建筑施工图识读 [M]. 武汉：武汉工业大学出版社，2014.
[3] 陈彬. 建筑施工图设计正误案例对比 [M]. 北京：华中科技大学出版社，2017.
[4] 张建边. 建筑施工图快速识读 [M]. 北京：机械工业出版社，2013.
[5] 张建边. 建筑施工图识图口诀与实例 [M]. 北京：化学工业出版社，2015.
[6] 于冬波，王春晖. 一图一解之工程施工图识读基础 [M]. 天津：天津大学出版社，2013.
[7] 单立欣，穆丽丽. 建筑施工图设计：设计要点·编制方法 [M]. 北京：机械工业出版社，2011.
[8] 万东颖. 建筑施工图识读 [M]. 北京：中国建筑工业出版社，2011.
[9] 本书编委会. 建筑施工图识读 [M]. 北京：中国建筑工业出版社，2015.
[10] 付亚东. 一套图学会识读建筑施工图 [M]. 北京：华中科技大学出版社，2015.
[11] 朱莉宏，王立红. 施工图识读与会审 [M]. 2版. 北京：清华大学出版社，2016.
[12] 褚振文. 建筑施工图实例导读 [M]. 北京：中国建筑工业出版社，2013.
[13] 徐俊. 民用建筑施工图识读实训 [M]. 济南：同济大学出版社，2009.
[14] 王鹏. 建筑工程施工图识读快学快用 [M]. 北京：中国建筑工业出版社，2011.
[15] 筑·匠. 土建工长识图十日通 [M]. 北京：化学工业出版社，2016.